ISBN 978-0-282-09290-0
PIBN 10602608

1 MONTH OF
FREE
READING

at
www.ForgottenBooks.com

By purchasing this book you are
eligible for one month membership to
ForgottenBooks.com, giving you
unlimited access to our entire
collection of over 700,000 titles via
our web site and mobile apps.

To claim your free month visit:

www.forgottenbooks.com/free602608

English
Français
Deutsche
Italiano
Español
Português

www.forgottenbooks.com

Mythology Photography **Fiction**
Fishing Christianity **Art** Cooking
Essays Buddhism Freemasonry
Medicine **Biology** Music **Ancient
Egypt** Evolution Carpentry Physics
Dance Geology **Mathematics** Fitness
Shakespeare **Folklore** Yoga Marketing
Confidence Immortality Biographies
Poetry **Psychology** Witchcraft
Electronics Chemistry History **Law**
Accounting **Philosophy** Anthropology
Alchemy Drama Quantum Mechanics
Atheism Sexual Health **Ancient History**
Entrepreneurship Languages Sport
Paleontology Needlework Islam
Metaphysics Investment Archaeology
Parenting Statistics Criminology
Motivational

SUPPLÉMENT

A

L'HISTOIRE NATURELLE,

GÉNÉRALE ET PARTICULIÈRE,

DE BUFFON.

TOME I.

MAMMIFÈRES.

PARIS. — IMPRIMERIE D'AD. MOESSARD, RUE DE FURSTEMBERG, N° 8 BIS.

P. Nav. Mafqued Sculp.

G. F. CUVIER

Membre de l'Institut.

Publié par F. D. Pillot.

SUPPLÉMENT

HISTOIRE NATURELL'

GÉNÉRALE ET PARTICULIÈRE,

BUFFO

CONTENANT

DESCRIPTION DES MAMMIFÈRES ET DES O
LES PLUS REMARQUABLES DÉCOUVERTES JUS
CE JOUR, ET ACCOMPAGNÉ DE GRAVURES

PAR M. P. GERVAIS,

A PARIS,
POURRAT, D PILLOT, ÉDITEUR

RUE DE SEINE-SAINT-GERMAIN, N° 49.

1831.

Publié par F. D. Pillot.

SUPPLÉMENT

A

L'HISTOIRE NATURELLE,

GÉNÉRALE ET PARTICULIÈRE,

DE BUFFON

OFFRANT

LA DESCRIPTION DES MAMMIFÈRES ET DES OISEAUX
LES PLUS REMARQUABLES DÉCOUVERTS JUSQU'A
CE JOUR, ET ACCOMPAGNÉ DE GRAVURES;

PAR

M. F. CUVIER,

MEMBRE DE L'INSTITUT.
(Académie des Sciences.)

A PARIS,

CHEZ F. D. PILLOT, ÉDITEUR,

RUE DE SEINE-SAINT-GERMAIN, N° 49.

1831.

3239

AVERTISSEMENT

RELATIF AUX MAMMIFÈRES.

———————

Ce volume de *Supplément à l'Histoire naturelle, générale et particulière de Buffon* est loin de faire connaître tout ce que la science des quadrupèdes a acquis depuis 1789, époque où parurent les dernières publications de Buffon sur ce sujet. Un seul volume ne pouvait contenir toutes les découvertes qui se sont faites dans cette partie de l'histoire naturelle, pendant l'intervalle qui s'est écoulé depuis cette dernière publication jusqu'à ce jour; le nombre des quadrupèdes connus de Buffon était plus de moitié moindre que le nombre de ceux que l'on connaît aujourd'hui; l'histoire des espèces qu'il a décrites s'est de beaucoup enrichie; des méthodes nouvelles ont pris naissance; des vues moins systématiques, sinon plus élevées, ont, en un grand nombre de points, prévalu sur les siennes, tellement que, pour compléter l'*Histoire naturelle des Quadrupèdes*, trois volumes, au moins, seraient indispensables.

Dans cette situation, et m'étant fait un devoir de ne pas m'écarter du plan de mon auteur, j'ai dû borner mon travail à quelques discours généraux qui se rapportent à des sujets que Buffon a traités lui-même, et à l'histoire des espèces nouvelles qui appartiennent à quelques uns de ces groupes génériques qu'il a, en quelque sorte, formés sans le vouloir. Encore ai-je cru devoir, dans plusieurs cas, me borner à n'indiquer que les espèces qui ont servi de types à quelques uns des groupes nouvellement formés, tels, par exemple, que les genres entre lesquels les chauve-souris ont été partagés.

C'est aussi plutôt dans la vue de faire connaître la physionomie de ces groupes génériques, que dans celle de faire connaître les espèces, que les figures de plusieurs des planches ont été choisies.

Au milieu de toutes ces difficultés, condamné, d'une part, à ne donner qu'un travail incomplet, et sentant, d'une autre part, le besoin de le compléter, j'ai dû conserver l'espoir de terminer une tâche que je n'avais entreprise que parce que j'étais pénétré de son utilité, et qu'elle avait été l'objet de mes principales études. Je n'ai pu revenir que sur un très petit nombre des Discours généraux de Buffon, et cependant c'est là que cet illustre auteur a répandu beaucoup d'idées qui auraient besoin d'être ou rectifiées ou complétées ; tels sont les Discours sur les animaux sauvages, sur les animaux carnassiers, sur ceux des divers continents, sur les mulets, sur la dégénération des animaux, etc., etc. Il serait également nécessaire, pour lire aujourd'hui cet auteur avec fruit, de rectifier les discours moins généraux que les précédents, et qui ne se rapportent qu'à certaines familles, comme ceux où il traite des moufettes, des cerfs, des gazelles, des singes, des sapajous, etc., etc. Enfin, si mes additions se rapportent plus ou moins aux vingt-deux volumes in-4° qui composent l'*Histoire générale et*

particulière des Quadrupèdes, cependant elles n'embrassent, à peu près complètement, que les neuf ou
dix premiers, de sorte qu'un examen suivi des douze
ou treize autres resterait à publier.

C'est ce travail que je pourrai continuer dans un
ou deux volumes de nouveaux suppléments, si celui
que je présente aujourd'hui au public inspire assez
d'intérêt pour faire désirer les suivants.

ERRATA.

Page 138, LE CHIEN DE TERRE-NEUVE; *ajoutez :* Planche 4 , fig. 2.

140, LE CHIEN DES ESQUIMAUX ; *ajoutez :* Planche 4 , fig. 1.

155, LE LOUP DE D'AZARA ; *ajoutez :* Planche 5 , fig. 2.

214. ligne. 2 , du vison et de la zibeline ; *ajoutez comme note:* J'ai donné, planche 16 , fig. 2 , une figure de la zibeline, Buffon n'en ayant publié que le texte.

247, ligne 21, se cachant à raz de terre ; *lisez :* à rez de terre.

255, ligne 23, sous le nom de musaraigne blonde ; *ajoutez :* Planche 8 , fig. 1.

303, ligne dernière, *Sciurus Hudsonius;* ajoutez : Planche 22 , fig. 1.

DISCOURS PRÉLIMINAIRE.

LORSQUE Buffon entreprit son histoire générale et particulière des quadrupèdes, et qu'il en arrêta le plan ; lorsqu'il détermina l'ordre suivant lequel il présenterait l'histoire de ces animaux et la méthode qu'il suivrait dans leur description, cette partie importante de l'histoire naturelle naissait à peine et ne reposait encore que sur des documents incomplets et d'imparfaites observations.

Gesner, Aldrovande, Jonston, ouvrant la carrière et fidèles à leur mission, avaient laborieusement compilé les travaux de leurs prédécesseurs anciens et modernes, naturalistes, philosophes, poëtes ou voyageurs, et cette pénible compilation n'avait pu enfanter qu'un assemblage arbitraire, qu'un mélange indigeste de tout ce qui avait été écrit jusque là dans tous les genres d'ouvrages et par les hommes de toute espèce ; c'est qu'à l'époque de ces savants écrivains les vérités relatives à l'histoire naturelle, cachées dans les ouvrages des anciens ou dans les récits des voyageurs, ne pouvaient être saisies ; pour en avoir l'intelligence il fallait toutes les ressources de l'histoire naturelle elle-même, c'est-à-dire d'une science dont les premiers germes paraissaient à peine.

Rai et Linnæus, qui vinrent après, riches de la

succession de leurs devanciers et de la science qu'ils avaient eux-mêmes acquise, firent un choix parmi ces documents divers amassés jusqu'à eux sans ordre ni méthode; ils en exposèrent les résultats dans des classifications ingénieuses, fondées sur des ressemblances empiriques, et donnèrent ainsi à la science ses premiers fondements. Mais le génie lui-même ne peut suppléer les faits; aussi Linnæus, ne connaissant encore qu'imparfaitement l'organisation des animaux, ne put apercevoir entre eux que des rapports incomplets ou superficiels; de la sorte il fut conduit à porter dans ses classifications, mais non pas à son insu, des vices qui devaient tôt ou tard les faire combattre et en amener la fin.

Buffon sentit à la fois l'inexactitude et l'insuffisance des faits en histoire naturelle, le peu de fondement des rapports qui avaient été perçus entre eux, et l'imperfection des arrangements qui en étaient résultés; et comme il avait reconnu et établi par tout ce que la raison peut donner de force à un homme de génie, que les faits seuls font la base de la science de la nature, il rejeta la plupart de ces rapports et les classifications qui reposaient sur eux, et travailla à recueillir des faits nouveaux et à épurer ceux que la science possédait déjà.

Cependant ces faits, ces descriptions de quadrupèdes, ne pouvaient être exposés sans ordre; une méthode quelconque devait présider à leur arrangement, soit pour éviter des répétitions inutiles, soit pour rendre la comparaison de ces animaux entre eux plus facile, et faire juger avec moins de peine de leur degré de ressemblance. Buffon, trop frappé de ce qu'a-

vaient d'irrationnel et d'arbitraire les essais de Linnæus, et surtout trop peu avancé dans la connaissance de la nature intime des animaux, ne sentit
point d'abord que cette comparaison ne pouvait encore porter que sur des apparences extérieures, que
ce vice résultait non point des hommes, mais de
l'état nécessairement imparfait de la science, et re-
poussant toute classification empirique, sans pouvoir
en établir une sur les organes, il fonda la sienne
sur les rapports plus ou moins accidentels qui se
sont établis entre les quadrupèdes et l'homme : en
conséquence, il commença par les animaux domestiques; vinrent ensuite ceux qui, en Europe, font
l'objet de la chasse, puis ceux qui vivent près des habitations. Ce principe ne pouvait guère le conduire
au delà; mais, tout en suivant cette méthode, il rendait tacitement hommage à celle qu'il croyait devoir
combattre, car il décrit toujours à la suite les unes
des autres les espèces des genres naturels : les chiens,
les martes, les rats, et même les campagnols et les
loirs; et, dès qu'il arrive aux quadrupèdes étrangers,
ne trouvant plus d'appui dans son principe de classification, nous le voyons revenir forcément à la méthode de Linnæus, c'est-à-dire rapprocher l'une de
l'autre les histoires des quadrupèdes qui lui paraissent le plus se ressembler : il décrit successivement
toutes les espèces de grands chats; ne sépare point
la civette du zibeth, et celle-ci de la genette; il rassemble les édentés, réunit les sarrigues, etc.; et dans
les derniers volumes il finit par admettre entièrement
le principe de cette méthode, et forme des genres
qu'il distingue au moyen de caractères organiques

extérieurs. Ce sont même encore ceux qu'il a donnés
aux singes et aux sapajous qui servent dans les classifications modernes à distinguer les quadrumanes de
l'Ancien-Monde de ceux du Nouveau.

On peut justement s'étonner que Buffon, l'auteur
du Discours sur la manière d'étudier l'histoire naturelle [1], et qui a si bien fait connaître les principes de
cette science, ne se soit pas occupé sérieusement de
la ressemblance que l'observation, même superficielle,
des quadrupèdes, fait si aisément reconnaître entre
eux ; et qu'il n'ait pas, comme tous les naturalistes
de cette époque, admis les classes et les genres qui
résultaient, de son propre aveu, du rapprochement
dans des groupes distincts des individus les plus semblables. Mais, outre la répugnance qu'il paraît avoir
eue pour toute espèce d'empirisme, lui-même nous
fait connaître la raison qui le détourna de cette voie,
naturelle à toutes les sciences avant qu'elles se soient
élevées jusqu'à des lois générales, voie où il était
entré d'abord : c'est l'idée que la nature marche par
gradations inconnues, qu'elle passe d'une espèce à
une autre, et souvent d'un genre à un autre genre,
par des nuances imperceptibles, et que par conséquent elle ne peut se prêter à ces divisions de
classes, de genres, d'espèces, qui constituent les
systèmes, les arrangements, les méthodes, en histoire naturelle. On pourrait peut-être ajouter à cette
cause, l'idée où il fut d'abord que le nombre des espèces de quadrupèdes ne s'élevait pas au delà de deux
cents.

1. Tom. Ier, in-4°, p. 1; édit. Pillot, tom. Ier, p. 47.

Sans doute il n'aurait pas été plus difficile à Buffon d'admettre que les premiers essais d'arrangements méthodiques ne pouvaient être parfaits, que l'hypothèse qui lui faisait rejeter toute méthode fondée sur des ressemblances extérieures; l'une et l'autre de ces idées reposant sur les mêmes fondements, sur les mêmes observations : de sorte que, celle du passage insensible d'une espèce de quadrupèdes à une autre, n'aurait pas dû paraître plus vraie à ses yeux que celle d'une division des quadrupèdes en espèces, en genres et en classes; car ces observations, pour la plupart incomplètes, laissaient à l'arbitraire un aussi vaste champ dans la première de ces idées que dans la seconde. Mais Buffon, en donnant à son hypothèse, dès son entrée dans la carrière, la préférence sur les classifications d'après des ressemblances empiriques, nous découvre le penchant qui le dominera dans le cours de ses travaux, malgré le principe que lui-même rappelle dans tous ses ouvrages : que l'observation des êtres, que les faits qu'ils présentent, sont les seuls fondements de toutes les vérités de l'histoire naturelle.

L'erreur où Buffon se laissa entraîner et l'influence fâcheuse qu'elle eut, en le conduisant à proposer les hypothèses les moins admissibles, est un exemple frappant du danger qu'il y a dans les sciences naturelles à ne pas marcher constamment appuyé sur des faits exactement observés; mais elle est encore un exemple de l'aveuglement qui en résulte et qui nous fait souvent méconnaître toute l'étendue d'une vérité, toute la fécondité de nos propres découvertes. Une des vérités les plus remarquables reconnues par

Buffon, c'est l'influence qu'exercent la délicatesse et
le degré de développement de chaque organe, sur
la nature des animaux : or cette vérité renferme manifestement celle de la subordination des caractères,
qui sert aujourd'hui de base à la zoologie, et fait la
différence de l'époque scientifique qu'elle caractérise,
à l'époque empirique qui ne reposait que sur l'observation superficielle des êtres. En effet, dès le moment
qu'il était reconnu que la nature des êtres dépend du
degré de développement de chacun de leurs organes,
on était conduit à faire entrer dans leur comparaison,
dans l'établissement de leurs rapports, non seulement
la ressemblance des organes, mais encore la part que
ces organes prennent à l'existence, ou, en d'autres
termes, leur degré de développement : toutefois pour
faire de ce principe une telle application il aurait
fallu qu'il se fût rencontré dans l'esprit avec la recherche des rapports naturels ; ce qui ne pouvait être
pour Buffon, dont l'hypothèse sur la fusion des espèces et des genres, les uns dans les autres, éloi-
gnait de lui jusqu'à l'idée de ces recherches.

Depuis que Buffon a publié son histoire générale
et particulière, l'histoire naturelle a éprouvé un
changement complet, et son système de classification,
comme celui de Linnæus, a dû être abandonné ; dès
que le nombre des êtres s'est accru, dès que les observations se sont multipliées, l'un pas plus que l'autre
n'a pu les embrasser ; et ces faits nouveaux, tout en
manifestant l'insuffisance des méthodes empiriques,
ont fini par donner naissance à des principes ration-
nels de classifications, fondés sur la nature et l'influence des organes dans chaque système animal.

C'est de cette époque que cette science a perdu son caractère d'empirisme, relativement aux classifications; l'arbitraire en a été exclu, et si l'empirisme y est encore admis ce n'est que comme moyen de contrôle : la similitude des organes internes et de leurs relations amenant toujours, sous ce double rapport, une ressemblance intime des organes externes.

Il serait impossible de s'écarter aujourd'hui librement de la méthode naturelle en traitant de l'histoire des quadrupèdes ou des oiseaux, et je m'y soumettrais si je ne devais pas avant tout suivre l'auteur illustre au travail duquel j'attache un supplément.

Lorsqu'on lit ou qu'on étudie l'histoire des quadrupèdes de Buffon, l'esprit n'est point entraîné dans cette voie des méthodes qui conduit à reconnaître les rapports naturels des êtres : il reste entièrement étranger à cette idée; ce qui le frappe, le préoccupe, l'excite à la méditation, c'est l'image vivante de ces êtres, c'est la part qu'ils prennent à l'économie générale, ce sont leurs rapports avec l'homme et leur influence sur le développement de son espèce. Faire passer l'esprit de ces tableaux magnifiques à des vues d'une autre nature, et sans analogie avec eux, serait le blesser sans fruit, en le jetant dans une confusion dont il ne pourrait se tirer sans peine; ce serait unir à l'édifice de l'architecture la plus majestueuse des constructions d'un autre style, où le soin des détails l'emporterait, comme l'emportent dans le premier les soins de l'ensemble et de l'effet général.

La difficulté ne consiste donc pas à déterminer le système qu'on doit adopter, pour présenter dans un supplément à l'histoire générale et particulière, les principales acquisitions de l'histoire naturelle, en quadrupèdes, depuis que les ouvrages de Buffon ont paru ; ce système, facile à suivre, sera le sien. Seulement je ferai ce qu'il a fait souvent, mais surtout en traitant des animaux étrangers, je réunirai à la suite l'un de l'autre les animaux qui se ressemblent le plus. La véritable difficulté, pour se mettre en harmonie avec lui, consisterait à élever ses pensées à la hauteur des siennes, et à les exprimer comme il a su le faire, et c'est une ressemblance à laquelle il ne m'est pas donné d'atteindre.

Dans l'impossibilité de porter mon travail à ce haut degré de mérite, et pour ne pas le réduire à de sèches descriptions de formes ou de couleurs, je m'appliquerai à rappeler les vérités que, relativement à chacun des animaux dont j'exposerai l'histoire, la science a acquise depuis Buffon, et qui se trouvent opposées à celles qu'il avait cru reconnaître ; j'en montrerai ensuite les conséquences, et par là je rendrai peut-être plus fructueuse la lecture d'un ouvrage dont la partie scientifique dut rester imparfaite, et qui ne pouvait déchoir dans l'estime des hommes qu'en perdant de son utilité.

C'est surtout dans ses discours généraux que Buffon a été livré à l'influence de sa puissante imagination ; c'est là, principalement, qu'il s'est plu à développer librement ses pensées ; et, ne parvenant point à s'expliquer le monde par les faits connus, à se créer un monde explicable par ces faits. C'est pourquoi, avant de m'occuper des animaux en particulier, je dois m'arrêter sur les idées principales qui s'y rapportent, et qui sont exposées dans ces discours : quelques unes d'entre elles, confirmées par le temps, ont une autorité que rien désormais n'affaiblira; mais d'autres ont dû perdre, par l'acquisition de faits nouveaux, une partie du charme que cet illustre écrivain sut leur attacher et qu'il y trouva lui-même.

Le plan que Buffon s'était tracé embrassait notre globe entier : son origine, sa nature et ses productions. Après avoir expliqué théoriquement la manière dont cette planète a été produite et dont la terre a été formée, et avoir traité des parties qui la composent, des continents et des mers qui en partagent la surface, des phénomènes physiques qui s'y manifestent, ainsi que dans l'atmosphère, il passe à la considération particulière des êtres qui s'y observent, c'est-à-dire, des minéraux, des végétaux et des animaux, et c'est l'histoire naturelle de ces derniers qui fixe d'abord son attention d'une manière générale. Rien, en effet, n'était plus propre à exciter les méditations de son génie que les grands phénomènes que les êtres animés nous présentent. Ceux dont il traite et que l'on doit considérer comme les causes de la conservation des espèces, dans le règne végétal comme dans le règne animal, sont ceux de la génération et du développement. Ces deux phénomènes, il les explique au moyen d'une hypothèse qui, malgré l'intime union de toutes ses parties, n'a pu se soutenir. Il suppose d'abord, en se fondant sur de légitimes inductions, qu'une force analogue à celle de la pesanteur, et qui, comme toutes les forces qui agissent dans l'intérieur de la matière, n'est pas de nature à être perçue, préside à la génération et au développement des êtres vivants; il suppose ensuite que

l'univers est rempli de molécules inorganiques et de
molécules organisées, et que ces dernières sont attirées
au moyen de la force dont il vient d'être question,
par les parties des êtres organisés qui sont de même
nature qu'elles. Ce phénomène général s'opère dif-
féremment suivant que les êtres où il a lieu sont des
végétaux ou des animaux; et pour nous en tenir à ces
derniers, c'est au moyen des aliments qu'il se produit : chaque partie du corps animal est un moule,
qui attire et s'assimile les molécules organiques qui
ressemblent aux siennes, à celles qui le composent;
et toutes les molécules inorganiques sont expulsées
par les voies préparées à cette fin. Tant que l'animal
se développe, les molécules organiques sont employées
à cet effet; mais dès que son accroissement est terminé elles sont renvoyées dans les organes génitaux
où elles forment la liqueur séminale en se réunissant
les unes aux autres, de manière à constituer en petit
un moule qui ne demandera plus qu'à se développer
lui-même pour devenir ou présenter un autre animal,
et c'est dans l'acte de la génération qu'il recevra cette
faculté de développement, par le mélange nécessaire
de la liqueur séminale mâle et de la liqueur séminale
femelle. Il est inutile que je fasse voir tout ce qu'il y a
d'arbitraire dans cette explication de l'accroissement
et de la génération des animaux, et l'on peut être étonné
que l'homme qui pensait que « tout édifice bâti sur des
idées abstraites est un temple élevé à l'erreur [1] » ait pu
l'imaginer et le soutenir. Cependant, au milieu des suppositions de Buffon, se trouve une idée fondamentale

---

1. Tom. II, in-4°, p. 77; édit. Pillot, tom. X, p. 565.

qui paraît réunir aujourd'hui la plupart des esprits, c'est que les germes des êtres qui se reproduisent se forment entièrement en eux par le fait de la vie, et ne s'y trouvent pas tout formés ; c'est là le système de l'épigénèse. A l'époque de Buffon, l'opinion opposée, celle de l'évolution, était dominante, et elle conduisait à cette singulière conséquence que la première femelle ou le premier mâle contenait les germes de toutes les races animales; car on était divisé sur le premier point : les uns pensant que les germes étaient produits par un sexe, et les autres par le sexe contraire. Buffon s'est attaché à démontrer le peu de fondement de ce système de l'évolution, et il a contribué puissamment à l'affaiblir. Quant à l'origine des germes, s'ils sont dus aux mâles ou aux femelles, ou aux deux sexes à la fois, c'est une question sur laquelle les savants sont encore partagés ; il paraîtrait cependant que l'opinion de Buffon a conservé peu de partisans, et qu'on penche assez généralement à croire que le germe est produit par les femelles, et qu'il ne reçoit des mâles que la tendance au développement, que le degré de vie dont ce phénomène serait l'effet, le germe étant placé dans des conditions convenables. Après les phénomènes qui embrassent la reproduction des animaux, Buffon considère la formation et le développement du fœtus, il rapporte tous les faits connus de son temps, et leur nombre depuis lors s'est fort peu augmenté. Ses idées sur la manière dont le fœtus est nourri dans le sein de sa mère ont également été rejetées ; et quoique l'on ne puisse pas démontrer, par les moyens ordinaires, la communication des vaisseaux de la matrice avec ceux du placenta, il n'en est

pas moins admis que c'est par une communication de
ces vaisseaux, ou du moins par le sang que les uns
communiquent aux autres, que le fœtus reçoit sa
nourriture. C'est à ce petit nombre de phénomènes
généraux que Buffon borne ses considérations sur les
fonctions de la vie animale, et il en faut sans doute attribuer la cause au point de vue particulier sous lequel
il envisageait l'histoire naturelle. En considérant cette
science d'un point de vue plus général, sinon plus
élevé, il aurait senti que les phénomènes de la cir-
culation, de la respiration, de la nutrition, etc., n'entrent pas moins que celui de la reproduction dans la
connaissance des animaux, et n'avaient pas moins besoin que celui-ci d'être expliqués. Quoi qu'il en soit,
les fonctions communes à tous les êtres animés, celles
de la génération et du développement étant connues,
il passe à des objets particuliers, et commence par
l'histoire naturelle de l'espèce humaine. Le tableau général qu'il en présente, sa comparaison de l'homme
avec les animaux, ses vues sur les causes de la supériorité qu'il a sur eux, sa peinture des traits caractéristiques de l'enfance, de la puberté, de l'âge viril,
de la vieillesse, et de la mort, sa description et son
analyse des sens, sont des modèles au dessus de tout
éloge et qui devraient encore être donnés en exemple, même quand les faits de la science ne seraient plus
conformes à ceux de son temps, tant la puissance de
la raison s'y trouve en harmonie avec les charmes du
langage; non pas que des suppositions plus ou moins
arbitraires, des idées plus ou moins hypothétiques,
des principes d'une physique trop cartésienne, ne s'y
trouvent encore; mais outre que leur critique me

conduirait bien au delà des bornes où je dois me renfermer, j'ose à peine avouer qu'on peut apercevoir
quelques taches au milieu de tant de beautés, et
qu'un autre sentiment que celui de l'admiration peut
naître à la vue de ces majestueux tableaux, où la
pompe de l'expression ne nuit jamais à la vérité des
images, où les faits les plus communs s'ennoblissent
par l'élévation des idées qui les embrassent.

A la suite de ces traits généraux sur l'homme,
communs à tous les individus de l'espèce, Buffon traite
des variétés de l'espèce humaine.

L'étude de l'homme sous ce rapport est sans contredit une des plus difficiles. De tous les êtres de la
nature, c'est lui qui a reçu les facultés les plus nombreuses, et qui, par conséquent, est susceptible des
modifications les plus variées; il est non seulement
soumis aux influences des causes atmosphériques et
à celles qui résident dans le sol, mais les aliments de
toute nature dont il se nourrit, son industrie, ses
mœurs, ses usages, modifient aussi son développement
en lui faisant éprouver leurs effets, sur sa couleur, ses
formes et ses proportions, et sur la direction de ses
qualités morales; c'est même sous ces trois ordres de
phénomènes que peuvent, en dernière analyse, se
classer peut-être toutes les différences qui sont appré-
ciables entre les hommes; et c'est à ces causes, auxquelles nous sommes sans cesse assujettis, que Buffon
s'est arrêté. Mais, que d'autres notions auraient été
indispensables pour traiter cette question comme elle
méritait de l'être! et d'ailleurs, que connaissons-
nous même aujourd'hui d'exact, relativement à l'action de ces causes sur le corps animal? Qui a étudié

sous ce rapport l'effet des phénomènes météorologiques, des aliments et des mœurs? Personne! A l'époque où Buffon traçait d'ailleurs si ingénieusement le tableau des cinq variétés qu'il reconnaissait dans l'espèce humaine : la lapone, la tartare, la caucasique, la nègre et l'américaine, les éléments de la science de l'homme n'existaient encore qu'incomplètement, car ils étaient presque tout entiers dans les récits des voyageurs qui, pour la plupart, alors, n'avaient pu visiter que d'une manière superficielle les peuples dont ils parlent. Aussi fut-il obligé d'en négliger de fondamentaux, tels que la forme et les proportions des diverses parties du crâne, l'histoire civile et politique, les religions, les langues, etc., sources de rapports nombreux et fidèles, bien supérieurs à ceux qui peuvent être tirés des causes obscures auxquelles il s'était arrêté, et dont les effets sur notre développement physique et moral peuvent être encore long-temps hypothétiques. Depuis ce premier essai de Buffon sur l'histoire naturelle de l'espèce humaine, de nombreuses tentatives ont été faites dans ce même but; et autant ceux qui se sont restreints à des recherches particulières méritent d'éloges par les connaissances positives qui en sont résultées, autant paraissent inutiles les travaux anticipés qui ont eu pour objet l'ensemble de cette histoire. En général, elle a été envisagée sous un point de vue nouveau. Buffon ne vit que des variations d'une seule espèce dans les diversités de couleurs, de formes et de mœurs, sous lesquelles se présentaient à lui les peuples qui couvrent la terre. Aujourd'hui les traits caractéristiques des races principales qui s'observent parmi les hommes sont considérés comme des caractères d'espèces, et la sévérité du langage de la science l'exigeait ainsi ; car, toutes les fois qu'il n'est pas établi par l'observation qu'une modification, ou plutôt qu'une particularité organique n'est point l'effet d'une des causes à l'influence desquelles nous sommes soumis, elle est regardée comme originelle et spécifique : or, l'observation n'a rien découvert qui permette de penser qu'un Européen pourrait, sous des influences quelconques, devenir un nègre ou un Américain, passer de la race à laquelle il appartient à une autre race. Ce point de vue nouveau qui, à quelques égards, aurait pu répugner au sentiment ou aux devoirs religieux de Buffon, n'aurait plus cet effet, aujourd'hui que l'idée d'espèce a perdu le caractère absolu qu'elle avait précédemment ; aussi plusieurs auteurs ont-ils pu, avec quelques fondements, multiplier les espèces d'hommes plus que Buffon n'avait fait les variétés ; mais ce que je dois faire remarquer, c'est que les recherches historiques et philologiques, qui étaient entièrement restées étrangères à notre auteur, sont venues confirmer ses idées sur les intimes rapports qui existent entre les Indiens, les Perses et les Européens, et que son opinion sur l'origine asiatique des Américains se trouve aujourd'hui appuyée par un grand nombre d'observations nouvelles de natures diverses.

L'espèce humaine étant celle que nous pouvons le mieux étudier, est celle aussi que nous sommes censés devoir le mieux connaître ; et comme toutes nos idées viennent de comparaison, c'est en comparant les animaux à l'homme que nous acquérons sur leur nature les notions les plus exactes. Aussi ce n'est qu'à

la suite de ses recherches sur l'espèce humaine que
Buffon traite de la nature des animaux, et c'est en
commençant ce discours[1], un des plus remarquables
qu'on puisse citer en histoire naturelle, que cet illustre auteur considère les organes relativement à la
part qu'ils prennent à l'existence des êtres qu'ils constituent, et jette à son insu dans le champ de la
science, les premiers germes de cette riche moisson,
qu'un demi-siècle après d'autres mains que les siennes
surent féconder et cueillir. Toujours occupé de cette
grande idée que l'homme doit être l'objet de toute
science, et à montrer la distance infinie qui le sépare
des animaux, il passe superficiellement sur la comparaison des différences extérieures pour s'attacher
à celle des actions et de leurs causes; et en effet,
c'est dans ces causes que résident les différences es-
sentielles des êtres animés, car toutes les facultés
qu'ils ont reçues, tous les organes dont ils sont doués,
leur sont subordonnés et n'en paraissent être que les
conséquences. On sait qu'en ce point Buffon adopte
l'hypothèse de Descartes, qui consiste à considérer
toutes les actions des animaux comme étant purement
mécaniques, et comme l'effet de leur système nerveux
et de leur cerveau modifiés ou par les corps extérieurs
agissant sur les organes des sens, ou par leur propre
corps agissant immédiatement sur les nerfs. Si Buffon
reconnaît des sensations, des sentiments, des des-
seins, des passions, aux animaux pourvus de sens,
ce n'est pas qu'au fond et logiquement parlant son
système différât de celui de Descartes; pour l'un

1. Tom. IV, in-4°, p. 1; édit. Pillot, tom. XIII, p. 255.

comme pour l'autre, les animaux n'étaient que des machines qui, ayant Dieu pour auteur, étaient plus parfaites que celles de l'homme.

Les changements que Buffon crut introduire dans l'hypothèse qu'il adoptait ne sont en grande partie que nominales, et à cet égard, Descartes fut plus conséquent que lui; en effet, ne voir dans le phénomène de la sensation que des ébranlements de matière conservés plus ou moins long-temps, et nier les sensations, par comparaison avec celles de l'homme, c'est exactement la même chose. À la vérité, Buffon, en distinguant dans l'homme la sensation proprement dite, de la perception, ne reconnaît d'intelligence que dans celle-ci, mais en ce point encore la supériorité est à Descartes : car quelque pénétration que mette Buffon dans l'analyse des plus simples sensations, il ne parvient à ramener ces phénomènes aux lois de la matière que par hypothèse, et laisse à l'hypothèse contraire toute la force qu'elle a reçue des développements d'un raisonnement sévère. Enfin, Buffon est conduit à nier les instincts des animaux, son hypothèse étant impuissante à les expliquer.

Ces idées sur la nature des actions des animaux ont, d'une part, trouvé tant d'adversaires et de si faibles partisans, ont été combattues par de si puissantes raisons, et ont même si fortement répugné au sens commun, que je ne puis en tenter un nouvel examen; d'un autre côté, la critique qu'elles ont éprouvée a été quelquefois si exagérée, et même si aveugle, qu'en méconnaissant ce qu'elles pouvaient avoir de vrai, en leur refusant tout fondement, on est tombé dans une exagération contraire, et l'animal n'a plus

été semblable à une machine, il est devenu semblable à l'homme. J'ai donc bien moins à examiner les
erreurs où Buffon a pu tomber, que les vérités qu'il a
défendues, et qu'on se refuse peut-être encore aujourd'hui à reconnaître.

Ce qui conduisit Buffon à l'étrange idée que les
animaux étaient des machines, est l'obligation où il
crut être, de déterminer la nature de la substance
dont les facultés qui président à leurs actions sont
les attributs; sans cette obligation que les circonstances, au milieu desquelles il se trouvait, lui impo-
sèrent peut-être, il aurait repoussé cette supposition
arbitraire de molécules, qui, mises en mouvement
par les corps extérieurs, causent des sensations,
lesquelles étant suivies d'attrait ou de répugnance,
font agir les membres par le mouvement d'autres
molécules, de manière à rapprocher ou à éloigner l'a-
nimal de ces corps; il se serait borné à l'analyse et
à la comparaison des faits, et par là, reconnaissant
la spontanéité des actes de l'intelligence, il n'aurait point attribué ces actes à la réflexion, qui serait ainsi restée, comme il le pensait, le caractère
exclusif de l'espèce humaine. Cette idée qui fera
dans tous les temps un des fondements principaux de
la science des actions de l'homme, et qui distinguera
toujours sa nature de celle des animaux; cette idée
qu'Aristote proclamait déjà trois siècles avant Jésus-
Christ, Buffon en reconnaît en effet la vérité, et de
l'application qu'il en fait, jaillissent ces éclairs brillants, qui, se réfléchissant sur ce qui les entoure,
semblent en faire éclater aussi la lumière.

Ainsi, adoptant encore une idée d'Aristote, il

distingue avec toute raison la mémoire irréfléchie
des animaux, qu'il désigne par le nom de réminiscence, de la mémoire réfléchie qui n'appartient qu'à
• l'homme ; et en reconnaissant à cette réminiscence,
à cette faculté qu'a le cerveau, de conserver plus ou
moins long-temps la trace des ébranlements causés par
les sensations, il aperçoit dans les associations qui en
résultent, la source la plus féconde des actions des
animaux, et de leurs actions les plus remarquables.
C'est en effet dans ces deux facultés du souvenir et
de l'association des souvenirs, que réside peut-être
la cause de toutes les actions contingentes, quelquefois si compliquées, dont les animaux nous rendent
les témoins. Si Condillac moins prévenu eût pu apprécier cette partie de l'hypothèse de Buffon, il aurait
rendu plus de justice au discours sur la nature des
animaux, et se serait épargné, sinon le soin de le
combattre dans son traité des animaux, celui du
moins de proposer une hypothèse nouvelle bien
moins propre que la première à donner de justes
idées sur les questions qui font l'objet de l'une et de
l'autre. Malgré les erreurs qu'il contient, le discours
qui nous occupe devra toujours être proposé en
exemple; et pour les vérités qu'il met en lumière,
et pour l'art avec lequel les erreurs et les vérités sont
liées l'une à l'autre, et se défendent mutuellement ;
car si dans ce discours Buffon viole les lois de la
science, en présentant une hypothèse pour une théo-
rie, il ne viole jamais celles du raisonnement ; sa lo-
gique toujours sévère et vigoureuse ne s'embarrasse
pas plus dans l'explication des détails que dans celle
des faits les plus généraux; toujours un, toujours

conséquent à ses principes, nous ne le voyons jamais
recourir à ces subterfuges, à ces faux-fuyants, à ces
subtilités trompeuses, qui, dans ces sortes de créations, sont la ressource ordinaire des esprits qui
ont plus d'activité que de force, plus d'imagination
que de jugement; aussi en le lisant, après avoir admis comme vrais les faits sur lesquels il s'appuie, on
ne peut pas plus se défendre de la persuasion la plus
entière, que de l'admiration la plus sincère et la plus
légitime.

Il était impossible qu'admettant ces idées de l'influence des causes extérieures sur le développement
organique et intellectuel de l'homme, Buffon n'en fît
pas l'application aux animaux, et qu'il ne considérât
pas quels effets ceux-ci devaient avoir éprouvés des
causes qui sont de nature à agir sur eux, ou dont ils
ont pu ressentir l'influence. C'est en effet ce qu'il a
fait dans son discours sur la dégénération des animaux[1]. Ces causes auxquelles, suivant leur nature,
les animaux sont plus ou moins soumis, il les trouve
dans la température du climat, dans la qualité de
la nourriture, et dans les maux de l'esclavage.
Après avoir de nouveau jeté un coup d'œil sur les
races humaines, il recherche celles que la domesticité a produites chez les animaux qui nous sont soumis, et celles beaucoup moins nombreuses qui se
rencontrent parmi les animaux sauvages. Ce qu'il dit
sur ce dernier point, quoique borné à un très petit
nombre d'espèces, doit être lu avec défiance. Buffon
ne connaissait point assez les caractères distinctifs

1. Tom. XIV, in-4°, p. 311. — Édit. Pillot, t. XVIII, p. 255.

des animaux pour traiter un tel sujet ; aussi le voyons-
nous considérer comme appartenant à la même espèce, des animaux qui diffèrent par des parties
organiques d'un ordre bien supérieur à celles qui
caractérisent les races. Pour lui le sanglier commun
et le phacochœre ne forment que des variétés d'une
seule espèce, et il en est de même du daim et du
cerf de Virginie, des lièvres de tous les pays, des
éléphants d'Asie et d'Afrique, des rhinocéros, etc.
A la suite de cette première erreur, il était bien difficile que Buffon ne se laissât pas entraîner à sa pente
naturelle, et qu'il vît autre chose que des variétés d'un
nombre borné d'espèces dans les espèces nombreuses
des genres naturels, et c'est en effet cette hypothèse
qu'avait principalement pour but le discours qui nous
occupe. Excepté neuf espèces qui se trouvaient entièrement isolées, toutes les autres, au nombre d'environ deux cents, n'étaient à ses yeux que des branches de quinze souches principales, que des membres
de quinze familles, lesquelles s'étaient ainsi modifiées
par les causes que nous avons rapportées plus haut,
et par le mélange de ces familles entre elles. Depuis, cette hypothèse a été portée jusqu'à ses extrêmes limites, et poussée jusqu'à la dernière de ses
conséquences par des auteurs modernes. Ainsi tous
les animaux proviendraient d'un germe qui, s'é-
tant développé sous des influences et dans des circonstances diverses, aurait produit les espèces de
tout genre qui peuplent la terre. Malheureusement
aucun fait jusqu'à présent ne vient à l'appui de ces
suppositions, et bien loin qu'on ait jamais vu une

seule espèce d'un genre de quadrupèdes, se modifier
de manière à se rapprocher des espèces d'un autre
genre, plus qu'elle n'est rapprochée des espèces du
sien; tous les changements qu'ont éprouvés ceux de
ces animaux qui ont été soumis à l'action des causes
les plus nombreuses et les plus puissantes, se bor-
nent à une augmentation ou à une diminution dans
la taille, ou dans les proportions de quelques parties, à quelques unes des qualités du pelage, etc.,
c'est-à-dire que ces changements n'ont jamais atteint
que des organes d'un ordre secondaire, et ceux
précisément où sont attachés les caractères des variétés.

En histoire naturelle, et en général dans toutes les
sciences d'observation, aucune vérité n'étant absolue,
on peut toujours aprécier les fondements d'une proposition, par les faits sur lesquels elle s'appuie, et déterminer le degré de confiance qu'elle mérite; mais quelquefois on aperçoit une vérité générale dans un nombre
de faits très bornés; alors cette vérité se confirme
par les faits subséquents. C'est ce qui n'est point arrivé pour l'hypothèse que nous venons d'exposer, mais
c'est ce qui a eu lieu pour une autre proposition générale de Buffon, qu'on pouvait dire anticipée, et
qui a été confirmée par toutes les observations qui
sont venues se joindre à celles dont il avait pu disposer. Je veux parler de la distribution des quadrupèdes sur la terre. Il était important de savoir si ceux
de l'ancien monde étaient les mêmes que ceux du
nouveau, à cause des conséquences qui pouvaient
s'en déduire; et quoique Buffon ne connût qu'un

cinquième des quadrupèdes que l'on connaît aujour-
d'hui, il a établi cette vérité : qu'aucune des espèces
de l'ancien monde ne devait se rencontrer dans les
parties intertropicales et méridionales du nouveau ;
que les régions septentrionales de ces deux mondes
seules avaient des espèces qui leur étaient communes,
parce qu'elles communiquaient sans cesse entre elles
au moyen des glaces ou des îles nombreuses et
rapprochées qui leur sont intermédiaires ; qu'aucun
moyen de communication n'éxistant entre l'Afrique
ou l'Asie méridionale et le Brésil ou le Pérou, les espèces entièrement abandonnées aux influences diverses
qui tendaient à les modifier, ne pouvaient conserver
les caractères des espèces qui avaient une origine
commune avec elles. Car Buffon ne pensait point que
ces animaux fussent originairement différents. S'ils
ne se ressemblaient pas, c'est que l'Amérique, nouvellement formée, exerçait sur les animaux qui avaient
pu y vivre, avant la révolution qui la sépara des parties de l'ancien monde, vis-à-vis desquelles elle se
trouve, une action qui avait surtout eu pour effet
d'en diminuer la force et de les amoindrir. Cette dernière conséquence de ses recherches sur les animaux
américains s'est trouvée sans fondement, comme le
principe sur lequel elle reposait, et il en a été de
même de son idée que les quadrupèdes du Nouveau-
Monde étaient sans aucune comparaison proportionnellement moins nombreux que ceux des autres
parties de la terre. Mais jusqu'à présent rien n'a in-
firmé ce fait, que les animaux de l'Amérique méridionale diffèrent essentiellement de ceux qui se

trouvent en Afrique et en Asie sous les mêmes parallèles.

Je viens de remplir la première des tâches que j'a-
vais dû m'imposer, celle d'examiner les discours généraux de Buffon sur les quadrupèdes, et quoiqu'elle
ait eu plutôt pour objet de restreindre ses idées que
de les étendre, je ne cesse pas un instant pour cela
d'admirer cette intelligence féconde et cette raison
puissante qui le portèrent à ces créations où l'on ne
sait ce que l'on doit admirer le plus, de la richesse
et de la variété des détails, ou de l'étendue et de
l'harmonie des rapports.

En effet, comment l'esprit de l'homme, concevant
l'infini, se condamnerait-il à ne jamais sortir des
bornes tracées par ce petit nombre de faits qu'il a
pu percevoir, et à l'aide desquels il est parvenu à dévoiler quelques unes des lois de la nature? Que sont
ces faits et ces lois, comparés aux faits qu'elle renferme et aux lois qui la régissent? Que paraîtront
surtout et ces faits et ces lois, si nous considérons
que l'éternité est son partage, et que nos observations, par rapport à elle, datent de l'instant qui
vient de naître! Pour la pensée qui peut embrasser
l'existence du monde dont l'imagination est forcée
de reculer indéfiniment l'origine et d'éloigner sans
terme la fin, ce que nous connaissons de la nature
et de ses lois n'est rien, ou peut-être sont-ce les
lois de quelques parties d'un phénomène passager,
d'un mode accidentel et transitoire, dont les traces
disparaîtront sous l'action de lois plus générales et
plus puissantes, dont notre vue bornée ne peut sai-

sir les effets, mais que peut-être notre intelligence pourrait concevoir.

Honorons donc les hommes qui, sans désobéir aux règles sévères de la raison, cherchent comme Buffon à étendre l'empire de leur intelligence sur la nature, au delà des bornes marquées par leurs sens; et cependant, il faut le dire et le répéter, ce n'est que par les sens qu'il nous est donné de connaître véritablement cette nature, et de croire à ce que nous en connaissons; ce sont eux seuls qui, pour nous, en circonscrivent l'étendue.

Sans doute ces limites sont étroites, comparées à celles que peut embrasser la suprême puissance, aux limites véritables de la nature; mais le champ laissé à nos investigations peut encore suffire à nos forces et à notre orgueil : entre les mondes qui remplissent l'espace et dont nous sommes parvenus à déterminer les mouvements, et les infiniment petits que nos instruments ont su atteindre, l'intervalle est grand; et, à en juger par les résultats de nos recherches, par ce que nous avons acquis de connaissances, depuis que l'esprit humain s'exerce sur les phénomènes qui l'environnent et sur leur cause, bien des siècles pourront s'écouler encore avant que le champ de nos observations soit parcouru. Que dis-je? chaque point de ce champ qui, pour nous, est un but que nous n'apercevons encore que de loin, s'éloignera à mesure que nous en approcherons; et si l'homme n'est pas un être passager, si son espèce est destinée à résister aux forces qui doivent agir dans le monde qu'elle habite, comme elle résiste à celles qui agissent au-

jourd'hui, ses observations, s'accumulant de siècle
en siècle, pourront même la conduire à la connaissance de ces lois qui, tout à l'heure, nous semblaient
dépasser sa sphère, comme elles surpassent l'intelligence de chacun des individus dont elle se compose.

LES ANIMAUX DOMESTIQUES[1].

Buffon ne considère la domesticité des animaux
que comme un effet de la puissance de l'homme et
de sa supériorité intellectuelle sur eux. « L'homme,
dit-il, change l'état naturel des animaux en les for-
çant à lui obéir et en les faisant servir à son usage. »
C'est là, pour lui, la seule origine de cet état si remarquable dans lequel les animaux semblent être soumis à des lois arbitraires et à une puissance plus forte
que leur nature. C'est une erreur que nous ne pouvons nous dispenser de combattre ; et dans son principe et dans ses conséquences, en montrant que la
domesticité est un effet de l'instinct sociable. Nous
établirons donc d'abord l'existence de cet instinct et
des modifications qu'il nous présente, et nous en
montrerons ensuite le résultat dans l'association des
animaux avec l'homme.

Lorsque Buffon disait que s'il n'existait point d'a-
nimaux la nature de l'homme serait encore plus in-
compréhensible, il était loin d'apercevoir toute l'é-
tendue et toute la vérité de cette pensée. L'animal
n'était pour lui, ou pour parler, je crois, plus exactement, n'était dans son système qu'une machine
organisée, aux mouvements de laquelle aucune intel-

1. Tom. IV, in-4°, p. 169.— Édit. Pillot, tom. XIV, p. 7. Ces vues
sur la domesticité font l'objet de deux mémoires publiés parmi ceux
du Muséum d'histoire naturelle.

ligence ne présidait d'une manière immédiate. Ce
n'était donc que par les organes et leur mécanisme
que l'homme et la brute étaient comparables, et la
structure de notre corps pouvait seule tirer quelque
lumière de l'étude détaillée de l'animal. C'était l'idée
de Descartes, à quelques exceptions près, plus apparentes que réelles ; et, à n'en juger que par les faits,
il faut convenir que ceux qui lui servent de fondement sont plus importants et peut-être plus nombreux que ceux sur lesquels se fonde l'idée contraire ;
car la nature est bien plus libérale d'instinct que d'intelligence.

Ainsi, quoique l'une et l'autre manquent de vérité,
les disciples de Descartes ont défendu la doctrine de
leur maître avec une grande supériorité comparativement aux défenseurs de la doctrine opposée. Buffon,
et Condillac, qui a soutenu contre ce grand naturaliste l'opinion ancienne et commune, que les animaux
ont les mêmes facultés que l'homme, mais à un moindre degré, sont aujourd'hui chez nous les représen-
tants de ces deux doctrines ; et quoique je n'admette
pas plus l'une que l'autre, je ne puis me défendre de
reconnaître autant de profondeur et d'exactitude dans
ce que dit le premier, que de légèreté et d'arbitraire
dans ce que dit le second. C'est que l'objet principal
de Buffon était la nature, et que le système de Buffon
était l'objet principal de Condillac.

Buffon, dans son discours sur la nature des animaux, a à peine effleuré la question qui doit nous
occuper, et Condillac ne pouvait pas être conduit à
la traiter ; elle lui paraissait toute résolue sans doute,
dans ce qu'il y avait d'agréable ou d'utile pour les

animaux à se réunir et à former des troupes plus ou moins nombreuses ; et les exemples tirés de faits mal observés, ne lui manquaient sûrement pas pour prouver la vérité de ses principes. Ces faits ne devaient pas être moins puissants pour Buffon qui n'attribuait les sociétés des animaux les mieux organisés qu'à des convenances et des rapports physiques ; mais ce qui est à remarquer, comme témoignage de l'exactitude des observations de cet homme célèbre, et peut-être même de la justesse de ses idées, sinon de son système, c'est qu'il répartit les animaux sociables dans les trois classes entre lesquelles ils se partagent en effet, quand on les considère relativement aux causes de leurs actions, quoique les caractères qu'il donne à chacune d'elles soient inadmissibles.

Depuis long-temps on a reconnu que la sociabilité de l'homme est l'effet d'un penchant, d'un besoin naturel qui le porte invinciblement à se rapprocher de son semblable, indépendamment de toute modification antérieure, de toute réflexion, de toute connaissance. C'est une sorte d'instinct qui le maîtrise, et que les peuplades les plus sauvages manifestent avec autant de force que les nations les plus civilisées. L'idée que l'homme de la nature vit solitaire, n'a jamais été le résultat de l'observation ; elle n'a pu naître que des jeux d'une imagination fantastique, ou de quelques hypothèses dont elle a été la conséquence, mais dont de meilleures méthodes scientifiques nous délivreront sans doute pour jamais.

Ce sentiment instinctif n'est pas moins la cause de la sociabilité des animaux que celle de la sociabilité de l'espèce humaine ; il est primitif pour eux comme pour

nous. Tout démontre, en effet, qu'il n'est ni un phénomène intellectuel, ni un produit de l'habitude; nous
n'en trouvons pas la moindre trace chez les animaux qui
occupent le même rang dans l'ordre de l'intelligence
que ceux qui nous le montrent au plus haut degré; il
semble même que les exemples les plus nombreux et les
plus remarquables ne se montrent que chez les animaux
des dernières classes, chez les insectes; et les preuves
qu'il n'est point un fait d'habitude ne sont pas moins
démonstratives. S'il résultait de l'éducation, de l'influence des parents sur les enfants, cette cause agissant
de la même manière chez tous les animaux dont le développement et la durée de l'existence sont semblables, nous verrions les ours, qui soignent leurs petits
pendant tout autant de temps que les chiens, et avec
la même tendresse et la même sollicitude, nous le
montrer avec la même force que ceux-ci; et les ours
sont cependant des animaux essentiellement solitaires. Au reste, nous avons des preuves directes que,
sur ce point, l'influence des habitudes ne prévaut jamais sur celle de la nature, que l'instinct de la sociabilité subsiste même quand il n'a point été exercé,
et qu'il disparaît malgré l'exercice chez ceux qui ne
sont point destinés à un état permanent de sociabilité.
En effet, on s'attache toujours très facilement et très
vivement par des soins les mammifères sociables,
élevés dans l'isolement et loin de toutes les causes
qui auraient pu faire naître en eux le penchant à la sociabilité. C'est une observation que j'ai souvent faite
à la Ménagerie du Roi, sur les animaux sauvages qu'elle
reçoit; et je l'ai constatée à dessein en élevant des
chiens avec des loups très féroces et de la même ma-

nière qu'eux. Dans ce cas, le penchant à la sociabilité reparaissait chez les chiens, pour ainsi dire, dès que l'animal avait recouvré sa liberté. D'un autre côté, les jeunes cerfs, qui, dans les premières années de leur vie, forment de véritables troupes et vivent en société, se séparent pour ne plus se réunir et pour passer le reste de leurs jours dans la solitude, aussitôt qu'ils ont atteint l'âge de la puberté. C'est-à-dire que l'habitude, comme l'instinct, se sont également effacés en eux, que l'une n'a pu se conserver sans l'autre.

Quelques auteurs n'ayant vu le caractère de la sociabilité que dans les services que les membres de l'association se rendent mutuellement, et même que dans le partage, entre tous ces membres, des différents travaux que demandent les divers besoins de la société, n'ont point voulu regarder les réunions naturelles d'animaux comme de véritables sociétés. C'était l'idée de l'auteur des lettres du physicien de Nuremberg sur les animaux, de Leroi, qui aurait pu faire faire de si grands progrès à cette branche des sciences, si, au lieu de juger les faits qu'il observait d'après l'hypothèse de Condillac, il avait jugé cette hypothèse d'après les intéressantes observations que sa longue expérience lui avait procurées. « Il ne suffit pas, dit-il, » que des animaux vivent rassemblés pour qu'ils aient » une société proprement dite et féconde en progrès. » Ceux mêmes qui paraissent se réunir par une sorte » d'attraits et goûter quelque plaisir à vivre les uns » près des autres, n'ont point la condition essentielle » de la société, s'ils ne sont pas organisés de manière » à se servir réciproquement pour les besoins journa-

» liers de la vie. C'est l'échange de secours qui établit
» les rapports, qui constitue la société proprement
» dite. Il faut que ces rapports soient fondés sur dif-
» férentes fonctions qui concourent au bien commun
» et dont le partage rende à chacun des individus la
» vie plus favorable, aille à l'épargne du temps, et
» produise par conséquent du loisir pour tous, etc. »
Ainsi c'était dans les sociétés civilisées, dans les effets
même les plus artificiels et les plus compliqués, que
cet auteur cherchait le caractère fondamental de la
sociabilité ! Que pouvait-il donc penser de ces peuplades vraiment sauvages, dont tous les travaux, ayant
pour objet des besoins naturels, ne présentent rien
de ces échanges de secours, de ces partages d'industrie qui lui paraissent essentiels à toute société?
Comment n'a-t-il pas vu, par l'histoire de tous les
peuples, que ce n'est que progressivement et à mesure que la raison éclaire les hommes, que les besoins différents de ceux qui nous sont immédiatement donnés par la nature, naissent et s'étendent.
Mais pour que des services mutuels s'établissent, il
faut que des services particuliers aient été rendus, et
pour cela, qu'une cause quelconque ait tenu rapprochés les hommes jusqu'à ce qu'ils ne soient plus étrangers l'un à l'autre; ce qui nous ramène au sentiment
primitif de la sociabilité.

Pour retrouver les traces de ce sentiment dans les
sociétés civilisées, il faut en séparer les caractères nombreux et variés que nous y avons introduits par l'exercice des facultés exclusives qui nous appartiennent;
car il n'est pas un de nos besoins naturels, si ce n'est

celui qui nous porte à vivre réunis, qui n'ait dû faire
quelques sacrifices à la raison, que l'on retrouve toujours comme le caractère dominant de l'espèce humaine, parce qu'en effet, c'est par elle seule que nous
nous distinguons essentiellement des animaux; aussi
est-ce par elle que nos sociétés se distinguent des
leurs. Dans tout ce qui n'y a pas été introduit par la
raison nous sommes de véritables animaux; et nous
redéscendons au rang de ces êtres inférieurs toutes
les fois que nous voulons nous soustraire à l'empire
que la nature l'a chargée d'exercer sur nous. Ce serait
un sujet de recherche bien curieux que celui du degré d'autorité que nous avons laissé prendre à cette
faculté dans les nombreuses espèces de sociétés que
forme l'espèce humaine.

Mais la sociabilité des animaux est pour nous beaucoup moins importante par sa cause que par ses effets. La cause de ce phénomène est primitive; or, à
moins qu'on ne remonte à la source de ces sortes de
causes, elles restent pour nous des puissances cachées,
des forces occultes qui nous font subir passivement
leurs lois; et malheureusement la plupart d'entr'elles
ont leur source fort au delà des limites actuelles de
nos connaissances en psycologie. Leurs effets, au contraire, se manifestent à l'observation, et se soumettent à l'expérience; nous pouvons en faire un objet de
recherches, et c'est surtout par les effets de l'instinct
sociable que la nature de l'homme me paraît pouvoir
tirer quelques lumières de la nature des animaux :
car ceux-ci nous présentent ces effets dans un état de
simplicité qu'ils n'ont pas chez l'homme, où, comme

nous l'avons dit, ils sont constamment compliqués de l'influence de sa raison et de sa liberté.

Aussi ne faut-il pas s'étonner si plusieurs philosophes n'ont vu dans ces effets que des actes libres de la volonté, et, par suite, dans l'association des hommes, que le résultat d'un choix raisonné, d'un jugement indépendant. Il est cependant inévitable que les effets immédiats d'une cause nécessaire soient nécessaires eux-mêmes; et si la sociabilité de l'homme est primitivement instinctive, ses conséquences directes sont indépendantes de toute autre cause; ce sont donc ces conséquences elles-mêmes que les animaux doivent nous faire connaître. C'est ainsi que l'anatomie comparée tire des faits que lui présentent les organes les moins compliqués l'analyse de ceux qui le sont davantage.

Nous voyons dans la conduite d'une foule d'animaux ce que sont les associations fondées sur un besoin purement passager, sur des appétits qui disparaissent dès qu'ils sont satisfaits. Tant que les mâles et les femelles sont portés à se rechercher mutuellement, ils vivent, en général, dans une assez grande union. La femelle affectionne cordialement ses petits, et défend leur vie au péril de la sienne dès le moment qu'elle les a mis au monde; cette affection duré aussi long-temps que ses mamelles peuvent les nourrir, et les petits rendent à leur mère une partie de l'attachement qu'elle leur porte, tant qu'ils ont besoin d'elle pour pourvoir à leurs besoins : mais aussitôt que l'époque du rut est passée, aussitôt que les mamelles cessent de secréter le lait, que les petits

se procurent eux-mêmes leur nourriture, tout attachement s'éteint, toute tendance à l'union cesse; ces
animaux se séparent, s'éloignent peu à peu l'un de
l'autre, et finissent par vivre dans l'isolement le plus
complet. Alors le peu d'habitudes sociales qui avaient
été contractées s'efface, tout devient individuel, chacun se suffit à soi-même; les besoins des uns ne sont
plus que des obstacles à ce que les autres satisfassent
les leurs; et ces obstacles amènent l'inimitié et la
guerre, état habituel, vis-à-vis de leurs semblables,
de tous les animaux qui vivent solitaires. Pour ceux-
ci, la force est la première loi; c'est elle qui, dans
leurs intérêts, règle tout : le plus faible s'éloigne du
plus fort, et meurt de besoin s'il ne trouve pas,
à son tour, un plus faible à chasser, ou une nouvelle solitude à habiter. C'est cet ordre de choses
que nous présentent toutes ces espèces de la famille
des chats, toutes celles de la famille des martes, les
hyènes, les ours, etc.; et c'est celui que nous pré-
senteront toujours les animaux qui n'ont d'autres
besoins que ceux dont l'objet immédiat est la conservation des individus ou des espèces : car ces sortes
de besoins sont manifestement ennemis de la sociabilité, bien loin d'en être la cause, comme quelques
uns l'ont prétendu.

L'exemple que nous venons de tracer est celui de
l'insociabilité la plus complète; mais la nature ne
passe pas sans intermédiaires à l'état opposé. Le penchant à la sociabilité peut être plus ou moins puissant, plus ou moins modifié par d'autres. Nous trouvons, en quelque sorte, les premières traces de ce
sentiment dans l'espèce d'association qui se conserve,

même hors du temps des amours, entre le loup et la louve. Ces animaux paraissent être attachés l'un à l'autre pendant toute leur vie, sans que cependant leur union soit intime aux époques de l'année où ils n'ont plus que les besoins de leur conservation individuelle. Alors ils vont seuls, ne s'occupent que d'eux-mêmes, et si quelquefois on les trouve réunis, agissant de concert, c'est plutôt le hasard que le penchant qui les rassemble. On conçoit que les effets d'une telle association sont presque nuls : aussi les loups paraissent-ils supporter sans peine l'isolement le plus complet.

Les chevreuils nous présentent un exemple différent, où la sociabilité se montre déjà plus forte, mais non pas encore dans toute son étendue. Chez ces animaux, le sentiment qui les rapproche est intime et profond : une fois qu'un mâle et une femelle sont unis, ils ne se séparent plus : ils partagent la même retraite, se nourrissent dans les mêmes pâturages, courent les mêmes chances de bonheur ou d'infortune, et si l'un périt, l'autre ne survit guère qu'autant qu'il rencontre un chevreuil également solitaire et d'un sexe différent du sien. Mais l'affection de ces animaux l'un pour l'autre est exclusive ; ils sont pour leurs petits ce que les animaux solitaires sont pour les leurs : ils s'en séparent dès qu'ils ne sont plus nécessaires à leur conservation.

Dans cette union, l'influence mutuelle des deux individus est encore extrêmement bornée : il n'y a entre eux ni rivalité, ni supériorité, ni infériorité ; ils font, si je puis ainsi dire, un tout parfaitement harmonique ; et ce n'est que pour les autres qu'ils sont plusieurs.

Il n'en est plus de même chez les animaux où la
sociabilité subsiste, quoique les intérêts individuels
diffèrent. C'est alors que ce sentiment se montre dans
toute son étendue et avec toute son influence, et
qu'il peut être comparé à celui qui détermine les sociétés humaines : il ne se borne plus à rapprocher
deux individus, à maintenir l'union dans une famille ;
il tient rassemblées des familles nombreuses et conserve la paix entre des centaines d'individus de tout
sexe et de tout âge. C'est au milieu de leur troupe
même que ces animaux naissent ; c'est au milieu d'elle
qu'ils se forment, et c'est sous son influence qu'ils
prennent, à chaque époque de leur vie, la manière
d'être qui peut à la fois satisfaire ses besoins et les leurs.

Dès qu'ils ne se nourrissent plus exclusivement de
lait, dès qu'ils commencent à marcher et à sortir de
la bauge sous la conduite de leur mère, ils apprennent à connaître les lieux qu'ils habitent, ceux où ils
trouveront de la nourriture et les autres individus de
la troupe. Les rapports de ceux-ci entre eux sont dé-
terminés par les circonstances qui ont participé à
leur développement, à leur éducation ; et ce sont ces
rapports, joints aux causes dont ils dérivent, qui dé-
termineront à leur tour ceux des jeunes dont nous
suivons la vie. Or, il ne s'agit pas pour eux de combattre pour établir leur supériorité, ni de fuir pour se
soustraire à la force ; d'une part ils sont trop faibles,
et de l'autre ils sont retenus par l'instinct social. Il
faut donc que leur nouvelle existence se mette en
harmonie avec les anciennes. Tout ce qui tendrait à
nuire à ces existences établies en troublerait le concert, et les plus faibles seraient sacrifiés par la nature

des choses. Que peuvent donc faire, dans une telle situation, de jeunes animaux, si ce n'est de céder à la nécessité, ou d'y échapper par la ruse? C'est, en effet, le spectacle que nous présentent les jeunes mammifères au milieu de leur troupe; ils ont bientôt appris ce qui leur est permis et ce qui leur est défendu, ou plutôt ce qui est, ou non, possible pour eux. Si ce sont des carnassiers, lorsque la harde tombe sur une proie, chaque individu y participe en raison des rapports d'autorité où il se trouve vis-à-vis des autres; aussi nos jeunes animaux ne pourront manger de cette proie que ce qui en sera resté, ou que ce qu'ils en auront dérobé par adresse. Ils essaieront d'abord de surprendre quelques morceaux avec lesquels ils pourront fuir, ou de se glisser derrière les autres, sauf à éviter les coups que ceux-ci pourraient leur porter. De la sorte, ils se nourrissent largement si la proie est abondante, ou ils souffrent et périssent même si elle est rare. Par cet exercice de l'autorité sur la faiblesse, l'obéissance des jeunes s'établit et pénètre jusque dans leur intime conviction, jusque dans l'espèce particulière de conscience que produit l'habitude.

Cependant ces animaux avancent en âge et se développent; leurs forces s'accroissent : toutes choses égales, ils ne l'emporteraient pas dans un combat sur ceux qui ne les ont précédés que d'une ou de deux années; mais ils sont plus agiles, plus vigoureux que les animaux qui ont passé leur première jeunesse; et si la force devait décider des droits, ces derniers seraient obligés de leur céder les leurs. C'est ce qui n'arrive point dans le cours ordinaire de la société : les rapports établis par l'usage se conservent ; et si la société est sous la conduite d'un chef, c'est le plus âgé qui a le plus de pouvoir. L'autorité qu'il a commencé à exercer par la force, il la conserve par l'habitude d'obéissance que les-autres ont eu le temps de contracter. Cette autorité est devenue une sorte de force morale, où il entre autant de confiance que de crainte, et contre laquelle aucun individu ne peut conséquemment être porté à s'élever. La supériorité reconnue n'est plus attaquée ; ce ne sont que les supériorités ou les égalités qui tendent à s'établir qui éprouvent des résistances jusqu'à ce qu'elles soient acquises, et elles ne tardent point à l'être dans tous les cas où il ne s'agit que de partage ; il suffit pour cela d'une égalité approchante de force, aidée de l'influence de la sociabilité et de l'habitude d'une vie commune : car les animaux sauvages ne combattent que poussés par les plus violentes passions ; et excepté le cas où ils auraient à défendre leur vie ou la possession de leurs femelles, et celles-ci l'existence de leurs petits, ils n'en éprouvent point de semblables. Quant aux supériorités, elles ne s'établissent et ne se reconnaissent que quand le partage n'est plus possible et que la possession doit être entière ; alors des luttes commencent : ordinairement l'amour les provoque ; et c'est presque toujours la femelle, par la préférence qu'elle accorde au plus vigoureux d'entre les jeunes, qu'elle reconnaît avec une rare perspicacité qui porte celui-ci à surmonter l'espèce de contrainte et d'obéissance à laquelle le temps l'avait façonné, et à occuper la place à laquelle il a droit. On pourrait donc aisément concevoir une société

d'animaux où l'ancienneté seule ferait la force de
l'autorité. Pour qu'un tel état de choses s'établit, il
suffirait qu'aucun sentiment ne fût porté jusqu'à la
passion, et c'est ce qui a lieu peut-être dans ces troupes d'animaux herbivores qui vivent au milieu des
riches prairies de ces contrées sauvages dont l'homme
ne s'est point encore rendu le maître. Leur nourriture, toujours abondante, ne devient jamais pour
eux un sujet de rivalité, et s'ils peuvent satisfaire les
besoins de l'amour comme ceux de la faim, leur vie
s'écoule nécessairement dans la plus profonde paix.
Le contraire pourrait également avoir lieu si la force
des intérêts individuels l'emportait sur l'instinct de
la sociabilité : tel est l'effet d'une extrême rareté d'a-
liments; et si cet état dure, les sociétés se dissolvent
et s'anéantissent.

Jusqu'à présent, j'ai supposé tous les individus
d'une troupe doués du même naturel, soumis aux
mêmes besoins, aux mêmes penchants, et mus conséquemment par le même degré de puissance. Cependant tous les individus d'une même espèce ne se
ressemblent pas à ce point : les uns ont des passions
plus violentes ou des besoins plus impérieux que les
autres : celui-ci est d'un naturel doux et paisible ; celui-là est timide ; un troisième peut être hardi ou colère, hargneux ou obstiné, et alors l'ordre naturel est
interverti : ce n'est plus l'ancien exercice du pouvoir
qui le légitime ; chacun prend la place que son caractère lui donne : les méchants l'emportent sur les
bons, ou plutôt les forts sur les faibles ; car chez des
êtres dépourvus de liberté, et dont les actions ne
peuvent conséquemment avoir aucune moralité, tout

ce qui porte à la domination est de la force, et à la
soumission de la faiblesse. Mais une fois que ces causes accidentelles ont produit leurs effets, l'influence
de la sociabilité renaît, l'ordre se rétablit. Les nouveaux venus s'habituent à obéir à ceux qu'ils trouvent
investis du commandement, jusqu'à ce qu'il y en ait
de plus nouveaux qu'eux, ou qu'ils soient les plus anciens de l'association.

Cet instinct de sociabilité ne se montre pas seulement par les affections qui s'établissent entre les individus dont la société se compose, il se manifeste encore par l'éloignement et par le sentiment de haine
qui l'accompagne pour tout individu inconnu. Aussi
deux troupes ne se rapprochent jamais volontairement, et si elles sont forcées de le faire, il en résulte
de violents combats : les mâles s'en prennent aux mâles ; les femelles attaquent les femelles ; et si un seul
individu étranger, et surtout d'une autre espèce,
vient à être jeté par le hasard au milieu de l'une
d'elles, il ne peut guère échapper à la mort que par
une prompte fuite.

De là résulte que le territoire occupé par une troupe
sur lequel elle cherche sa proie, si elle se compose d'a-
nimaux carnassiers, ou qui lui fournit des pâturages,
si elle est formée d'herbivores, est en quelque sorte
inviolable pour les troupes voisines : il devient comme
la propriété de celle qui l'habite ; aucune autre, dans
les temps ordinaires, n'en franchit les limites ; des
dangers pressants, une grande famine, en exaltant
dans chaque individu le sentiment de sa conservation,
pourraient seuls faire changer cet ordre naturel, fondé
lui-même sur cet amour de la vie auquel tous les au-

tres sentiments cèdent chez les êtres dépourvus de raison. Au reste, et pour le dire en passant, cette espèce de droit de propriété, ainsi que ses effets, ne se manifestent pas seulement dans l'état de sociabilité, on les retrouve aussi chez les animaux solitaires : il n'en est aucun qui ne regarde comme à soi le lieu où il a établi sa demeure, la retraite qu'il s'est préparée, ainsi que la circonscription où il cherche et trouve sa nourriture. Le lion ne souffre point un autre lion dans son voisinage. Jamais deux loups, à moins qu'ils ne soient errants, comme ils le sont pour la plupart dans les pays où on leur fait continuellement une chasse à mort; jamais deux loups, dis-je, ne se rencontrent dans le même canton; et il en est de même des oiseaux de proie : l'aigle, de son aire, étend sa domination sur l'espace immense qu'embrassent son vol et son regard.

L'état de choses que nous venons d'exposer est celui que nous présentera toute société d'animaux, abstraction faite de ses caractères spécifiques, c'est-à-dire des instincts, des penchants, des facultés qui la distingue des autres; car chaque troupe nous présentera des caractères qui lui appartiendront exclusivement, et qui modifieront d'une manière quelconque celui de la sociabilité. Ainsi, dans toutes les sociétés où l'un des besoins naturels est sujet à s'exalter, les causes de discorde deviennent fréquentes, et il en naît l'expérience des forces : c'est pourquoi dans les sociétés formées par les animaux carnassiers, chez lesquels les besoins de la faim peuvent être portés au plus haut degré, l'autorité est bien plus sujette à changer que dans les sociétés d'herbivores; il en est de

même pour les oiseaux chez lesquels les besoins et
les rivalités de l'amour sont toujours poussés jusqu'à
la fureur. D'un autre côté, des penchants particuliers,
des instincts spéciaux, et surtout une grande intelligence, peuvent renforcer et perfectionner l'instinct
de la sociabilité. Plusieurs animaux joignent au besoin
de se réunir celui de se défendre mutuellement : ici
ils se creusent de vastes retraites, là ils élèvent de solides habitations; et c'est certainement à l'instinct de
la sociabilité, porté au plus haut point, et uni quelquefois à une intelligence remarquable, que nous devons les animaux domestiques. C'est ce qui nous reste
à établir.

La soumission absolue que nous exigeons des animaux domestiques, l'espèce de tyrannie avec laquelle nous les gouvernons, nous ont fait croire qu'ils
nous obéissent en véritables esclaves; qu'il nous suffit
de la supériorité que nous avons sur eux pour les
contraindre à renoncer à leur penchant naturel d'indépendance, à se ployer à notre volonté, à satisfaire
ceux de nos besoins auxquels leur organisation, leur
intelligence ou leur instinct les rendent propres et
nous permettent de les employer. Nous concevons
cependant que si le chien est devenu si bon chasseur par nos soins, c'est qu'il l'était naturellement,
et que nous n'avons fait que développer une de ses
qualités originelles; et nous reconnaissons qu'il en
est à peu près de même pour toutes les qualités diverses que nous recherchons dans nos animaux domestiques. Mais la domesticité elle-même, quant à la
soumission que nous obtenons de ces animaux, c'est

à nous seuls que nous nous l'attribuons; nous en sommes la cause exclusive; nous leur avons commandé
l'obéissance, comme nous les avons contraints à la
captivité. La source de notre erreur est que, jugeant
sur de simples apparences, nous avons confondu deux
idées essentiellement distinctes, la domesticité et
l'esclavage; nous n'avons vu aucune différence entre
la soumission de l'animal et celle de l'homme; et du
sacrifice que l'homme esclave se trouvait forcé de
nous faire, nous avons pensé que l'animal domestique
nous faisait un sacrifice équivalent. Cependant ces
deux situations n'ont rien de semblables; la distance
entre l'animal domestique et l'homme esclave est infinie : elle est la même que celle qui sépare la volonté
simple de la liberté.

L'animal en domesticité, ainsi que celui qui vit au
milieu des bois, fait usage de ses facultés dans les limites marquées par sa situation : comme il n'est jamais sollicité à agir que par des causes extérieures et
par ses besoins, par ses instincts, dès que sa volonté se
conforme aux nécessités qui l'environnent, il n'en sa-
crifie rien; car la volonté consiste dans la faculté d'agir
spontanément suivant tous les besoins qu'on sent et par
lesquels on est naturellement sollicité, mais qu'on ne
connaît pas. Cet animal n'est donc point au fond dans
une situation différente de celle où il serait livré à
lui-même; il vit en société sans contrainte de la part
de l'homme, et il a un chef à la volonté duquel il se
conforme dans certaines limites, parce que sa troupe
aurait eu un chef, et que cette volonté est une des
conditions les plus fortes de celles qui agissent sur lui.
Il n'y a rien là qui ne soit conforme à ses penchants :

ce sont ses besoins qu'il satisfait ; nous ne voyons point
qu'il en éprouve d'autres ; et c'est l'état où il serait
dans la plus parfaite liberté : seulement son chef est
un maître qui a sur lui un pouvoir immense, et qui
en abuse souvent ; mais souvent aussi ce maître emploie sa puissance à développer les qualités naturelles
de l'animal, et sous ce rapport celui-ci s'est véritablement amélioré ; il a acquis une perfection qu'il n'aurait
jamais pu atteindre dans un autre état sous d'autres influences. Quelle différence entre cet animal et l'homme
esclave, qui n'est pas seulement sociable, qui n'a pas
seulement la faculté du vouloir, mais qui de plus est
un être libre ; qui ne se borne pas à se conformer
spontanément à sa situation, par l'influence aveugle
qu'elle exerçait sur lui ; mais qui peut la connaître,
la juger, en apprécier les conséquences et en sentir
le poids ! Et cependant cette liberté qui peut lui faire
envisager sa situation, lui montrer tout ce qu'elle a
de pénible, il voit qu'elle est enchaînée, qu'il ne
peut en faire usage, qu'il faut qu'il agisse sans elle,
qu'il descende conséquemment au dessous de lui,
qu'il se dégrade au niveau de la brute, qu'il s'abaisse
même au dessous d'elle ; car l'animal, satisfaisant tous
les besoins qu'il éprouve, est nécessairement en harmonie avec la nature, avec les circonstances au milieu desquelles il est placé, tandis que l'homme qui
ne satisfait point les siens, qui est forcé de renoncer
au plus important de tous, est loin d'être dans ce cas ;
il est dans l'ordre moral ce qu'est un être mutilé ou
un monstre dans l'ordre physique.

Sans doute la liberté de l'homme, qui au fond réside dans sa pensée, ne peut être contrainte, et en ce

sens l'homme, réduit aux fonctions de bête de somme, pourrait n'être point esclave. Mais la pensée qui ne s'exerce pas cesse bientôt d'être active : or, pourquoi s'exercerait la pensée d'un homme qui ne peut y conformer ses actions? et si malgré son état d'abjection, elle conservait quelque activité, sur quoi s'exercerait-elle? Le caractère et les mœurs des esclaves de tous les siècles sont là pour répondre.

Nous serions dans l'impossibilité de remonter à la source des différences fondamentales qui existent entre l'animal domestique et l'homme esclave, que la différence des ressources auxquelles nous sommes obligés d'avoir recours pour soumettre les animaux et pour soumettre les hommes, serait suffisante pour nous faire présumer que des êtres qu'on ne parvient à maîtriser que par des moyens tout-à-fait opposés, ne se ressemblent pas plus après qu'avant leur soumission, et qu'une distance considérable doit séparer l'esclavage de la domesticité.

En effet, l'homme ne peut être réduit et maintenu en esclavage que par la force, car il est du caractère de la liberté de n'obéir qu'à elle-même : la volonté au contraire n'existant que dans les besoins et ne se manifestant que par eux, l'animal ne peut être amené à la domesticité que par la séduction, c'est-à-dire qu'autant qu'on agit sur ses besoins, soit pour les satisfaire, soit pour les affaiblir.

Ainsi une première vérité, c'est que la violence serait sans efficacité pour disposer un animal non domestique à l'obéissance. N'étant point naturellement porté à se rapprocher de nous qui ne sommes pas de son espèce, il nous fuirait, s'il était libre, au premier

sentiment de crainte que nous lui ferions éprouver,
ou nous prendrait en aversion s'il était captif. Nous
ne parvenons à l'attirer et à le rendre familier que
par la confiance : et les bienfaits seuls sont propres à
la faire naître. C'est donc par eux que doivent com-
mencer toutes tentatives entreprises dans la vue
d'amener un animal à la domesticité.

Les bons traitements contribuent surtout à développer l'instinct de la sociabilité, et à affaiblir proportionnellement tous penchants qui seraient en opposition avec lui. C'est pourquoi il ne fut jamais d'as-
servissement plus sûr, pour les animaux, que celui
qu'on obtient par le bien-être qu'on leur fait éprouver.

Nos moyens de bons traitements sont variés, et
l'effet de chacun d'eux diffère, suivant les animaux
sur lesquels on les fait agir, de sorte que le choix n'est
point indifférent, et qu'ils doivent être appropriés au
but qu'on se propose.

Satisfaire les besoins naturels des animaux serait
un moyen qui, avec le temps, pourrait amener leur
soumission, surtout en l'appliquant à des animaux très
jeunes; l'habitude de recevoir constamment leur nourriture de notre main, en les familiarisant avec nous,
nous les attacherait; mais à moins d'un très long emploi de ce moyen, les liens qu'ils formeraient seraient
légers : le bien que de cette manière un animal aurait reçu de nous, il se le serait procuré lui-même,
s'il eût pu agir conformément à sa disposition naturelle. Aussi retournerait-il peut-être à son indépendance primitive dès que nous voudrions le ployer à un
service quelconque; car il y trouverait plus qu'il ne
recevrait de nous, la faculté de s'abandonner à toutes

ses impressions. Il ne suffirait donc pas vraisemblablement de satisfaire les besoins des animaux pour
les captiver, il faut davantage ; et c'est en effet en exaltant leurs besoins ou en en faisant naître de nouveaux
que nous sommes parvenus à nous les attacher et à
leur rendre, pour ainsi dire, la société de l'homme
nécessaire.

La faim est un des moyens les plus puissants de
ceux qui sont à notre disposition pour captiver les animaux ; et comme l'étendue d'un bienfait est toujours
en proportion du besoin qu'on en éprouve, la reconnaissance de l'animal est d'autant plus vive et plus
profonde que la nourriture que vous lui avez donnée
lui devenait plus nécessaire. Il est applicable à tous
les mammifères, sans exception ; et si d'un côté il peut
faire naître un sentiment affectueux, de l'autre il produit un affaiblissement physique qui réagit sur la volonté pour l'affaiblir elle-même. C'est par lui que
commence ordinairement l'éducation des chevaux
qui ont passé leurs premières années dans une entière indépendance. Après s'en être rendu maître, on
ne leur donne qu'une petite quantité d'aliments, et à
de rares intervalles ; et c'est assez pour qu'ils se fa-
miliarisent à ceux qui les soignent, et prennent pour
eux une certaine affection que ceux-ci peuvent faire
tourner au profit de leur autorité.

Si l'on ajoute à l'influence de la faim celle d'une
nourriture choisie, l'empire du bienfait peut s'accroître considérablement, et il arrive à un point étonnant si, par une nourriture artificielle, on parvient à
flatter beaucoup plus le goût des animaux qu'on ne
le ferait avec la nourriture la meilleure, mais que la

nature leur aurait destinée. En effet, c'est principalement au moyen de véritables friandises, et surtout
du sucre qu'on parvient à maîtriser les animaux herbivores que nous voyons soumettre à ces exercices
extraordinaires, dont nos cirques nous rendent quelquefois les témoins.

Cette nourriture recherchée, ces friandises, agissent immédiatement sur la volonté de l'animal : pour
obtenir l'effet qu'on en désire, la faim et l'affaiblissement physiques ne leur sont point nécessaires, et
l'affection qu'obtient par elles celui qui les accorde,
est due tout entière au plaisir que l'animal éprouve ;
mais ce plaisir dépend d'un besoin naturel, et tous
les plaisirs que les animaux peuvent ressentir n'ont
pas, s'il m'est permis de le dire, une origine aussi
sensuelle.

Il en est un que nous avons transformé en besoin
pour quelques uns de nos animaux domestiques, qui
semble être tout-à-fait artificiel, et ne paraît s'adres-
ser spécialement à aucun sens : c'est celui des caresses.
Je crois qu'aucun animal sauvage n'en demande aux
autres individus de son espèce : même chez nos animaux domestiques, nous voyons les petits joyeux à
l'approche de leur mère ; le mâle et la femelle con-
tents de se revoir, les individus habitués de vivre
ensemble se bien accueillir lorsqu'ils se retrouvent ;
mais ces sentiments ne s'expriment jamais de part et
d'autre qu'avec beaucoup de modération ; et on ne
voit que dans peu de cas qu'ils soient accompagnés
de caresses réciproques. Ce genre de témoignage, où
les jouissances qu'on reçoit se doublent par celles
qu'on accorde, appartient peut-être exclusivement à

l'homme : c'est de lui seul que les animaux en ont acquis le besoin ; aussi c'est pour lui seul qu'ils l'éprouvent, c'est avec lui seul qu'ils le satisfont; et comme le besoin de la faim peut acquérir de la force lorsque la nourriture augmente la sensualité, de même l'influence des caresses peut s'étendre lorsqu'elles flattent particulièrement les sens. C'est ainsi que les sons adoucis de la voix ajoutent aux émotions causées par le toucher, et que celles-ci s'accroissent par l'attouchement des mamelles.

Tous les animaux domestiques ne sont pas, à beaucoup près, également accessibles à l'influence des caresses, comme ils le sont à l'influence de la nourriture, chaque fois que la faim les presse. Les ruminants paraissent y être peu sensibles; le cheval, au contraire, semble les goûter pour elles seules, et il en est de même de beaucoup de pachydermes, et surtout des éléphants. Le chat n'y est point indifférent; on dirait même quelquefois qu'il met de la passion à les rechercher. Mais c'est sans contredit sur le chien qu'elles produisent les effets les plus marqués; et, ce qui mérite attention, c'est que toutes les espèces du genre que j'ai pu observer partageaient avec lui cette disposition. La Ménagerie du Roi a possédé une louve sur laquelle les caresses de la main et de la voix produisaient un effet si puissant, qu'elle semblait éprouver un véritable délire, et sa joie ne s'exprimait pas avec moins de vivacité par ses cris que par ses mouvements. Un chacal du Sénégal était exactement dans le même cas; et un renard commun en était si fort ému qu'on fut obligé de s'abstenir à son égard de tous témoignages de ce genre, par la crainte qu'ils n'amenassent pour lui un résultat fâcheux ; mais je dois ajouter que ces trois animaux étaient des individus femelles.

Je ne sais si je dois mettre les chants, les airs cadensés, au nombre des besoins artificiels à l'aide desquels la volonté des animaux se captive. On sait que les chameliers en font usage pour ralentir ou accélérer la marche des animaux qu'ils conduisent ; mais n'est-ce pas un simple signe auquel l'allure de ces animaux est associée, comme le son de la trompette en est un pour les chevaux qui, par lui, sont avertis que la carrière est ouverte et qu'ils vont y être lancés ? je serais tenté de le croire, ne connaissant aucun fait qui puisse donner une idée contraire ; car ce qu'on a dit de la musique sur les éléphants a été vu avec quelques préventions, du moins ce que j'ai observé me le persuade tout-à-fait. Cependant il serait curieux de rechercher sur quel fondement cette association repose, quels sont les rapports des sons avec l'ouïe des mammifères, eux dont la voix est si peu variée et si peu harmonieuse.

Il ne suffit cependant pas que les moyens de captation précèdent toujours les actes de docilité qu'on demande aux animaux, il faut encore qu'ils leur succèdent : la contrainte employée à propos ne reste pas étrangère à ces actes, et elle pourrait nuire si elle était trop prolongée. Des caresses ou des friandises font à l'instant cesser cet effet : le calme et la confiance renaissent et viennent affaiblir, sinon effacer, les traces de la crainte.

Une fois que la confiance est obtenue, que la familiarité est établie, une fois que, par les bons traitements, l'habitude a rendue la société de l'homme indispensable à l'animal, notre autorité peut se faire sentir, nous pouvons employer la contrainte et appliquer des châtiments; mais nos moyens de corrections sont bornés, ils se réduisent à des coups accompagnés de précautions nécessaires pour que les animaux ne puissent fuir, et ils ne produisent qu'un seul effet, qui consiste à transformer le sentiment dont il est nécessaire de réprimer la manifestation en celui de la crainte. Par l'association qui en résulte, le premier de ces sentiments s'affaiblit, et quelquefois même finit par se détruire jusque dans son germe. Mais l'emploi de la force ne doit jamais être sans limite : son excès produit deux effets contraires, il intimide ou révolte. La crainte, en effet, peut être portée au point de troubler toutes les autres facultés. Un cheval naturellement timide, corrigé imprudemment, et tout entier à son effroi, n'aperçoit plus même le gouffre où il se précipite avec son cavalier; et l'épagneul si propre à la chasse par son intelligence, si docile à la voix de son maître, n'est plus qu'un animal indécis, emporté ou tremblant, lorsqu'une sévérité outre mesure a présidé à son éducation. Quant à la résistance, elle commence toujours de la part de l'animal, au point où notre autorité sort des bornes que le temps et l'habitude avaient fixées à son obéissance. Ces bornes varient pour chaque espèce et pour chaque individu; et dès qu'elles sont dépassées, l'instinct de la conservation se réveille, et en même temps la volonté se manifeste avec toute sa force et toute son indépendance. Aussi voyons-nous souvent nos animaux domestiques, et le chien lui-même, se révolter contre les mauvais traitements et exercer sur ceux qui les leur infligent les plus cruelles vengeances. Les individus mêmes que nous regardons comme vicieux, et que nous nommons rétifs, ne se distinguent au fond de ceux qui ont de la douceur et de la docilité, que par des penchants plus impérieux, que souvent, il est vrai, aucun moyen ne peut captiver; mais que souvent aussi un meilleur emploi de ceux dont on fait communément usage parviendrait à affaiblir.

Je ne rapporterai pas les exemples nombreux de vengeances exercées par les animaux domestiques, et particulièrement par les chevaux, sur ceux qui les avaient maltraités; la haine que ces animaux ressentaient pour ces maîtres cruels, et le temps durant lequel ce sentiment s'est conservé en eux avec toute sa violence primitive. Ces exemples sont nombreux et connus; et quoiqu'ils aient dû faire concevoir que la brutalité était un moyen peu propre à obtenir l'obéissance, ils ont été sans fruits, et les animaux sont encore traités par nous comme si nous avions autre chose à soumettre en eux que leur volonté.

Les bienfaits, de notre part, sont donc indispensables pour amener les animaux à l'obéissance : comme nous ne sommes pas de leur espèce, ils n'éprouvent pas naturellement d'affection pour nous, et nous ne pouvons pas d'abord agir sur eux par la contrainte; mais il n'en doit pas être de même de la part des individus vers lesquels ces animaux sont attirés par leur instinct, qui sont de la même espèce, auxquels un lien puissant tend à les unir, et pour qui la contrainte exercée par leurs semblables est un état naturel, une condition possible de leur existence.

Dès leurs premiers rapprochements, ces animaux sont vis-à-vis l'un l'autre dans la situation des animaux domestiques vis-à-vis des hommes, après que ceux-ci sont devenus nécessaires pour eux, les ont séduits et captivés : c'est-à-dire que les uns peuvent immédiatement employer la force pour soumettre les autres. Ce sont encore les éléphants, qui, par la manière dont on les rend domestiques, nous fournissent un exemple de cette vérité.

Les éléphants domestiques, obéissant à l'homme qui les conduit, sont vis-à-vis d'un éléphant sauvage, isolé, dans ce cas d'éloignement et d'hostilité de tout individu d'une troupe vis-à-vis des individus d'une autre troupe ; tandis que l'éléphant solitaire est invinciblement porté, par son instinct, à se rapprocher des autres individus de son espèce, et à se soumettre à eux dans certaines limites.

Des éléphants, comme tous les autres animaux sociables, pourront donc employer immédiatement la force pour en soumettre d'autres ; et en effet, c'est ce qui arrive dans la manière dont les éléphants sauvages sont amenés à la domesticité.

Des individus domestiques, ordinairement femelles, sont conduits dans le voisinage des lieux où se sont établis des individus sauvages : si dans leur troupe il s'en trouve un qui soit forcé de se tenir à l'écart, et même de vivre solitaire, ou parce qu'étant mâle il en est dans la troupe de plus forts que lui, ou par toute autre cause, poussé par son penchant naturel, il ne tarde pas à découvrir les individus domestiques et à s'en approcher. Les maîtres de ceux-ci, qui ne sont point éloignés, accourent, chargent de cordes l'éléphant étranger, protégés par ceux qui leur appartiennent, lesquels, à la moindre résistance du nouveau venu, le frappent à coups de trompe ou de défenses, et le contraignent à se laisser entraîner.

Les châtiments infligés par les individus domestiques, à l'individu sauvage, joints aux bons traitements qu'il reçoit d'ailleurs, amènent bientôt la fin de sa captivité; c'est-à-dire le moment où sa volonté se conforme à sa nouvelle situation, où ses besoins sont d'accord avec les commandements de son maître, et où il se soumet aux différents travaux auxquels on l'applique, travaux que l'habitude ne tarde pas à rendre faciles; car on assure qu'il ne faut que quelques mois pour transformer un éléphant sauvage en éléphant domestique.

Tant que les animaux sont à un certain degré susceptibles d'affection et de crainte, tant qu'ils peuvent s'attacher à ceux qui leur font du bien et redouter ceux qui les punissent, il suffit de développer, d'accroître en eux ces sentiments, pour affaiblir ceux qui leur seraient contraires et donner un autre objet, une autre direction à leur volonté : c'est ce que nous avons obtenu par l'application des moyens qui viennent de faire le sujet de nos recherches et de nos considérations. Mais il arrive, ou par la nature des individus, ou par la nature des espèces, que l'énergie de certains penchants acquiert une telle force qu'aucun autre sentiment ne peut la surmonter, et sous l'empire de laquelle aucun autre sentiment même ne peut naître. Pour ces animaux il ne suffirait plus de bons traitements ou de corrections; ni les uns ni les autres n'agiraient efficacement; ils ne seraient

même que des causes nouvelles d'exercices pour la
volonté, et au lieu de l'affoiblir ils l'exalteraient. Il
est donc indispensable, pour les animaux qui éprouvent un besoin si impérieux d'indépendance, de com-
mencer par agir immédiatement sur leur volonté,
d'amortir leur emportement pour les rendre capables
de crainte ou de reconnaissance; et pour cela on a
eu l'heureuse idée de les soumettre à une veille forcée ou à la castration.

D'après tout ce qu'on rapporte, il paraît que le
premier de ces moyens, la veille forcée, est de toutes
les modifications qu'un animal peut éprouver, sans
qu'on le mutile, celle qui est la plus propre à affaiblir sa volonté et à le disposer à l'obéissance, surtout
lorsqu'on lui associe avec prudence les bienfaits et
les châtiments; car alors les sentiments affectueux
éprouvent moins de résistance, s'enracinent plus vite
et plus profondément; et la crainte, par la même
raison, agit avec plus de promptitude et plus de
force.

Les moyens qu'on peut employer pour suspendre
le sommeil, consistent dans des coups de fouet appliqués plus ou moins vivement, ou dans un bruit retentissant, comme celui du tambour ou de la trompette, qu'on varie pour éviter l'effet de l'uniformité,
mais surtout dans la nourriture rendue pressante par
la faim; et, parmi les observations auxquelles ces
différents procédés donnent lieu, il en est une sur
laquelle il ne sera pas sans intérêt de s'arrêter ici un
moment, quoiqu'elle ne résulte pas exclusivement
du cas particulier que nous examinons, et qu'elle se
présente dans un grand nombre d'autres circonstan-

ces. Elle nous fait voir que tous les animaux ne savent pas rapporter à leur cause les modifications qu'ils éprouvent par l'intermède des sons, toutes les fois que certaines relations particulières n'existent pas entre eux et ces causes.

Qu'un étalon ou un taureau indocile se sente frappé, il ne se méprendra point sur la cause de sa douleur ; c'est à la personne qui a dirigé les coups qu'il s'en prendra immédiatement, même quand il aurait été frappé par un projectile, comme le sanglier qui se jette sur le chasseur dont la balle l'a blessé. Je n'examine pas si l'expérience entre pour quelque chose dans leur action : ce qui est certain, c'est que quelque expérience qu'aient ces animaux du bruit qui les fait souffrir, ils ne savent jamais en rapporter la cause à l'instrument qui le produit, ni à la personne qui emploie cet instrument ; ils souffrent passivement, comme s'ils éprouvaient un mal intérieur ; la cause comme le siége de leur malaise est en eux ; et cependant ils discernent très exactement la direction du bruit. Dès qu'ils sont frappés d'un son leur tête et leurs oreilles se dirigent sans la moindre hésitation vers le point d'où il part ; il est même des animaux chez lesquels cette action est instinctive et précède toute expérience, et relativement aux sensations, je pourrais ajouter que le taureau agit à la vue d'une étoffe rouge, comme à l'impression des coups ; la cause de la modification qu'il éprouve est, dans un cas comme dans l'autre, entièrement hors de lui : ce qui nous montre de plus, que si le cheval et le taureau ne rapportent pas le son à l'instrument qui le produit, c'est moins encore à cause de l'intermédiaire qui les sépare de cet instrument, qu'à cause de la nature particulière des sensations de l'ouie.

Les moyens précédents sont applicables à tous les animaux et à tous les sexes, quoiqu'ils ne produisent pas chez tous le même résultat. Celui de la castration ne s'applique qu'aux individus mâles, et il n'est absolument nécessaire que pour certains ruminants, et principalement pour le taureau. Presque tous les besoins non satisfaits, surtout quand ils ont pour objets de réparer les forces, la faim, le sommeil, sont accompagnés d'un affaiblissement physique. Il en est un au contraire qui semble les accroître dans la proportion des obstacles qui s'opposent à ce qu'il se satisfasse : c'est l'amour. Aussi ne pouvant exercer sur lui aucun empire immédiat, nous mutilons les animaux qui en éprouvent trop fortement les effets, en retranchant les organes où il a sa principale source.

En effet, le taureau, le belier, etc., ne se soumettent véritablement à l'homme qu'après leur mutilation; car l'influence des liqueurs spermatiques s'étend chez eux, comme, au reste, chez tous les autres animaux, bien au delà des saisons où les besoins de l'amour se font sentir. A aucune époque de la vie, ces animaux n'ont la docilité que la domesticité demande; tandis que le bœuf, le mouton ont toujours été donnés pour des modèles de patience et de soumission. Il résulte de là que les taureaux et les beliers ne sont utiles qu'à la propagation, et que, dans la race, ce n'est que la femelle qui est domestique.

Cette opération n'est point nécessaire pour les chevaux, quoique ceux qui l'ont éprouvée soient généralement plus traitables que les autres. Par elle le chien perd toute vigueur et toute activité ; et cet effet paraît être commun à tous les carnassiers ; car les chats domestiques sont, à cet égard, tout-à-fait dans le cas des chiens.

C'est comme on voit par des besoins sur lesquels nous pouvons exercer quelque influence, qu'il dépend de nous de diriger, de développer ou de détruire, que nous parvenons à apprivoiser les animaux, et même à les captiver entièrement, et, vu le petit nombre de ceux dont nous avons su profiter, il est permis de penser que, dans la pratique, nous n'avons point encore épuisé cette source de moyens de séduction, et que d'autres pourraient venir à notre aide, si jamais de nouvelles espèces à rendre domestiques, ou de nouveaux secours à demander à celles qui le sont, en faisaient sentir la nécessité et nous portaient à les rechercher. Néanmoins, malgré ce petit nombre, on concevra aisément qu'en les appliquant à des animaux de nature très différente, on doit en obtenir des résultats très variés. En effet, il n'y a presque aucune comparaison à établir à cet égard entre le chien et le buffle. Autant l'un est attaché, soumis, reconnaissant, fidèle, dévoué, autant l'autre est dépourvu de sentiments bienveillants et affectueux, et de toute docilité, et entre ces deux extrêmes viennent se placer l'éléphant, le cochon, le cheval, l'âne, le dromadaire, le chameau, le lamas, le renne, le bouc, le belier et le taureau, qui tous pourraient se caractériser par les qualités qu'ont développées en eux les influences auxquelles nous les avons soumis : mais ce sujet m'entraînerait fort au delà des limites que je dois me prescrire dans un simple mémoire.

Jusqu'à présent, je me suis borné à faire connaître les effets généraux que produisent sur les animaux domestiques les différents moyens que nous venons d'envisager. Il ne sera pas inutile de jeter un coup d'œil rapide sur ceux qu'ils font éprouver aux animaux sauvages; car la comparaison qui en résultera nous aidera peut-être à remonter jusqu'au premier fondement de la domesticité.

Les singes, c'est-à-dire les quadrumanes de l'ancien monde, qui réunissent au degré d'intelligence le plus étendu chez les animaux, l'organisation la plus favorable au déploiement de toutes les qualités; qui sont portés à se réunir-les uns avec les autres, à former des troupes nombreuses, paraissent avoir les conditions les plus favorables pour recevoir l'influence de nos moyens d'apprivoisement; et cependant jamais singe adulte mâle ne s'est soumis à l'homme, quelque bon traitement qu'il en ait reçu. J'entends parler des guenons, des macaques et des cynocéphales; car, pour les orangs, les gibbons et les semnopithèques, ce sont des animaux trop peu connus pour qu'il ait été possible, jusqu'à présent, de les soumettre à aucune expérience. Quant aux premiers, leurs sensations sont si vives, leurs inductions si promptes, leur défiance naturelle si grande, et tous leurs sentiments si violents, qu'on ne peut, par aucun moyen, les circonscrire dans un ordre de condition quelconque, et les habituer à une situation déterminée. Rien ne saurait calmer leurs besoins, lesquels changent avec toutes les modifications qu'ils éprouvent, et, pour ainsi dire, avec tous les mouvements qui se font autour d'eux, d'où résulte que jamais on n'a pu compter sur un bon

sentiment de leur part : au moment où ils vous donnent les témoignages les plus affectueux, ils peuvent
être prêts à vous déchirer; et il n'y a point là de tra-
hison : tous leurs défauts tiennent à leur excessive
mobilité.

Il paraît cependant que par la violence, et en les
tenant continuellement à la gêne, on parvient à les
ployer à certains exercices. C'est ainsi que les insu-
laires de Sumatra réussissent à dresser les maimons
(*macacus nemestrinus,* Linn.) à monter sur les arbres
au commandement et à en cueillir les fruits : mais nous
ne trouvons là que des éducations individuelles; et
où est nécessairement la force n'est point encore la
domesticité.

C'est encore ainsi que nous voyons quelques uns
de ces animaux, et principalement le magot (*macacus inuus*), apprendre à obéir à son maître, et faire
ces sauts adroits et précis, à exécuter ces danses har-
dies que son organisation et sa dextérité naturelle lui
rendent faciles, et qui nous étonnent souvent. Cependant, ces animaux sont si exclusivement soumis à
la force, que dès qu'ils peuvent s'échapper ils fuient
pour ne plus reparaître, s'ils sont dans des contrées
dont ils puissent s'accommoder, et qui soient propres
à les faire vivre.

On parviendrait mieux à captiver les quadrumanes d'Amérique à queue pendante, tels que les
atèles, les sapajous, qui, à une grande intelligence
et à l'instinct social, peuvent joindre une extrême
douceur et un vif besoin de caresses et d'affection.
Quant aux lémuriens, on rencontrerait tant de difficultés, et on trouverait si peu d'avantages à les sé-

duire, à cause de leur caractère indocile et craintif,
qu'on aurait reconnu l'inutilité d'en faire l'essai si on
l'eût tenté. Et on peut en dire autant des insectivores
qui auraient encore le désavantage d'une intelligence
très bornée, et d'une organisation de membres peu
favorables.

Les carnassiers, tels que les lions, les panthères,
les martes, les civettes, les loups, les ours, etc., etc.,
toutes espèces qui vivent solitaires, sont très accessibles aux bienfaits et peu susceptibles de crainte.
En liberté, ils s'éloignent des dangers ; captifs, la violence les révolte et semble surtout porter le trouble
dans leur intelligence : c'est la colère, la fureur qui
alors s'emparent d'eux. Mais, satisfaites leurs besoins
lorsqu'ils les ressentent vivement ; qu'ils n'éprouvent
de votre part que de la bonté ; qu'aucun son de votre
voix, aucun de vos mouvements ne soient menaçants,
et bientôt vous verrez ces terribles animaux s'approcher de vous avec confiance, vous montrer le con-
tentement qu'ils éprouvent à vous voir, et vous donner les témoignages les moins équivoques de leur
affection. Cent fois l'apparente douceur d'un singe a
été suivie d'un acte de brutalité ; presque jamais les
signes extérieurs d'un carnassier n'ont été trompeurs ;
s'il est disposé à nuire, tout dans son geste et son regard l'annoncera, et il en sera de même si c'est un
bon sentiment qui l'anime.

Aussi a-t-on vu souvent des lions, des panthères,
des tigres apprivoisés, qu'on attelait même, et qui
obéissaient avec beaucoup de docilité à leurs conduc-
teurs. On a vu des loups dressés pour la chasse, suivre
fidèlement la meute à laquelle ils appartenaient. On

sait à quels exercices se ploient les ours; mais on n'a pu habituer ces animaux à l'obéissance. Si nous avons pu les façonner à un travail quelconque, nous ne sommes point parvenus à nous les associer véritablement, et cependant quels services les hommes n'auraient-ils pas tirés des lions ou des ours, s'ils eussent pu les employer comme ils sont parvenus à employer le chien !

Les phoques, tous animaux sociables et doués d'une rare intelligence, sont peut-être de tous les carnassiers ceux qui éprouveraient les plus profondes modifications de nos bons traitements, et qui se plieraient avec le plus de facilité à ce que nous leur demanderions.

Les rongeurs, c'est-à-dire les castors, les marmottes, les écureuils, les loirs, les lièvres, etc., semblent n'être doués que de la faculté de sentir, si peu leur intelligence est active. Ils s'éloignent de ce qui leur cause de la douleur et non de ce qui leur est agréable ; ce qui fait qu'on parvient à les habituer à certains états, et même à certains exercices : mais ils ne distinguent que bien imparfaitement ces causes; elles paraissent n'exister pour eux que quand elles agissent, et ne former que peu d'association dans leur mémoire. Aussi le rongeur auquel vous avez fait le plus de bien ne vous distingue point individuellement, et ne témoigne rien de plus en votre présence que ce qu'il témoignerait à la vue de toute autre personne; et cela est également vrai pour ceux qui vivent en société, et pour ceux qui vivent solitaires.

Si nous passons aux tapirs, aux pécaris, au daman, aux zèbres, etc., en un mot, aux pachydermes et aux solipèdes, nous trouvons des animaux vivant en troupes que la douleur peut rendre craintifs, et les bienfaits reconnaissants; qui distinguent ceux qui les soignent, et s'y attachent quelquefois très vivement.

Il paraît qu'il en est, jusqu'à un certain point, de même des ruminants, mais principalement des femelles; car pour les mâles, sans aucune exception, je crois, ils ont une brutalité que les mauvais traitements exaltent, et que les bons n'adoucissent point.

Nous apprenons donc par les faits qui viennent de faire l'objet de nos considérations, quelle est l'influence qu'exercent sur les animaux les divers moyens que nous avons imaginés pour les ployer et les attacher à notre service; mais ils ne nous enseignent rien sur les dispositions qui sont nécessaires pour que la domesticité naisse de cette influence. Car nous avons vu que plusieurs animaux reçoivent cette influence comme les animaux domestiques, sans pour cela devenir domestiques.

Si notre action sur les animaux s'était bornée aux individus, s'il eût fallu sur chaque génération recommencer le même travail pour nous les associer, nous n'aurions point eu, à proprement parler, d'animaux domestiques; du moins la domesticité n'aurait point été ce qu'elle est réellement; et son influence sur notre civilisation n'aurait pas eu les résultats que les observateurs les plus sages ont dû lui reconnaître; heureusement cette action se trouve liée à un des phénomènes les plus importants et les plus généraux de la nature animale, et les modifications que nous avons fait éprouver aux premiers animaux que nous avons réduits en domesticité n'ont point été perdues pour ceux qui leur ont dû l'existence, et qui leur ont succédé.'

C'est un fait universellement reconnu que les petits animaux ont une très grande ressemblance avec les individus qui leur ont donné la vie. Ce fait est aussi manifeste pour l'espèce humaine que pour toute autre ; et il n'est pas moins vrai pour les qualités morales et intellectuelles que pour les qualités physiques : or, les qualités distinctives des animaux d'une même espèce, celles qui influent le plus sur leur existence particulière, qui constituent leur individualité, sont celles qui ont été développées par l'exercice, et dont l'exercice a été provoqué par les circonstances au milieu desquelles ces animaux ont vécu. Il en résulte que les qualités transmissibles par les animaux à leurs petits, celles qui font que les uns ont une ressemblance particulière avec les autres, sont de nature à naître de circonstances fortuites, et conséquemment qu'il nous est donné de modifier les animaux et leur descendance ou leur race, dans les limites entre lesquelles nous pouvons maîtriser les circonstances qui sont propres à agir sur eux.

Ce que ce raisonnement établit, l'observation des animaux domestiques le confirme pleinement. C'est nous qui les avons formés, et il n'est aucune de leur race qui n'ait ses qualités distinctes, qualités qui font rechercher telle race de préférence à telle autre, suivant l'usage auquel on la destine, et qui sont constamment transmises par la génération, tant que des circonstances, opposées à celles qui les ont occasionées, ne viennent pas détruire les effets de celles-ci. C'est par là qu'on a appris à conserver les races dans

leur pureté, ou à obtenir, par leur mélange, des races
de qualités nouvelles et intermédiaires à celles qui se
sont unies ; mais tous ces faits sont tellement connus
que je regarde comme superflu d'en rappeler particulièrement quelques uns.

Il ne sera cependant pas inutile de faire remarquer
que les races les plus domestiques, les plus attachées
à l'homme, sont celles qui ont éprouvé de sa part
l'action du plus grand nombre des moyens dont nous
l'avons vu faire usage pour se les attacher. Ainsi l'espèce du chien, sur laquelle les caresses ont tant d'influence, sans distinction de sexes , est sans contredit
la plus domestique de toutes, tandis que celle du
bœuf, dont les femelles seules éprouvent notre influence, et sur laquelle nous n'avons guère pu agir
pour nous l'attacher que par la nourriture, est certainement celle qui nous appartient le moins. D'ailleurs
cette différence entre le chien et le bœuf doit être
encore accrue par la différence de fécondité de ces
deux espèces ; en effet, le chien dans un temps égal
soumet à notre influence un beaucoup plus grand
nombre de générations que le bœuf. Nous ignorons
quelles dispositions avait le chien à son origine, pour
s'attacher à l'homme et le servir, et par conséquent
pour que l'homme pût l'amener au point de soumission où il est parvenu ; mais tout porte à croire qu'elles
étaient nombreuses, et à la promptitude avec laquelle
l'éléphant devient domestique, on a droit de penser
que si notre action pouvait s'exercer sur un certain
nombre de ses générations, il deviendrait, comme le
chien, un de nos animaux les plus soumis et les plus
affectueux, d'autant que tous les moyens propres à

rendre les animaux domestiques sont propres à le modifier. Malheureusement on n'a mis aucun soin à le faire reproduire ; on se contente des individus apprivoisés dans les contrées où ses services sont devenus nécessaires. Cette transmission des modifications individuelles par la génération ne donne point encore cependant de base à la domesticité, quoiqu'elle lui soit indispensable. C'est un phénomène général qui a été observé sur les animaux les plus sauvages comme sur les animaux les plus soumis. Cherchons donc, maintenant que nous connaissons les animaux qui se sont associés à nous, et ceux qui n'y sont point associés, quelle est la disposition commune aux uns, étrangère aux autres, qu'on pourrait regarder comme essentielle à la domesticité ; car, sans une disposition particulière qui vienne seconder nos efforts et empêcher que notre empire sur les animaux ne soit qu'accidentel et passager, il est impossible de concevoir comment nous serions parvenus à rendre domestiques des animaux, si tous eussent ressemblé au loup, au renard, à l'hyène, qui cherchent constamment la solitude, et fuient jusqu'à la présence de leurs semblables. Peut-être qu'à force de persévérance et d'efforts on parviendrait à former, parmi ces animaux, des races familiarisées jusqu'à un certain point avec l'homme, qui prendraient l'habitude de son voisinage, qui s'en feraient même un besoin par les avantages qu'elles y trouveraient, comme on l'a fait pour le chat qui vit au milieu de nous ; mais de là à la domesticité l'intervalle est immense. D'ailleurs, pour tendre à un but il faut le connaître ; et comment les premiers hommes, qui se sont associés les animaux,

l'auraient-ils connu? Et l'eussent-ils conçu hypo-
thétiquement, leur patience n'aurait-elle pas dû s'é-
puiser en vains efforts, à cause des innombrables essais qu'ils auraient dû faire, et du grand nombre de
générations sur lesquelles ils auraient dû agir, pour
n'arriver qu'à des résultats imparfaits? Ainsi plus on
examine la question, plus il reste démontré qu'une
grande intelligence, qu'une grande douceur de caractère, la crainte des châtiments ou la reconnaissance
des bienfaits, sont insuffisantes pour que des animaux
deviennent domestiques ; qu'une disposition particulière est indispensable pour que des animaux se soumettent et s'attachent à l'espèce humaine, et se fassent un besoin de sa protection.

Cette disposition ne peut être que l'instinct de la
sociabilité porté à un très haut degré, et accompagné de qualités propres à en favoriser l'influence et
le développement ; car tous les animaux ne sont pas
susceptibles de devenir domestiques ; mais tous nos
animaux domestiques, qui sont connus dans leur
état de nature, que leur espèce y soit en partie restée, ou que quelques unes de leurs races y soient
rentrées accidentellement, forment des troupes plus
ou moins nombreuses ; tandis qu'aucune espèce solitaire, quelque facile qu'elle soit à apprivoiser, n'a
donné des races domestiques. En effet, il suffit d'é-
tudier cette disposition pour voir que la domesticité
n'en est qu'une simple modification.

Lorsque, par nos bienfaits, nous nous sommes attachés des individus d'une espèce sociable, nous avons
développé à notre profit, nous avons dirigé vers nous
le penchant qui les portait à se rapprocher de leurs

semblables. L'habitude de vivre près de nous est devenue pour eux un besoin d'autant plus puissant, qu'il est fondé sur la nature; et le mouton, que nous avons élevé, est porté à nous suivre, comme il serait porté à suivre le troupeau au milieu duquel il serait né; mais notre intelligence supérieure détruit bientôt toute égalité entre les animaux et nous, et c'est notre volonté qui règle la leur, comme l'étalon qui, par sa supériorité, s'est fait chef de la harde qu'il conduit, entraîne à sa suite tous les individus dont cette harde se compose. Il n'y a aucune résistance tant que chaque individu peut agir conformément aux besoins qui le sollicitent; elle commence dès que cette situation change. C'est pourquoi l'obéissance des animaux n'est pas plus absolue pour nous que pour leurs chefs naturels; et si notre autorité est plus grande que celle de ceux-ci, c'est que nos moyens de séduction sont plus grands que les leurs, et que nous sommes parvenus à restreindre de beaucoup les besoins qui, hors de l'état domestique, auraient excité la volonté des animaux que nous nous sommes associés. Les individus qui ont passé de main en main, qui ont eu plusieurs maîtres, et chez lesquels par là se sont affaiblies, sinon effacées, la plupart des dispositions naturelles, paraissent avoir pour tous les hommes la même docilité. Ils sont soumis à l'espèce humaine entière. Cet état de choses ne peut pas être pour les animaux non domestiques; mais l'analogie se retrouve quand nous considérons les individus, soit isolés, soit en troupes, qui n'ont jamais eu qu'un maître : c'est lui seul qu'ils reconnaissent pour chef, c'est à lui seul qu'ils

obéissent; toute autre personne serait méconnue et
traitée même en ennemie par les espèces qui n'appartiennent point à des races sur lesquelles la domesticité a exercé toute son action, c'est-à-dire comme
serait traité, dans une troupe sauvage, un individu
qui s'y présenterait pour la première fois. L'éléphant
ne se laisse conduire que par le cornac qu'il a adopté,
le chien lui-même, élevé dans la solitude avec son
maître, est menaçant pour tous les autres hommes; et
chacun sait combien il est dangereux de se trouver
au milieu des troupeaux de vaches, dans les pâturages
peu fréquentés, quand elles n'ont pas à leur tête le
vacher qui les conduit.

Tout nous persuade donc qu'autrefois les hommes
n'ont été, pour les animaux domestiques, comme ils
ne sont encore aujourd'hui, que des membres de la société que ces animaux forment entre eux, et qu'ils ne
se distinguent pour ceux-ci, dans l'association, que
par l'autorité qu'ils ont su prendre à l'aide de leur supériorité d'intelligence.

Ainsi tout animal sociable, qui reconnaît l'homme
pour membre et pour chef de sa troupe, est un animal domestique. On pourrait même dire que dès qu'un
tel animal reconnaît l'homme pour membre de son
association, il est domestique, l'homme ne pouvant
pas entrer dans une semblable société sans en devenir
le chef.

Si actuellement nous voulions appliquer les principes que nous venons d'établir, aux animaux sauvages, qui sont de nature à y être soumis, nous verrions qu'il en est encore plusieurs qui pourraient

devenir domestiques, si nous éprouvions la nécessité
d'augmenter le nombre de ceux que nous possédons
déjà.

Quoique les singes aient les qualités les plus précieuses pour des animaux domestiques, l'instinct sociable et l'intelligence, la violence et la mobilité de
leur caractère les rendent absolument incapables de
toute soumission, et les exclut conséquemment du
nombre des animaux que nous nous pourrions associer; la même exclusion doit être donnée aux quadrumanes américains, aux makis et aux insectivores;
car, fussent-ils sociables et susceptibles de domesticité, leur faiblesse les rendrait inutiles.

Les phoques seraient peut-être de tous les carnassiers avec les chiens, les plus propres à s'attacher à
nous et à nous servir; et l'on peut s'étonner que les
peuples pêcheurs ne les aient pas dressés à la pêche
comme les peuples chasseurs ont dressé le chien à la
chasse.

Je passe sans m'arrêter sur les didelphes, les rongeurs et les édentés : la faiblesse de leur corps et leur
intelligence bornée les mettraient dans l'impossibilité
de s'associer utilement à nos besoins. Mais presque
tous les pachydermes qui ne sont point encore domestiques seraient propres à le devenir; et l'on doit surtout regretter que les tapirs, si en effet ils vivent en
troupes, soient encore à l'état sauvage. Beaucoup plus
grands et beaucoup plus dociles que le sanglier, ils
donneraient des races domestiques non moins précieuses que celle du cochon, et dont les qualités seraient sûrement différentes, car la nature des tapirs,
malgré plusieurs points de ressemblance, s'éloigne

beaucoup de celle du sanglier. Cependant les tapirs, qui n'ont que de faibles moyens de défense, se détruisent surtout en Amérique, où les espèces propres à cette contrée sont très recherchées à cause de la bonté de leur chair. Or, pour peu que l'Amérique méridionale continue à se peupler, ces espèces disparaîtront de dessus la terre.

Toutes les espèces de solipèdes ne deviendraient pas moins domestiques que le cheval ou l'âne ; et l'éducation du zèbre, du couagga, du daw, de l'hémiaunus, serait une industrie utile à la société et lucrative pour ceux qui s'en occuperaient.

Presque tous les ruminants vivent en troupes, aussi la plupart des espèces de cette nombreuse famille seraient de nature à devenir domestiques. Il en est une surtout, et peut-être même deux, qui le sont à demi, et qu'on doit regretter de ne point voir au nombre des nôtres, car elles auraient deux qualités bien précieuses, elles nous serviraient de bêtes de somme et nous fourniraient des toisons d'une grande finesse : c'est l'alpaca et la vigogne. Ces animaux sont du double plus grands que nos plus grandes races de moutons ; les qualités de leur pelage sont très différentes de celles de la laine proprement dite, et l'on pourrait en faire des étoffes qui partageraient ces qualités, et donneraient incontestablement naissance à une nouvelle branche d'industrie.

Je bornerai ici mes considérations sur la domesticité. Mon but était de montrer son véritable caractère, ainsi que les rapports des animaux domestiques avec l'homme. Elle repose sur le penchant qu'ont les animaux à vivre réunis en troupes et à s'attacher les uns aux autres; aussi ne l'obtenons-nous que par la séduction et principalement en exaltant les besoins et en les satisfaisant ; mais nous ne produirions que des individus domestiques, et point de races, sans le concours d'une des lois les plus générales de la vie, la transmission des modifications organiques ou intellectuelles par la génération. Ici se montre à nous un des phénomènes les plus étonnants de la nature ; la transformation d'une modification fortuite en une forme durable, d'un besoin passager en un penchant fondamental, d'une habitude accidentelle en un instinct. Ce sujet mériterait assurément de fixer l'attention des observateurs les plus rigoureux et les méditations des penseurs les plus profonds.

LE DZIGTAI[1].

Buffon n'a point connu cette espèce de cheval; il n'en parle que d'après une lettre de George Forster[2]. Long-temps auparavant, Gmelin[3], dans son voyage en Sibérie, en avait dit quelques mots en rappelant Messerschmith[4], qui la nommait *mulus dauricus fœcundus*. C'est Pallas qui le premier en a donné une description et une histoire suffisantes pour la faire distinguer des autres espèces de chevaux[5], mais il ignorait qu'elle fût domestique. M. A. Duvamel[6] nous a fait connaître ce fait important; il nous a appris que le dzigtai se trouve à l'état sauvage dans les contrées voisines de l'Himalaya, qu'il y a été sou-

1. Pallas le nomme *Dzigytai*, qui signifie en tartare mongous, *oreilles longues; gourekhar*, en persan, *âne-cheval. Equus hemionus*, PALL.

2. Supp. tom. VI, pag. 37. George Forster avait voyagé en Sibérie; mais il ne paraît connaître le dzigtai que par ce que Pallas en avait publié.

3. Gmelin publia son voyage de 1751 à 1752.

4. Messerschmith n'a parlé du dzigtai que dans ses journaux qui n'ont point été publiés, mais que Gmelin et Pallas ont eus entre les mains.

5. Pallas parle de cet animal dans trois ouvrages différents : 1° dans son voyage dans les différentes provinces de Russie, qui parut de 1771 à 1776; 2° dans les Mémoires de l'Académie de Saint-Pétersbourg, tom. XIX, 1775, où il en donne la figure; 3° dans ses nouveaux Essais sur le Nord qui furent publiés de 1781 à 1796.

6. Histoire naturelle des mammifères.

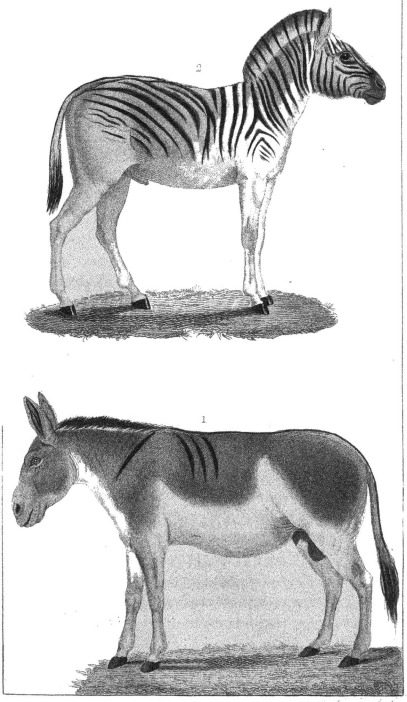

1. Le Dziggtai. 2. Le Daw

1. *Le Dziggtai*. 2. *Le Daw*.

mis, et que dans les provinces d'Oude et au Népaul une de ses races est employée comme celle de l'âne, à tous les travaux auxquels ses forces et sa taille le rendent propre.

Ces renseignements nouveaux infirment l'idée que, d'après Pallas, on s'était faite du dzigtai. Ce célèbre voyageur, qui l'avait trouvé dans la Mongolie, ne l'y avait connu qu'à l'état sauvage, et les rapports qu'il avait recueillis le représentaient comme une espèce très farouche qui n'avait encore pu être apprivoisée. Il paraît au contraire que le dzigtài est susceptible de soumission et d'attachement pour l'homme; et c'est ce qu'on aurait pu conclure de ses analogies avec les espèces de chevaux domestiques, et de l'instinct qui le porte à vivre réuni en troupes.

Il est en effet certain, comme nous l'avons montré plus haut, que tous les animaux qui vivent en troupes sont susceptibles de domesticité, et la ressemblance organique et instinctive de tous les chevaux ne permet pas de douter qu'une fois soumise, toute espèce de cheval ne soit propre à être associée à nos travaux et à unir ses forces aux nôtres.

Les Mongols sans doute ne se sont pas appliqués à soumettre cette espèce, parce que le chameau et le cheval suffisent à tous leurs besoins, et que le dzigtai leur serait sans utilité en ce que ne valant pas le cheval il ne pourrait que le suppléer imparfaitement. Les Indiens, dont l'industrie et les besoins sont plus variés que ne peuvent l'être ceux d'un peuple nomade, ont su tirer parti des qualités propres à cette espèce, et qui se rapprochent de celles de l'âne, aussi paraissent-ils l'employer principalement comme bête de somme.

Le dzigtai (fig. 1, pl. 1) est de la taille d'un cheval
de grandeur moyenne, et il a les formes et les proportions générales de l'âne par sa tête lourde, ses longues oreilles, et sa queue garnie de crins à l'extrémité
seulement; ses sabots se rapprochent de ceux du cheval. Toutes les parties supérieures de sa robe sont
d'un bai très clair, et les parties inférieures blanches;
les parties nues, comme le tour des lèvres et des narines, les parties génitales sont d'un noir violâtre. La
face interne des oreilles est noire, et il en est de même
de la crinière qui est droite et relevée, mais la base
des crins qui la composent est blanche; une ligne
noire se continue le long de l'épine depuis l'épaule
jusqu'à la queue qui se termine par une grande mèche de crins noirs.

Tout le pelage en été est lisse et brillant, mais il est
épais et frisé en hiver, et sa couleur dans cette saison
paraît plus foncée; ce qui s'observe chez tous les
chevaux sauvages des pays froids, et même chez
beaucoup de chevaux domestiques.

Ces animaux vivent en troupes qui ne s'élèvent
guère au delà de vingt-cinq à trente individus, et
chacune de ces troupes, composées de femelles ou
de jeunes poulains, ont un mâle à leur tête qui les
dirige, veille à leur sûreté, et les défend courageuse-
ment contre toute espèce d'ennemis.

L'état de ces troupes d'animaux sauvages, les relations qui s'établissent entre les individus qui les composent, la cause qui les maintient réunis, offrent aux
recherches et à l'observation un des sujets les plus intéressants. La société se présente là dans un état de simplicité que ne nous offrent point les sociétés humaines;

elle y est soumise au plus petit nombre d'influences,
ses effets se manifestent d'une manière immédiate,
et sous ce rapport elle conduirait peut-être à résoudre
une foule de questions que l'état social de l'homme
a laissées jusqu'ici insolubles à cause de son extrême
complication. Il est du moins certain que dans ces
sociétés d'animaux on remarque une sorte de soumission des intérêts individuels aux intérêts de tous,
à leur union ; une sorte de sentiment de devoir qui
porte chaque membre de l'association à s'abstenir, à
limiter son indépendance et à ne point user de ses
forces, comme il le ferait s'il vivait pour lui seul.
Mais parviendra-t-on jamais à s'établir au milieu de
ces troupes de chevaux sauvages pour les étudier,
eux qui fuient la présence de l'homme, et ne se plaisent que dans ces vastes solitudes des parties centrales de l'Asie, où ils trouvent à la fois une nourriture abondante et une sécurité complète ? Non, sans
doute ! mais les troupes, comme les individus, peuvent être domestiques, et celles-ci peut-être présenteraient, sous le rapport de la sociabilité, les mêmes
résultats que les premières.

LE DAW.

A l'époque où Buffon traçait si noblement l'histoire du cheval, on croyait, et l'on croit encore
assez communément aujourd'hui, qu'en sortant des
mains de la nature, les animaux réunissaient toutes
les perfections de leur espèce, et qu'ils dégénèrent
sous l'influence de l'homme. « La nature est plus belle
que l'art, dit ce grand écrivain....., aussi les chevaux
sauvages sont-ils beaucoup plus forts, plus légers, plus
nerveux que la plupart des chevaux domestiques ; ils
ont ce que donne la nature, la force, la noblesse ;
les autres n'ont que ce que l'art peut donner, l'adresse
et l'agrément[1]. »

Ainsi la constance de l'homme dans ses efforts pour
la formation des animaux domestiques n'aurait eu
d'autres résultats que l'affaiblissement des qualités de
leurs races primitives, et ce ne serait que par les
mêmes sacrifices qu'on parviendrait à soumettre un
animal à l'espèce humaine, et à l'associer aux autres
animaux qui secondent et partagent son industrie.

Heureusement il n'en est point ainsi, et le daw
(fig. 2, pl. 1), appartenant au genre du cheval, et
annonçant toutes les dispositions qui conviennent à
un animal domestique, pourra obtenir, sous l'influence

---

1. Tom. 4, in-4°, pag. 175 et 176.—Édit. Pillot, tom. XIV, pag. 13.

de l'homme, comme l'espèce du cheval, non seulement plus d'agrément et d'adresse, mais encore plus
de noblesse et de force.

Pour faire admettre que l'animal, en sortant des
mains de la nature, réunit toutes les perfections de
son espèce, il faudrait montrer que, livré à lui-même,
il se développe toujours sous les influences les plus
favorables. Or, c'est ce qui serait contraire à toutes
les observations.

Les facultés d'un animal sont toujours relatives aux
circonstances qui agissent sur lui, à l'influence qu'elles
ont sur l'exercice de ses organes, et ces circonstances
sont de nature diverse : les unes contribuent à l'accroissement des forces, les autres font que les mouvements deviennent plus prompts et plus faciles;
celles-ci tendent à donner de la beauté aux formes,
de l'élégance aux proportions, celles-là à faire acquérir de la finesse à l'intelligence ou de la douceur au
caractère, etc. Or, un concours naturel de circonstances propre à agir favorablement sur tous les systèmes d'organes d'un animal n'existe nulle part, et
aucune race ne peut y être naturellement soumise,
aucune race, conséquemment, dans son état de nature, ne peut nous présenter le développement parfait de toutes les qualités de son espèce. Si au contraire l'art était parvenu à déterminer les causes qui
agissent sur chaque système d'organe, la nature et la
puissance de leur action, leur influence mutuelle, etc.,
et si ces causes lui étaient soumises, il pourrait en faire
une application convenable à ses vues, et obtenir ainsi
le développement dans un animal des qualités dont
il a besoin; et dans un cheval, la force, la noblesse,

l'adresse, l'agrément, la docilité, en un mot, toutes
les qualités qui ne s'excluent point.

Ces qualités sont en effet loin de nous être présen-
tées par les chevaux sauvages ; car il résulte de l'u-
nanimité des témoignages que ces animaux n'ont
qu'une taille médiocre, que leur proportion manque
d'élégance, que leur tête est lourde, que leur vigueur
et leur agilité ne peuvent être comparées à celles de
nos belles races de chevaux domestiques; tandis qu'au
contraire ces races, qui sont le produit de l'art, se trouvent dépouillées des défauts des races sauvages ou
primitives, et enrichies de qualités nouvelles, dues
tout entières à l'intelligence humaine.

Rejetons donc comme une erreur cette idée que
les animaux, en sortant des mains de la nature, réunissent leurs qualités les plus parfaites, et que si l'art en
obtient d'autres ce n'est qu'aux dépens des premières;
reconnaissons en général que les qualités qui se développent naturellement chez un animal, ne sont
relatives qu'à ses dispositions organiques, et aux influences nécessairement bornées et souvent acciden-
delles qui ont agi sur lui pendant son développement,
tandis que celles qui se manifestent sous l'influence
de l'homme résultent de causes nombreuses et choisies parmi celles qui se présentent naturellement à
nous, comme parmi celles dont notre industrie a
reconnu et calculé les effets; enfin, ne craignons
point de voir perdre à l'espèce du daw les belles qualités qui le distinguent, en travaillant à le tirer de
son état sauvage, et à l'associer à nos autres animaux
domestiques.

Cette espèce avait été vue, et l'on en avait donné la

figure long-temps avant qu'on eût appris à la distinguer des autres espèces de chevaux sauvages du cap
de Bonne-Espérance, qui, comme on sait, sont remarquables par leur vêtement peint de bandes ou de
rubans d'un brun plus ou moins foncé sur un fond
blanchâtre. C'est vraisemblablement un daw qu'Edwards a fait représenter dans ses glanures, pl. 223,
sous le nom de zèbre femelle, et qui a été copié sous
le même nom par Buffon (Supp., T. III, pl. 4), puis
par Shaw le naturaliste (T. II, 2ᵉ part., pl. 218); et
sans doute nous confondrions encore aujourd'hui ces
deux espèces si M. Burchel n'en avait pas donné les
caractères distinctifs, ou si nous n'avions pas eu nous-
mêmes le daw en notre possession; car leurs différences pouvaient n'être point considérées comme
spécifiques dans une espèce connue jusque là par un
aussi petit nombre d'individus que celle du zèbre.
Quoi qu'il en soit, ces animaux, malgré les nombreuses
ressemblances qu'ils ont entre eux, paraissent se distinguer par des caractères constants, et dans un genre
aussi naturel que celui des chevaux, ces caractères
ne peuvent appartenir qu'à des modifications organiques d'un ordre très inférieur. En effet, le daw est
d'une taille un peu moindre que celle du zèbre;
sa hauteur au garrot est de trois pieds quatre à six
pouces, ses autres proportions sont généralement
celles d'un beau cheval de cette taille; il n'en diffère
guère que par une tête un peu lourde, des oreilles
longues, sans toutefois égaler celles du zèbre, et
par sa queue, qui au lieu d'être couverte de crins
dès sa base est semblable à celle de l'âne; il se rapproche encore de cette dernière espèce, en ce qu'il

n'a cette partie cornée qu'on nomme châtaigne,
qu'aux jambes de devant. C'est dans les couleurs et
leur distribution que sont les caractères les plus marqués.

Aux parties supérieures du corps le fond du pelage
est isabelle, il est blanc aux parties inférieures, et les
premières sont peintes de rubans noirs et bruns, qui
font de la robe de cet animal une des plus belles de
celles que les mammifères nous présentent. Ces rubans, étroits sur le chanfrein, y forment sept à huit
lozanges, inscrites les unes dans les autres, et à peu
près un même nombre de chevrons brisés ornent
les côtés du museau et des joues; des rubans plus
larges que les premiers et au nombre de huit descendent parallèlement de la partie supérieure à la
partie inférieure du cou, et s'étendant dans la crinière qui est droite, la partagent alternativement
par des raies blanches et brunes; le ruban qui descend de l'épaule sur le bras se divise en deux à sa
partie inférieure, et embrasse dans cette division trois
ou quatre petites lignes pliées en forme de chevrons
brisés; trois rubans transverses viennent après celui
de l'épaule, et quatre autres, les plus larges de tous,
descendent obliquement de la ligne moyenne du dos
sur les flancs, en se portant d'arrière en avant, et
entre eux s'en trouvent de plus étroits et de moins
foncés qui leur sont parallèles. Une ligne noire qui
naît au garrot s'étend uniformément le long du dos
jusqu'à la queue, et une ligne semblable, naissant
entre les jambes de devant, se prolonge le long de la
poitrine et du ventre jusqu'aux mamelles; les cuisses, les jambes, le poitrail et le ventre sont sans

bandes transversales; la queue est blanche, le museau
est violâtre; les oreilles sont blanches et terminées
en dehors par une tache noire.

Ces traits sont plus particulièrement ceux de la femelle; mais le mâle n'en diffère qu'en ce que les rubans sont plus larges, qu'il n'en a point d'intermédiaires plus pâles, et que les rubans obliques des
parties postérieures descendent plus bas sur la cuisse.

Ces animaux arrivèrent très jeunes à la Ménagerie
du Roi. Les testicules chez le mâle n'étaient point
encore apparents; mais bientôt ils se montrèrent
comme ceux du cheval, et dès lors les besoins de
l'amour se manifestèrent, et l'accouplement eut assez fréquemment lieu. Ce ne fut cependant que deux
ans plus tard que la femelle devint féconde et qu'elle
conçut. Il est probable que la gestation a été d'une
année; elle a mis au monde un petit mâle qui ne
différait qu'en peu de points de ses parents. Après
trois semaines de naissance, il avait trente pouces au
garrot avec toutes les proportions relatives d'un pou-
lain de son âge. Sa robe était formée de bandes brunes
sur un fond isabelle, mais, au lieu de poils lisses
formant un pelage uni et brillant, il avait des poils
longs, mats et non couchés, de sorte qu'il paraissait
plus hérissé que sa mère. Sa lèvre inférieure était en
outre garnie de poils noirs qui y formaient une sorte
de moustache. Du reste, il avait à sa naissance tous
les caractères de son espèce; et il était né, comme les
poulains, ayant les sens ouverts, et les organes du
mouvement suffisamment développés pour qu'il pût
s'en servir.

LE GYALL ou JUNGLY-GAU[1].

Dans un examen critique de tout ce qui avait été
dit par les anciens et par les modernes des différentes
espèces de bœufs[2], Buffon a été conduit à n'en reconnaître que deux : le buffle auquel il rapporte tout
ce qui concerne les buffles d'Italie, des Indes et de
l'Afrique, et l'aurochs qu'il ne distingue point de l'u-
rus des anciens, et qu'il regarde comme la souche du
bœuf domestique et du zébu. Le bison de Pline et
celui d'Amérique ne sont pour lui qu'une des variétés de l'aurochs[3], caractérisée par une bosse sur les
épaules, comme le zébu est, par le même caractère, une sous variété du bœuf domestique. Il ne connaissait pas le bœuf musqué.

Depuis Buffon, les observations s'étant multipliées,
on a dû admettre d'autres idées que les siennes, sur
les bœufs qui lui étaient connus, et c'est à mon frère
que nous les devons[4]. Les buffles d'Italie, ceux du

1. En Indostan, *bœuf des Jongles*; pl. 2, fig. 2.
2. T. XI, in-4°, p. 284 et suiv.—Édit. Pillot, t. XVI, p. 406 et suiv.
3. Dans son discours sur les animaux de l'ancien continent, Buffon
commençait à changer d'avis sur la nature du bison; car il dit,
tom. IX, in-4°. pag. 64 (Édit. Pillot, tom. XV, p. 365), que cet
animal diffère peut-être assez du bœuf d'Europe pour qu'on puisse le
considérer comme faisant une espèce à part; et pour en avoir la confir-
mation, il voudrait qu'on essayât si ce bœuf peut produire avec la vache
domestique.
4. Recherches sur les ossements fossiles, tom. IV.

1. Tête du Gour, 2. Le Gyall.

Midi de l'Afrique, et peut être ceux des Indes, appartiennent à des espèces différentes; l'aurochs et le bison des anciens ne semblent point différer spécifiquement; l'urus paraît être la souche détruite de toutes les races de bœufs domestiques; le bison de l'Amérique septentrionale constitue une espèce distincte, et il en est de même du bœuf musqué des mêmes contrées; plusieurs autres espèces ont en outre été découvertes, et celle du gyall est de ce nombre; c'est une des espèces qui se rapprochent le plus de celle de notre bœuf commun, en ce que l'une et l'autre ont des races domestiques.

Nos premières notions sur le gyall sont dues à M. Lambert, qui, en 1804, en donna une histoire abrégée dans le VIIe volume des *Transactions linnéennes*, l'ayant vu vivant à Londres en 1802. M. A. Duvaucel, en 1822, nous en envoya des figures et une description, ayant chassé cet animal dans les contrées voisines des montagnes du Sylhet, où il se trouve à l'état sauvage; c'est tout ce que l'on connaît encore sur cet animal, qui paraîtrait cependant mériter une étude particulière, d'abord, pour établir exactement les différences qui le distinguent du bœuf domestique en Europe, et ensuite, quels sont les services qu'on en tire et en quoi ces services diffèrent de ceux que nous tirons des races que nous avons soumises.

De grandes analogies paraissent exister entre le gyall et nos bœufs domestiques; et ceux-ci doivent nous faire supposer dans leur souche la plus grande de toutes les dispositions à la domesticité; car c'est plutôt encore à cette cause qu'à toute autre qu'on doit atribuer la disparition de leurs races sauvages;

or, d'après le rapport de M. Duvaucel, le gyall pris
sauvage, pourvu qu'il soit jeune, se soumet et s'attache à l'homme au bout de très peu de temps. N'ayant
point vu cette espèce de bœuf, je n'en puis parler
d'après mes propres observations ; c'est pourquoi je
me bornerai à donner un extrait de la lettre que m'é-
crivait M. A. Duvaucel, en m'envoyant la figure d'un
mâle et d'une femelle. J'ajouterai ensuite un extrait de
ce que rapporte M. Lambert de plus important, c'est-
à-dire la lettre de M. Fleming.

« Je vous envoie, dit M. Duvaucel, deux figures de
mes Jungly-gaus, qui, sans avoir toute la fidélité des
premières, peuvent néanmoins les remplacer, en cas
de perte, d'une manière satisfaisante ; par compensation, je vais y joindre une description plus complète
avec une tête de l'animal lui-même que j'ai rapportée
du Sylhet.

» Comme ces bœufs ne diffèrent pas essentiellement
des bœufs ordinaires, j'ai cru pendant long-temps
qu'ils pouvaient provenir de la même souche, et je
trouvais moins d'inconvénient à les considérer ainsi
que de simples variétés, que de les donner comme
espèce particulière ; mais alors je n'avais vu que
quelques individus vivant à la ménagerie de Barrak-
pour ; depuis, j'en ai poursuivi moi-même au pied
des montagnes du Sylhet, dans le kida ou chasse
aux éléphants, et les renseignements que j'ai recueillis en divers lieux, m'ont appris que ces bœufs
étaient aussi communs et presque aussi répandus que
les buffles.

» Le jungly-gau, avec une tête fort petite et un
corps aussi gros que celui des plus fortes espèces,

est néamoins porté sur des jambes faibles et basses; disproportion assez sensible pour frapper l'œil le moins exercé; ses cornes, dirigées de côté, sont implantées aux bouts de la crête occipitale, et séparées par un espace d'autant plus petit que l'animal est plus vieux. D'abord, dans le plan du front, puis légèrement inclinées en avant, elles se reportent un peu en arrière et forment un double croissant également ouvert dans tous les individus du même âge et du même sexe. Ces cornes sont un peu comprimées à leur base, rondes sur le reste, et d'autant plus lisses que l'animal est plus vieux.

» La loupe que portent la plupart des bœufs de l'Inde se réduit dans celui-ci à une légère proéminence graisseuse qui s'étend jusqu'au milieu du dos. Toute cette partie est couverte d'un poil grisâtre et laineux, plus long que tous les autres, et qui règne également sur la nuque, l'occiput et le front ; le reste du pelage est noir, à l'exception des jambes qui sont blanches jusqu'aux genoux; à tous les âges, comme dans tous les individus, la queue est terminée en bouquet ; et dans les mâles de deux à trois ans, de longues soies noires garnissent le bas du cou. La femelle diffère par la taille et par les cornes qui restent toujours fort petites, et même par la forme de la tête, qui, au lieu d'être busquée comme celle du mâle, semble au contraire un peu concave, à cause du relèvement du muffle ; elle est aussi d'un noir moins foncé; le grisâtre du haut des épaules s'étend jusque sur les côtés; le bout de la mâchoire inférieure est blanc.

» Cet animal semble plus farouche que le buffle,

car il ne s'avance pas comme lui dans les lieux habités; mais, quoique sa physionomie soit aussi très
féroce, il est plus facile à dompter, puisqu'en peu
de mois il devient domestique, tandis que ceux-là ne
le sont jamais complètement. Son lait passe pour
plus abondant et plus substantiel que celui des autres bestiaux. »

Je vais compléter, par la lettre de M. Fleming à
M. Lambert, tout ce qui a été dit sur le gyall. Le
premier avait reçu les renseignements qu'elle contient
de M. Macrae, résident à Chittagong.

«Le gyall est une espèce de vache particulière aux
montagnes qui forment la limite orientale de la province de Chittagong, où on la trouve dans les bois à
l'état sauvage; et elle est aussi élevée comme animal
domestique par les Kookies ou Lunclas, habitants
de ces montagnes. Elle se plaît à vivre dans le plus
épais des jongles, se nourrissant des jeunes pousses
des taillis. On ne la rencontre jamais dans les plaines, à moins qu'elle n'y soit amenée. Ceux d'entre
eux qui ont été pris par quelques habitants de Chittagong, ont toujours préféré brouter les arbres des
collines adjacentes que de paître dans l'herbe des
plaines.

» Cette espèce a un aspect pesant, quoique sa
forme indique la force et l'activité; elle se rapproche
beaucoup de la forme du buffle sauvage : la tête est
plantée comme celle des buffles, et l'animal la porte
de la même manière, le nez en avant; mais, dans la
coupe de la tête, il diffère beaucoup à la fois et du
buffle, et du bœuf; la tête du gyall étant beaucoup
plus courte, du sommet de la tête au bout du nez,

mais plus large entre les deux cornes que chez les deux autres espèces. Le garrot et les épaules sont proportionnellement plus élevés dans le gyall ; sa queue èst petite et descend rarement au delà de la courbure du jarret. Sa couleur est, en général, brune, variant d'une teinte claire à une plus foncée. Quelquefois le devant de la tête est blanc, ainsi que les jambes et le ventre. Le poil du ventre est constamment plus clair que celui du dos et des flancs. Le veau est d'une couleur rouge foncée, qui passe par degrés au brun à mesure qu'il avance en âge.

» La femelle reçoit le mâle à trois ans : elle porte onze mois ; mais elle ne reçoit plus le mâle que deux ans après. De sorte qu'elle ne produit qu'un veau dans trois ans. Un si grand intervalle entre chaque portée doit tendre à rendre l'espèce rare. La femelle du gyall ne donne pas beaucoup de lait ; mais celui qu'elle donne est aussi riche en crème qu'aucun autre. Le veau tette pendant huit ou neuf mois, jusqu'à ce qu'il soit capable de se suffire à lui-même. Les gyalls vivent de quinze à vingt ans.

» Les Kookies ont une manière très simple de prendre les gyalls sauvages : la voici. Quand ils en ont découvert une troupe dans les jongles, ils préparent un certain nombre de boules, du volume d'une tête humaine, et composées de sel et d'une espèce particulière de terre : puis ils conduisent leurs gyalls apprivoisés vers les premiers ; les deux troupes se rencontrent bientôt, se mêlent l'une à l'autre, les mâles d'une troupe s'attachant de préférence aux femelles de l'autre. Alors les Kookies répandent leurs boules dans les parties des jongles où ils supposent que la troupe passe de préférence; et ils observent ses mouvements. Les gyalls, attirés par l'aspect et par l'odeur de cet appât, y appliquent leur langue; et, lorsqu'ils ont senti le goût du sel, et la terre parti-culière dont il se compose, ils n'abandonnent plus cet endroit que toutes les boules n'aient été épuisées. Mais les Kookies ont eu le soin d'en préparer de nou-velles; et, pour éviter qu'elles soient si rapidement détruites, ils mêlent du coton avec la terre et le sel. Tout cela continue pendant environ un mois et demi, temps pendant lequel les gyalls apprivoisés et les sau-vages toujours réunis, lèchent ensemble ces boules qui les séduisent: le Kookie, un jour ou deux après que ces animaux se trouvent ainsi rassemblés, se montre à une distance assez grande pour ne pas effrayer les indivi-dus sauvages; il s'approche par degrés, tant qu'enfin sa vue leur est devenue si familière, qu'il peut s'a-vancer pour caresser ses gyalls apprivoisés sans faire fuir ceux qui ne le sont pas. Bientôt il les touche aussi de la main, leur fait des caresses, en même temps qu'il leur donne en abondance de ces boules à lécher; et ainsi dans le court espace de temps que j'ai cité, il est en état de les entraîner avec ceux qu'il a appri-voisés vers son parrah ou village, sans le moindre emploi de la force : dès lors, ces gyalls s'attachent si vivement au parrah, que lorsque les Kookies émi-grent d'une place à une autre, ils sont toujours dans la nécessité de mettre le feu dans les huttes qu'ils abandonnent, car les gyalls y retourneraient de leur nouvelle demeure si les anciennes restaient debout. La nouvelle et la pleine lune sont les époques où les Kookies commencent, en général, cette opération, de prendre des gyalls sauvages, parce qu'ils ont observé que c'est alors que les deux sexes sont le plus enclins à s'associer. »

M. le major général Hardwicke, à qui l'histoire naturelle de l'Inde doit tant de découvertes, pense [1] qu'il y a un gyall ou gayal sauvage que les naturels nomment *Asseel gayal*, c'est-à-dire vrai gayal ; et un domestique que les mêmes naturels nomment *Gobbah*, ou gayal de village. Le premier serait un animal intraitable, qui ne quitte jamais les montagnes, ne se mêle point au gobbah, et ne peut être pris en vie. J'ai lieu de penser, non seulement d'après la lettre qui précède, mais encore d'après la nature des animaux en général, que le caractère intraitable que M. Hardwike attribue à son asseel gayal est exagéré ; cependant son expérience donne à son opinion tant d'autorité qu'il reste encore à décider si ses deux gayals forment en effet deux espèces distinctes, quoique M. Colebrooke qui, un des premiers, a parlé du gayal [2] ne le pense pas.

1. Zoological Journal, n° 10, p. 231.
2. Recherches asiatiques, vol. VIII.

LE GOUR[1].

On ne connaît encore que très imparfaitement cette nouvelle espèce de bœuf sauvage qui, comme, la précédente, est originaire des montagnes du nord et du nord-est du Bengale. On n'a encore publié que la figure de ses cornes, et c'est à M. le major-général Hardwike qu'on doit cette publication, faite d'après un dessin qu'il avait reçu de M. le major Roughsedge. Tout ce qu'on possède de son histoire se trouve publié par M. Stewart Traill, dans le journal philosophique d'Édimbourg[2] : nous allons en donner un extrait.

« Le gour se rencontre dans plusieurs parties montagneuses de l'Inde centrale, mais surtout sur le Myn-Pât, haute montagne isolée, terminée en plateau et située dans la province de Sergojah. Ce plateau a environ trente-six milles de longueur, sur vingt-quatre ou vingt-cinq milles de largeur à son milieu ; et il paraît être élevé de deux mille pieds au dessus des plaines environnantes. Les flancs de la montagne sont très escarpés, et couverts de jongles épais, où les gours se réfugient lorsqu'on les inquiète. Le sommet présente un mélange de bois et de plaines ouvertes. Il y avait autrefois vingt-cinq villages sur le Myn-Pât, mais le grand nombre des animaux de proie que nour-

1. Pl. 2, fig. 1.
2. N° 22, octobre 1804.

rit cette montagne les a fait abandonner. Néanmoins
le gour y a conservé sa demeure; et les Indiens assurent que le tigre lui-même n'est pas sûr de la vic-
toire contre un gour bien adulte. Le buffle sauvage
abonde dans les plaines qui sont au pied de la montagne ; mais au dire des naturels, il redoute si fort
le gour, qu'il s'aventure bien rarement dans les régions que celui-ci habite ; toutefois dans les forêts où
vit ce dernier on rencontre des cerfs-cochons, des
porcs-épies, etc.

» Suivant la manière de chasser des Indiens, les
jongles furent battus par des naturels en grand nombre, et les chasseurs européens bien armés se pla-
cèrent dans les endroits où les troupes chassées devaient passer. Plusieurs gours furent blessés; l'un
d'eux, frappé et poursuivi, tomba après avoir reçu
six ou sept balles ; un autre, qui se sentit blessé, se
retourna sur son assaillant, secoua sa tête, et fut
heureusement percé d'une balle, au moment où il
s'élançait contre l'aventureux chasseur.

» La taille du gour est son caractère le plus frappant. Par malheur on ne prit pas note des dimensions de ceux qui furent tués dans cette partie de
chasse; mais les mesures suivantes[1], prises sur un
gour tué dans une autre occasion, et qui n'était pas
tout-à-fait adulte, donneront une idée de la grandeur
de cet animal.

---

1. Hauteur au garrot. . . . . . . 5 pieds anglais 11 pouces $^3/_4$
Hauteur du garrot au sternum.. 3   6
Longueur du nez à l'extrémité
  de la queue.. 11   11 $^3/_4$

» Le capitaine Rogers m'a assuré que plusieurs des gours tués sur le Myn-Pât, surpassaient de beaucoup les dimensions que je donne ici.

» La forme du gour n'est pas aussi allongée que celle de l'arny. Son dos est fortement arqué, de manière à former une courbe uniforme depuis le nez jusqu'à l'origine de la queue, lorsque l'animal est en repos. Cette apparence est due en partie à la forme courbée du nez et du front ; mais bien plus encore à une saillie remarquable d'une épaisseur médiocre, qui s'élève de six ou sept pouces au dessus de la ligne du dos, depuis la dernière vertèbre cervicale jusqu'au delà du milieu des vertèbres dorsales, point auquel elle se perd graduellement dans le contour ordinaire du dos. Ce caractère provient d'un allongement extraordinaire des apophyses épineuses de la colonne vertébrale : il était parfaitement remarquable dans les gours de tout âge, quoiqu'ils fussent chargés de graisse ; et il n'a aucune ressemblance avec la bosse que l'on rencontre sur plusieurs des bêtes à cornes domestiques dans l'Inde. Il y a sans contredit de la ressemblance avec la saillie que l'on décrit dans le gayal ; mais on peut, dit-on, distinguer le gour de celui-ci, par le caractère remarquable de l'absence complète du fanon. Ni le mâle ni la femelle du gour, à quelque âge qu'on les observe, ne présentent la moindre trace de cet appendice, que l'on rencontre dans toutes les espèces connues de ce genre.

» La couleur du gour est un noir brunâtre très foncé, s'approchant beaucoup du noir bleuâtre ; excepté une touffe de poils frisés d'un blanc sale situé entre les

cornes, et des anneaux de la même couleur au dessus des sabots. Le poil est très court et très lisse, et
il offre un peu l'aspect huileux de la peau d'un veau
marin.

» Le caractère de la tête diffère peu de celui du taureau domestique, excepté que le profil de la face est
plus arqué, le frontal plus fort et saillant; les cornes sont courtes, épaisses à leur base, fortement
recourbées à leur sommet, un peu comprimées sur
une face, et rugueuses dans l'état naturel. Elles sont
cependant susceptibles d'un beau poli lorsqu'elles sont
d'une couleur grise avec des sommets noirs. Une
paire de ces cornes me donne pour chacune d'elles un
pied onze pouces d'étendue le long du bord convexe,
un pied du centre de la base au sommet en droite
ligne, et un pied dans leur plus grande circonférence;
mais comme elles sont coupées et polies, elles ont
perdu une partie de leur longueur et de leur épaisseur. Elles sont formées d'une substance très dense,
ainsi que l'indique leur poids. L'œil est plus petit que
dans le bœuf domestique ; il est d'une couleur bleue
claire, et la saillie du sourcil lui donne une expression sauvage, quoique moins farouche que celle de
l'arny.

» Les membres du gour tiennent plus de ceux du
cerf qu'aucune autre espèce du genre bœuf. C'est ce
que l'on voit surtout dans l'angle aigu que forment
le tibia et le tarse, et dans la finesse de la partie inférieure des jambes : elles donnent l'idée cependant
d'une grande vigueur unie à la légèreté ; la forme du
sabot est également plus allongée, plus élégante, et
annonce plus de force que celle du bœuf, et le pied

tout entier paraît avoir plus de flexibilité. L'extrémité
de la queue est garnie de poils.

» On n'a pas entendu le gour pousser aucun cri
avant d'être blessé ; mais alors il faisait entendre un
court mugissement qu'imitent assez bien les syllabes
ugh-ugh.

» Les naturels apprirent à l'un des chasseurs que le
gour ne vit pas à l'état de captivité , même quand il
est pris très jeune ; le veau languit bientôt et meurt.
La période de gestation est de douze mois ; et les femelles mettent bas d'ordinaire au mois d'août. Elles
donnent une grande quantité de lait , que les Indiens
disent être quelquefois si riche qu'il cause la mort du
veau qui s'en nourrit. Le jeune mâle de première année est appelé par les naturels *purorah ;* la jeune femelle est nommée *pareeah ,* et *gourin* lorsqu'elle est
adulte.

» Les gours se réunissent en troupes, ordinairement
composées de dix à vingt individus. Leur nombre est
si grand sur le Myn-Pât , que dans un jour, les chasseurs calculèrent qu'il n'en avait pas passé moins de
quatre-vingts dans les endroits où ils s'étaient placés.

» Les gours se nourrissent des feuilles et des jeunes
pousses des arbres et des buissons ; ils paissent aussi
sur les bords des ruisseaux. Durant la saison froide ,
ils demeurent cachés dans les forêts ; mais dans les
temps chauds, ils descendent dans les vallées ou paissent dans les plaines qu'on rencontre sur le Myn-Pât.
Ils ne paraissent pas avoir le goût de se rouler dans
les terres bourbeuses et marécageuses ; et c'est une
habitude que leur peau lisse ne permet pas de leur
supposer. »

LE BISON D'AMÉRIQUE.

Les règles sur lesquelles les naturalistes se fondent pour la distinction des quadrupèdes en espèces sont loin d'avoir le degré de certitude qu'il serait à désirer qu'elles eussent et que demanderaient plusieurs des propositions générales qui servent de base à cette partie importante de la science des animaux. Pour peu qu'on n'admette pas les mêmes règles (et c'est ce qui ne peut manquer d'avoir lieu dans l'état actuel de nos connaissances en histoire naturelle), ce qui est espèce pour les uns ne l'est pas pour les autres, et ce que ceux-là regardent comme fixe, invariable, nécessaire, n'est plus regardé par ceux-ci que comme accidentel et contingent. C'est parce que Buffon avait admis en principe que tous les animaux s'unissant par l'accouplement, donnaient naissance à des produits féconds, appartenant à la même espèce, qu'il fut conduit à ne voir entre le bœuf domestique et le bison d'Amérique que de simples différences de races d'une même espèce, produites par les circonstances fortuites sous l'influence desquelles leur développement s'était opéré. En effet, la vache et le bison produisent ensemble, et, quoiqu'il ne soit pas constaté que le produit de ces deux animaux soit fécond, on peut l'admettre par analogie.

CUVIER. I.

Cependant il est bien établi aujourd'hui que la fécondité n'est pas une preuve de l'identité spécifique des individus qui ont donné naissance à ceux qui manifestent cette faculté. On a seulement reconnu que, chez les mulets, la force génératrice est faible et ne se soutient pas au delà des premières générations. Si Buffon avait eu connaissance de ce fait, non seulement il aurait eu d'autres idées sur le bison d'Amérique, mais il aurait modifié plusieurs de ses doctrines fondamentales, et la nécessité de les établir sur des bases solides l'aurait indubitablement engagé dans des recherches qu'il négligea, et qui, de nos jours, ont conduit les naturalistes à des idées différentes et peut-être un peu plus précises sur les caractères distinctifs des espèces parmi les quadrupèdes en général, et, en particulier, parmi les espèces du genre du bœuf.

Dans l'obligation d'établir le degré de ressemblance qui existe entre les bœufs dont les débris nombreux se trouvent à l'état fossile dans le sein de la terre et ceux qui vivent aujourd'hui sur la surface du globe, mon frère s'est livré à ces recherches, et il a reconnu dans les formes de la tête et dans les rapports de ses diverses parties un caractère qui ne s'altère point et qui distingue constamment le bœuf domestique, de quelque race qu'il soit, du bison américain. Ainsi le bison a le front bombé, plus large que long, et l'attache de ses cornes est au dessous de la crête occipitale, tandis que le bœuf a le front plat, plus long que large, et ses cornes sont placées aux deux extrémités de la ligne saillante qui sépare le front de l'occiput.

Par là, le bison se rapprocherait de l'aurochs; mais celui-ci est beaucoup plus haut sur jambes que le premier, et il a une paire de côtes de plus. Le bison d'Amérique constitue donc une espèce de bœuf distincte de toutes les autres; seulement, comme il appartient à un genre très naturel, les ressemblances qu'il a avec les autres bœufs l'emportent de beaucoup sur les différences qui l'en distinguent, et qui ne peuvent être senties que par une comparaison minutieuse des organes. Quelques autres faits auraient pu conduire depuis long-temps les naturalistes à soupçonner que le bison et la vache n'avaient point été destinés par la nature à produire ensemble; car on savait que les vaches qui ont conçu par suite de leur union avec le bison ne peuvent que très rarement mettre leur petit au monde, et qu'elles périssent fréquemment dans le travail de la mise bas. C'est une expérience qui s'est malheureusement renouvelée deux fois sous mes yeux. Il ne fut point difficile d'unir une vache avec le beau bison que possède la Ménagerie du Roi; la seule précaution qu'on prit fut de les tenir d'abord à côté l'un de l'autre, de manière qu'ils se voyaient de très près, mais ne pouvaient se toucher. Au bout de trois ou quatre jours, ils furent réunis dans la même enceinte, la meilleure intelligence s'établit entre eux, et bientôt l'accouplement se fit; mais il n'eut lieu que la nuit; circonstance qui s'observe communément chez les animaux sauvages et qui paraît avoir pour cause un instinct spécial de conservation dans un acte où tous les sens et toutes les forces sont concentrés vers un seul et même objet.

Le bison mâle frappe, au premier aspect, par son

air farouche, sa grosse tête et ses larges épaules, qui
paraissent encore plus volumineuses par la hauteur
de son garrot et l'épaisse crinière qui garnit toute la
partie antérieure de son corps; en effet, son cou, le
dessus de la tête, le dessous de la mâchoire inférieure, la partie supérieure de ses jambes de devant,
sont revêtus de poils épais et frisés qui forment une
longue barbe au menton. Les parties postérieures ne
sont revêtues que par un poil court et lisse, ce qui
les fait paraître hors de proportion avec celles de devant; les membres sont courts, mais épais; et la
queue, terminée par une mèche de poils, descend
jusqu'aux jarrets. Les cornes sont rondes, fortes,
mais courtes; et la couleur générale est d'un brun
foncé un peu plus clair dans les parties où le pelage
est lisse et brillant. La longueur de cet animal, de
la base des cornes à l'origine de la queue, est de six
pieds et demi environ; la queue a dix-huit à vingt
pouces; et sa hauteur, au garrot, est de cinq pieds;
il n'en a que quatre à la croupe. C'est un animal
farouche et grossier, contre lequel il faut être toujours en défiance, et qui ne peut être dominé que par
la force; la crainte paraît être le seul sentiment que
l'homme puisse lui faire éprouver.

La femelle a tous les traits moins saillants que ceux
du mâle; elle est plus petite, sa tête est moins volu-
mineuse, son cou est plus long, son garrot plus bas,
ses jambes sont plus minces, et les poils de toutes les
parties antérieures de son corps moins touffus et
moins épais; mais ses couleurs sont absolument les
mêmes.

Comme toutes les femelles, elle était plus douce

que son mâle ; elle connaissait ceux qui la nourrissaient, et manifestait même quelqu'attachement pour
eux.

On eut besoin de quelques précautions pour la
réunir au bison, à cause de la brutalité de celui-ci ;
mais, au bout de quelques jours, ils vécurent fami-
lièrement ; bientôt on reconnut qu'elle avait conçu,
et en mars 1825, c'est-à-dire dix mois après son rapprochement du mâle, elle mit bas un jeune mâle
qu'elle a toujours soigné très affectueusement.

Ce jeune bison avait, en naissant, la taille des
veaux ordinaires de trois ou quatre jours, et, comme
ceux-ci, immédiatement après être né, il fit usage de
ses sens et de ses membres, comme si l'expérience
le lui eût enseigné. Un pelage frisé et assez épais,
d'un roux uniforme, le revêtait entièrement, excepté
que quelques poils noirs se voyaient le long du cou,
derrière les jambes de devant et au bout de la queue.
Ce pelage ne reste d'un roux pur que deux à trois
mois ; car, dès le quatrième, le jeune animal avait
les couleurs brunes de sa mère. Depuis, ce jeune
bison s'est développé, et, sous l'influence des soins
qu'on a eu de lui, de la nourriture abondante et choisie qu'il a reçue, il a acquis une taille qui surpasse
celle de son père ; mais, malgré les bons traitements
qui lui ont été prodigués, la douceur dont on a continuellement usé envers lui, il n'a presque encore rien
perdu du caractère farouche et brutal de sa race : sans
les plus grandes précautions ses gardiens en deviendraient inévitablement les victimes.

Cette espèce de bœuf se rencontre très abondamment dans toutes les parties de l'Amérique septen-

trionale, où les effets de la civilisation ne se sont point
encore fait sentir, où la nature domine exclusivement; mais ils ne paraissent pas s'élever au delà du
soixante-deuxième degré; on en rencontre des troupes formées de plusieurs centaines d'individus de
tout âge et de tout sexe ; et ils font une des principales nourritures des peuplades sauvages, qui trouvent aussi dans la fourrure et dans la peau épaisse de
ces animaux des moyens de satisfaire à plusieurs de
leurs besoins.

LA BREBIS.

Lorsque Buffon commença son histoire générale et particulière, il n'avait encore qu'une connaissance assez bornée des animaux, et l'expérience qu'il acquérait à mesure qu'il avançait dans son travail, modifiant ses idées, nous le voyons rectifier dans un volume ses propositions des volumes précédents; aussi, pour connaître sa dernière pensée sur un sujet quelconque, il est nécessaire d'examiner ce qu'il en dit dans tout le cours de son ouvrage. Son Histoire naturelle de la brebis en est un exemple. Dans le cinquième volume [1], il en parle comme d'une espèce qui ne peut subsister que sous la protection de l'homme et dont la race primitive n'existe plus, l'état de domesticité étant devenu le partage de l'espèce entière; et, comme il se borne à désigner sous le nom de brebis commune ou domestique celle dont il donne la description, il en résulte qu'on ignore de quelle variété il entend parler, et qu'excepté ce qui est commun à toutes les variétés de cette riche espèce, la plupart des détails où il entre sont sans objet pour nous. Cette omission, Buffon ne l'a point réparée; mais en traitant du mouflon il change d'opinion sur la souche de la brebis, et voit dans cette espèce sauvage du mouflon l'origine de toutes nos races de moutons dont il s'occupe alors, et dont il fait une classification d'a-

1. Édit. Pillot, tom. XIV.

près quelques unes des modifications qu'elles présentent et qu'il attribue à l'influence du climat. La race du nord a plusieurs cornes et sa laine est rude et grossière ; celle qui habite les climats doux, comme l'Espagne et la Perse, a une laine fine qui se change en un poil rude dans les pays chauds. Il ajoute la brebis à grosse queue dont la laine est fine ou rude suivant qu'elle reçoit l'influence des climats tempérés ou des climats très chauds ; celle dont les cornes sont droites et courbées en vis, et enfin la brebis du Sénégal qui est couverte de poils courts et grossiers et a de longues jambes. Ces changements résultaient d'une amélioration réelle dans les idées particulières ; ils étaient fondés sur une connaissance de faits plus nombreux ; mais ces faits ne donnaient pas encore lieu à des idées générales plus vraies ; et il ne paraît pas qu'à cet égard Buffon ait apporté plus tard aucun changement à ses vues ; car s'il parle encore des brebis dans ses Suppléments, ce n'est que pour confirmer ce qu'il en avait dit auparavant.

Aujourd'hui les naturalistes admettent trois ou quatre espèces de moutons sauvages ou de mouflons, et chacune de ces espèces pourrait à un titre égal être regardée comme la souche de nos races de moutons domestiques ; ainsi les doutes n'ont fait que s'accroître depuis que Buffon, qui n'admettait qu'une espèce sauvage de moutons, le mouflon de Corse, a exprimé ses conjectures sur ce point. D'un autre côté, aucune observation, aucune expérience directes n'autorisent à attribuer à l'influence du climat les modifications diverses que les nombreuses races de moutons nous présentent ; et l'on ne comprend pas pourquoi Buffon restreint à cette seule influence des effets si différents, lorsque nous le voyons, dans son discours sur la dégénération des animaux, fixer plusieurs autres causes aux variations des quadrupèdes en général.

Quoi qu'il en soit, admettre comme principe de classification des races, les causes des caractères organiques qui les distinguent les unes des autres, c'est s'égarer dans un dédale inextricable; c'est vouloir tirer la lumière des ténèbres, c'est chercher à fonder des vérités de faits sur des conjectures hypothétiques. Sans doute, on ne peut attribuer la diversité de ces caractères qu'à des causes matérielles parmi lesquelles la nature du climat entre pour beaucoup; mais ces causes, qui n'ont pas même encore été reconnues, ont pu agir en nombre plus ou moins grand, simultanément ou successivement, en combinant de manières diverses leur action et en se modifiant l'une l'autre; enfin tout cela s'opérerait loin de nous et sous l'influence d'une durée que nous n'avons encore aucun moyen de faire entrer, comme élément, dans nos recherches sur ces matières. Ces difficultés insurmontables ont fait recourir à un autre principe pour établir les rapports des variétés des animaux entre elles, et il a été puisé dans les modifications organiques qui leur sont propres, de telle sorte qu'admettant un type, une souche primitive, les variétés s'en éloignent graduellement, et d'autant plus qu'elles en diffèrent davantage, que leurs différences sont plus profondes, et résultent de modifications d'organes plus importants. Par cette méthode les rapports qu'on obtient sont vrais : les animaux sur lesquels ont agi un moindre nombre de causes, ou des causes plus fai-

bles, restent à la place qui leur appartient, c'est-à-
dire, auprès de la race qui nous présente les caractères de l'espèce dans leur plus grande pureté; viennent
ensuite ceux qui ont éprouvé l'effet de causes plus
nombreuses ou plus actives, et enfin ceux qui ressemblent le moins à la race primitive et sur lesquels
conséquemment, les causes les plus puissantes et les
plus variées ont porté leur action. Ce principe n'a
point encore été appliqué à la classification des races
ou des variétés de l'espèce du mouton, et nous ne
sommes point dans le cas de le faire; car, pour cet
effet, il faudrait qu'on eût décrit ces races dans un
autre esprit qu'on ne l'a fait. C'est sous le point de
vue économique, un des plus importants sans doute,
qu'on les a envisagées, excepté dans le cas où elles
offraient des particularités remarquables dans la con-
figuration de quelques unes de leurs parties; ainsi
on nous a fait connaître leur taille, la forme de leurs
cornes, mais surtout leur vêtement, la nature de leur
pelage. Or, quoique ces traits aient aussi de l'importance en histoire naturelle, les proportions des diverses parties du corps, la forme des os, leurs rapports, et surtout les résultats que présentent ceux qui
sont réunis dans la structure de la tête, sont plus importants encore, et ce sont précisément ces détails
qu'on nous a laissé ignorer. Cependant, après les races
du chien, celles du mouton nous présenteraient peut-
être les plus curieuses observations; car c'est une des
espèces qui paraît avoir subi les modifications les plus
nombreuses. Outre ce que Buffon dit de la brebis
commune, dans laquelle il paraît comprendre toutes
les brebis des parties tempérées de l'Europe; il parle

encore des moutons à grosse queue qui se trouvent
en Barbarie et au cap de Bonne-Espérance, en Arabie, en Perse, en Tartarie, les uns couverts de poils,
les autres de laine ; des moutons à longues jambes
nommés *adimain* ou *morvan,* originaires des parties
moyennes de l'Afrique, et revêtus de poils grossiers ;
des moutons d'Islande, petits et à plusieurs cornes ; des
moutons de Valachie à cornes élevées, tordues en vis,
et couverts d'une toison épaisse, moutons auxquels
doivent se rapporter ceux de Crète dont Buffon parle
également. Mais que sont ces cinq races en comparaison de celles qui doivent exister ; si nous en ju-
geons seulement par le nombre qu'on en distingue en
France, en ne considérant guère pour cela que la nature de leur laine? L'établissement des rapports qui
existent entre les diverses races de moutons est donc
un travail qui reste tout entier à faire. Celui de Buffon sur ce sujet n'est qu'un essai qui repose sur un
principe obscur, et nous ne possédons pas les éléments nécessaires à l'application du principe plus vrai
que nous avons exposé plus haut. Ce sont, par conséquent, ces éléments surtout, qu'il importe de recueillir, de rassembler, c'est pourquoi nous entre-
rons dans quelques détails sur une race que Buffon
a méconnue, quoiqu'il eût fait usage des renseignements qui s'y rapportaient, et qui est remarquable
par les toisons qu'on en tire, les seules qui entrent
dans le commerce des pelleteries recherchées ; c'est
la race que l'on désigne communément par le nom
de *Mouton d'Astracan.*

LE MOUTON D'ASTRACAN.

BUFFON regarde tout ce que la plupart des voyageurs disent de ce mouton comme étant relatif à une
variété de race de la brebis commune, qui, en Perse,
et particulièrement dans le Chorasan, se revêtirait
d'une laine plus fine encore que celle du mérinos.
Le fait est que le mouton d'Astracan appartient à la
race à grosse queue, dont il forme une variété. Sa
taille est moyenne, les beliers ont de seize à dix-huit
pouces de hauteur au garrot, et leurs proportions sont
à peu près celles de nos moutons de Beauce. Son
chanfrein n'est point arqué, et ses cornes petites sont
renversées sur les côtés de la tête au dessus des oreilles. Tous les adultes son revêtus d'une toison grossière, composée d'une laine lisse ou peu ondulée, d'un
blanc grisâtre ou d'un brun noir ; mais en écartant
les mèches de cette toison, on voit que près de la peau
la toison de la variété grise est d'un gris très agréable, formée par un mélange de poils blancs et de
poils noirs. C'est de ce mélange pur que se forme la
toison frisée des agneaux au moment de leur naissance, et c'est cette toison seule qui donne la pelleterie recherchée que l'on connaît plus particulièrement sous le nom d'Astracan, parce que c'est en
cette ville que s'en fait plus spécialement le commerce avec l'Europe. En effet, les agneaux de cette

race sont en naissant couverts de très petites mèches de laine très frisées et si serrées les unes contre les autres, qu'elles forment une toison épaisse et en même temps très légère. Peu de jours après ces mèches se défrisent, s'allongent, se décolorent, et bientôt on n'en aperçoit plus aucune trace. Les agneaux, avant que de naître, ont une toison plus belle encore, c'est pourquoi on est dans l'usage de tuer les brebis avant la mise bas, lorsqu'on veut avoir ce genre de pelleterie dans toute sa beauté.

La Ménagerie du Roi a possédé un petit troupeau de ces moutons, qu'elle devait à M. le duc de Richelieu, et qui venait directement d'Astracan.

Il paraît que cette race est très répandue en Tartarie et en Perse.

LA CHÈVRE.

Buffon, par ce nom, désigne l'espèce à laquelle appartiennent les chèvres domestiques; mais, pour connaître exactement sa pensée, il est nécessaire de lire son histoire naturelle du bouquetin, où il discute les rapports de cet animal avec le chamois et les diverses variétés de nos chèvres domestiques, et où il est conduit à cette étrange conclusion que le bouquetin est la tige mâle de la chèvre, et que le chamois en est la tige femelle. C'est comme on voit une des conséquences de cette hypothèse sur la dégénération des animaux dont nous avons montré la faiblesse dans notre discours préliminaire.

Pour rendre probable une hypothèse en histoire naturelle, il faut des faits ou des analogies; et où la démonstration ne peut être admise, il faut au moins que l'induction supplée : or, ici tout est arbitraire. Pour montrer que les chèvres tirent leur origine du mélange du bouquetin avec le chamois, il aurait été nécessaire qu'on eût la preuve de ce mélange et qu'on en connût le produit; et c'est ce qui n'est pas même encore aujourd'hui : il n'y a point d'exemple de l'accouplement du bouquetin et du chamois, ni par conséquent du métis, auquel ils donneraient naissance. Buffon cependant avait un indispensable besoin de ce fait; sans lui, toute conclusion devenait impossible, et l'hypo-

thèse dans ce cas particulier restait sans fondement.
Mais que ne peut une raison puissante, dominée par
une forte conviction, pour s'abuser elle-même et convaincre les autres de ce qui la séduit et lui paraît vrai?
Buffon crut donc trouver ce fait dans une observation
rapportée par Linnæus, de deux animaux de la taille
du bouc, l'un ayant les cornes recourbées dès leur
base et appliquées contre la tête, l'autre les ayant
droites et recourbées seulement à leur pointe, qui,
malgré ces différences et d'autres encore dans le pelage, avaient produit ensemble. Linnæus ajoutait que
ces animaux étaient originaires d'Amérique; et comme
Buffon ne pouvait reconnaître dans le Nouveau-Monde
de ruminants à cornes creuses que des chèvres domestiques importées d'Europe ou d'Afrique, il re-
pousse l'idée que le premier de ces animaux fût
d'Amérique, il le croit d'origine africaine, et regarde
le second comme notre chamois dégénéré à la Jamaïque, se fondant sur une assertion de Browne qui
dit vaguement qu'on trouve dans cette île, la chèvre
commune, le chamois et le bouquetin; assertion légère, que rien depuis n'a confirmée, et qui, excepté
pour la chèvre commune, est reconnue fausse aujour-
d'hui.

Loin de moi la pensée de faire envisager Buffon
sous un point de vue défavorable, en le montrant
livré à une idée hypothétique, et s'égarant dans le
vaste champ des suppositions; mais je n'ai pas cru
sans utilité de rapporter un exemple frappant des dangers que l'on court lorsqu'on s'avance dans la carrière des sciences, sans s'appuyer sur des faits solidement établis, même quand on croirait avoir l'étendue

et la force d'esprit de l'auteur illustre dont nous ana-
lysons quelques uns des travaux.

Tout ce qu'on a dit sur l'origine des variétés de la
chèvre domestique ne l'a point fait connaître. Lorsqu'on n'admettait de bouc sauvage que le bouquetin
des Alpes, il était naturel de la lui attribuer. Mais
quand Pallas eut publié la description de l'égagre,
espèce de bouc naturel aux parties centrales de l'A-
sie, on crut devoir aussi lui rapporter cette origine,
et de nouveaux doutes ont dû naître depuis que le
bouquetin sauvage de la haute Égypte est venu se
présenter comme une troisième espèce dans le genre
des deux précédentes. Nous croyons donc inutile de
nous arrêter sur cette question, non qu'elle ne soit
fort importante, mais parce que la science ne possède
pas les éléments nécessaires à sa solution.

Ce qui doit surtout faire rechercher la connaissance
des variétés de nos animaux domestiques, c'est qu'elle
nous donne une mesure des modifications dont leur
organisation est susceptible; et comme Buffon n'a bien
fait connaître que quelques unes de ces variétés, nous
en décrirons trois sur lesquelles il n'a pu avoir que
de vagues notions, et dont on avait même négligé de
décrire les caractères les plus remarquables; c'est la
chèvre de la haute Égypte, celle du Népaul et celle
de Cachemire.

LA CHÈVRE

DE LA HAUTE ÉGYPTE.

Les naturalistes ont jusqu'à présent confondu dans une seule variété toutes les chèvres à très longues oreilles, et Buffon, suivant en ce point ses prédécesseurs, les désigne avec eux sous les noms de chèvres de Syrie, ou de chèvres mambrines. Ces chèvres cependant appartiennent à des variétés différentes, et depuis long-temps on aurait pu le reconnaître; car Gesner donne une fort bonne figure [1] de la variété qui nous est venue de la haute Égypte, sous le nom de *capris indicis*, et Aldrovande en donne une autre également bonne [2] de celle qui paraît originaire de l'Inde, et qui nous a été envoyée du Népaul. En effet, ces chèvres présentent des caractères qui ne permettent pas de les réunir dans une même race.

Jusqu'à présent on n'avait guère eu d'autres caractères pour séparer les chèvres des moutons, que la concavité du chanfrein et la barbe des uns, et la convexité de cette partie de la tête et le menton imberbe des autres. Aujourd'hui ces moyens de distinction n'existent plus. La chèvre de la haute Égypte a le chanfrein plus arqué qu'aucun mouton, et elle est

1. Lib. I, p. 1097.
2. De Quad. bisul., lib. I, p. 768.

tout-à-fait dépourvue de barbe. Aussi en voyant ses
hautes jambes on la prendrait d'abord pour un de ces
moutons dont Buffon parle sous le nom de morvan;
et si on ne reconnaissait pas dans le mâle un bouc
à son odeur, il ne serait plus possible de décider à
quel genre cette race de chèvre appartient. Cependant en recourant à d'autres caractères, l'espèce de la
chèvre reste distincte de celle du mouton. Dans la
première, la queue très courte est relevée, tandis
qu'elle est plus longue et reste pendante dans la
seconde; les organes génitaux diffèrent aussi. Excepté la forme de la tête, c'est-à-dire la courbure de
son chanfrein séparée par une dépression au point où
les os du nez s'unissent à ceux du front, et le prolongement de la mâchoire inférieure, l'espèce de chèvre
de la haute Égypte n'a rien de remarquable. Le mâle
qu'a possédé la Ménagerie du Roi était couvert d'un
poil soyeux, long, et d'un brun fauve, jaunâtre sur
les cuisses, et il n'avait qu'une très petite quantité
de poils laineux. Ses oreilles étaient fort grandes,
et l'on trouvait sur son cou les deux pendeloques
charnues que l'on voit aussi chez quelques races de
moutons. Il n'avait point de cornes; mais quelques
individus de cette race en ont de petites renversées
sur les côtés de la tête. La femelle, plus petite que le
mâle et à jambes moins élevées, avait une teinte plus
claire que lui, et ses mamelles volumineuses et descendant jusqu'à terre gênaient sa marche; elles étaient
suspendues à un pédicule très long, et lorsqu'elles
étaient pleines, elles ressemblaient à deux sphères
accolées l'une à l'autre. La voix du bouc était singulière et assez semblable à une vieille voix humaine,

1. Le Bouc de Cachemire 2. Le Bouc du Népaul.

chevrotant faiblement. La femelle donnait un lait très abondant, et sa docilité comme celle du bouc annonçait l'ancienneté de la soumission de sa race à l'espèce humaine.

LA CHÈVRE DU NÉPAUL[1].

CETTE race de chèvre a à peu près la forme de tête de celle de la haute Égypte, seulement aucune dépression n'interrompt la courbure de son chanfrein, et sa mâchoire inférieure ne dépasse pas la supérieure.

Cette chèvre se distingue encore, principalement chez la femelle, par la hauteur de ses membres et la légèreté de ses formes, qui la rapprochent de quelques espèces d'antilopes. Sa conque auditive est arrivée peut-être au dernier degré de développement ; car elle traîne à terre lorsque l'animal paît, et alors celle d'un côté se réunissant à celle de l'autre, la tête de l'animal s'en trouve entièrement cachée, et ses yeux en sont couverts. Les cornes sont droites, un peu divergentes et tordues en vis. Tous les individus de cette jolie race que j'ai vus étaient couverts de poils soyeux, brillants, de médiocre longueur, et de couleurs foncées; plusieurs chèvres étaient noires, ou d'un beau gris argenté avec les oreilles blanches.

1. Pl. 3, fig. 2.

LA CHÈVRE DE CACHEMIRE[1].

Depuis l'époque déjà fort ancienne où des relations de commerce se sont établies entre l'Europe et la Perse ou les Indes, nous connaissions, quoique nous n'en fissions point usage, ces pièces d'étoffes nommées châles, qui se fabriquent principalement dans la province de Cachemire, et qui servent surtout en Orient, ou de manteau pour les femmes ou de turhan. Depuis plusieurs années ces châles sont devenus en Europe d'un usage commun; la laine avec laquelle ils se fabriquent fait même chez nous aujourd'hui un objet de commerce assez considérable, et qui y a donné naissance à une industrie nouvelle. Long-temps nous avons ignoré l'origine de cette laine: les uns l'attribuaient à une race de chèvres exclusivement propres aux régions du Thibet, les autres à une race de moutons du même pays, et cette diversité d'opinions venait des différences qui se trouvent sur ce sujet dans les récits des voyageurs[2]. Buffon

1. Pl. 3, fig. 1.
2. Mais ce qu'ils ont de particulier et de considérable et qui attire le trafic et l'argent dans leur pays, est cette prodigieuse quantité de châles qu'ils y travaillent..... les uns de laine du pays qui est plus fine et plus délicate que celle d'Espagne; les autres d'une laine ou plutôt d'un poil qu'on appelle touz qui se prend sur la poitrine d'une espèce de chèvre sauvage du grand Thibet; ceux-ci sont bien plus chers à

n'a point eu occasion d'examiner cette question qui, au reste, n'aurait pu exercer que sa critique; car aucune observation exacte et précise sur cette matière n'était alors venue à la connaissance des naturalistes. Depuis quelques années toutes les incertitudes à cet égard sont levées : cette matière est la laine ou le duvet d'une race de chèvres; plusieurs individus de cette race ont été envoyés en Europe, et la Ménagerie du Roi en a possédé un bouc né à Calcuta de parents qui venaient immédiatement du Cachemire. Il paraît d'ailleurs certain que cette race se trouve dans toute la Tartarie. Si l'on eût fait une étude plus approfondie des poils, la question de l'origine de la matière des châles aurait pu être décidée sans avoir recours à la race qui la produit; on aurait su que la laine des moutons et le duvet des chèvres n'ont point la même contexture, et que les châles sont exclusivement formés de ce dernier. Toutes les races de chèvres, à l'exception peut-être de celle d'Angora, sont pourvues de ce duvet, qui recouvre immédiatement la peau, et se trouve caché sous les poils qui forment le vêtement extérieur de l'animal. Chez nos races communes ce duvet paraît n'avoir ni la longueur, ni l'élasticité de celui des chèvres du Thibet, et être moins propre que le leur à la fabrication des étoffes, ce qui peut être attribué en grande partie à la différence des climats; car il est bien reconnu que les contrées froides et sèches fa-

proportion que les autres; aussi n'y a-t-il point de castor qui soit si molet ni si délicat. (*Bernier, Voyage au royaume de Cachemire.*)

M. Bogle, qui fut envoyé en 1774 au Tibet, assure dans ses notes que cette laine vient d'un mouton à large queue. (*Trans. philosoph.*, tom. 67.)

vorisent le développement de la partie laineuse du
pelage de certains animaux. Nous apprenons même
par M. le docteur Geran [1], que la chèvre à duvet se
trouve dans le Thibet à plus de 14,000 pieds anglais
au dessus du niveau de la mer. D'autres causes sans
doute y concourent encore ; car il serait difficile de
n'attribuer qu'au climat le développement extraordinaire de cette partie laineuse dans plusieurs races de
moutons, et dans les plus précieuses pour nous. La
toison de ces animaux n'est en effet formée que de la
portion du pelage qui recouvre immédiatement la peau
dans les races plus ou moins rapprochées de l'état sauvage, et qui sont en outre revêtues de véritables
poils. Ceux-ci n'existent qu'en très petites quantités
chez nos moutons à laine où on les désigne sous le
nom de jars. Le mérinos, le mouton de Barbarie,
plusieurs races de nos provinces n'ont plus de poils
proprement dits ; leur vêtement ne se compose que
du duvet qui, chez les moutons en général, a pris
plus particulièrement le nom de laine.

La chèvre de Cachemire est d'une taille moyenne ;
ses oreilles sont plus ou moins longues et couchées,
ses cornes généralement droites sont tordues en vis,
quelques individus cependant les ont recourbées en
arrière, son chanfrein n'est point arqué, ses poils
sont longs et lisses, et son duvet est abondant surtout
en hiver. Cette race produit des individus bruns, gris
et blancs ; mais ce sont ces derniers qui sont les plus
recherchés, parce que la couleur de leur duvet est
plus pure. Le bouc que nous avons possédé avait

1. Gazette de Calcuta.

deux pieds de hauteur au garrot, et la longueur de son corps était de deux pieds dix pouces ; sa tête et son cou étaient noirs, et le reste de son pelage était blanc ; il était donc d'une taille un peu plus petite que celle de notre bouc commun ; mais il avait à peu près le même naturel.

LE CHIEN.

Dans notre discours préliminaire, et en traitant de la brebis, nous avons rappelé les principes d'après lesquels Buffon établissait les rapports des races' de nos quadrupèdes domestiques; et en montrant leur insuffisance et l'incertitude des résultats qu'ils donnaient, nous avons exposé ceux que, depuis, on a été conduit à adopter. Ce n'est encore que sur les races du chien que l'application en a été faite; mais la classification qui en a été la conséquence a été admise sans contestation. En effet, cette classification ne résulte que de l'application de la méthode naturelle, et cette méthode dans ce cas particulier a conduit à séparer d'abord toutes les espèces de modifications qui nous sont offertes par les chiens domestiques, à les ranger ensuite suivant l'importance de l'organe qui les présente et suivant la leur propre, puis à réunir dans un même groupe les individus qui présentent les mêmes modifications du plus important organe, et enfin à subdiviser ces groupes suivant les modifications moins importantes des organes moins importants eux-mêmes. Or, les chiens sont susceptibles de modifications dans différentes parties de la tête, quelques uns dans les membres et dans certaines parties extérieures des sens; c'est donc d'après ces trois ordres de modifications que leurs rapports ont été établis, qu'ils ont été classés. Les modifications de la tête qui

produisent un plus grand ou un moindre développement de la boîte cérébrale, et qui augmentent ou
diminuent. par conséquent la capacité du cerveau,
ont dû être placées au premier rang, ainsi que celles
qui en sont la conséquence, et qu'on n'en peut séparer, comme l'allongement ou le raccourcissement
du museau qui influent eux-mêmes sur l'étendue
du goût ou de l'odorat; sont venues ensuite, les modifications des sens, à l'exception de celles qui résultent des modifications du cerveau, lesquelles consistent dans des narines plus ou moins ouvertes, dans
une conque externe de l'oreille plus ou moins allongée
ou pendante, et dans des poils plus ou moins longs,
plus ou moins épais, et plus ou moins frisés; enfin les
modifications des membres sont placées au dernier
rang, parce qu'elles sont bornées au développement
plus ou moins grand d'un cinquième doigt aux pieds
de derrière, et d'une queue plus ou moins longue;
développement qui ne change rien à la nature de l'a-
nimal et ne le force à modifier aucune de ses actions,
aucun de ses mouvements. Ces distinctions ont eu
pour résultat de former parmi les races de chiens
quatre groupes principaux : 1° les mâtins, dont le
cerveau a une étendue moyenne, où se trouvent les
chiens les plus près de l'état de nature, et qui renferme notre chien mâtin, le chien de la Nouvelle-Hollande, et tous les chiens qui se rapprochent de l'état
sauvage ou qui y sont rentrés tout-à-fait. Ce sont, en
général, des animaux fins, rusés, assez peu dociles et
dont l'éducation ne peut recevoir un grand développement; 2° les lévriers, qui, avec une capacité cérébrale semblable à celle des mâtins, ont un museau

beaucoup plus allongé que le leur, et sont presque
entièrement privés de sinus frontaux : ce groupe rassemble les lévriers de toutes les races grandes et petites ; 3° les épagneuls, dont la capacité cérébrale
surpasse de beaucoup celle de toutes les autres races,
c'est-à-dire les épagneuls proprement dits, les barbets,
les braques, les chiens-loups, les chiens de Terre-
Neuve, des Pyrénées, etc., etc., races douées d'une
intelligence remarquable et d'une docilité qui permet
d'étendre leur éducation ; aussi est-ce parmi ces races
que se forment les meilleurs chiens de chasse ; 4° enfin les dogues, dont la capacité cérébrale est la plus
étroite, et dont la grosse tête ne résulte que du grand
développement des sinus frontaux. C'est à ce groupe
qu'appartiennent les dogues proprement dits, les
dogues de forte race, les doguins, tous remarquables
par leur peu d'intelligence. Les noms que nous venons d'indiquer, et la connaissance que chacun a
des chiens, suffisent pour montrer par quels caractères ces quatre groupes généraux se subdivisent.
Les mâtins ne diffèrent guère que par la taille et
des oreilles plus ou moins redressées. Les lévriers
sont très grands ou très petits ; les uns sont couverts d'un poil ras, les autres d'un poil très long, et
ils ont une faculté plus ou moins grande de re-
dresser la conque de leur oreille. Les épagneuls proprement dits ont des poils longs et lisses, les barbets,
des poils frisés, les braques, des poils courts, etc., etc. ;
enfin, l'on a des dogues très grands et d'autres plus
petits, les uns ont le mufle simple, les autres divisé
par un sillon longitudinal, etc. Ces caractères généraux doivent suffire ici, Buffon ayant donné une his-

toire très étendue de ces différentes races de chiens à laquelle nous n'avons rien à ajouter. Notre tâche ne pouvait avoir pour objet que de rectifier la classification qu'il en avait faite. Cependant, comme les principes nouveaux reposent sur la connaissance d'une race de chien que Buffon n'avait pu observer, de celle qui peut nous donner l'idée la plus exacte de ce qu'était l'espèce du chien avant son entière soumission à l'espèce humaine, c'est-à-dire de celle qui appartient au peuple le plus grossier de la terre, nous terminerons ce que nous avons à dire des chiens par quelques détails sur les caractères de cette race que la Ménagerie du Roi a possédée pendant plusieurs années, et qui est celle des habitants de la Nouvelle-Hollande, et la description de deux autres races que Buffon n'a point connues, celle de Terre-Neuve et celle des Eskimaux, qui appartiennent à la famille des épagneuls.

LE CHIEN

DE LA NOUVELLE-HOLLANDE[1].

Le chien dont il s'agit ici était semblable à ceux qui sont figurés dans les voyages de Philipp et de With. Sa taille approchait de celle du chien de ber-

1. Les détails contenus dans cet article ont paru en partie, accompagnés d'observations sur les facultés physiques des animaux, dans le tom. XI, p. 458, des Annales du Muséum d'histoire naturelle.

ger, son pelage était fort épais et sa queue très touffue;
ses poils, comme ceux de tous les animaux qui sont
exposés à une grande variation de température, étaient
de deux sortes : les uns soyeux et les autres laineux;
ceux-ci courts et fins étaient gris, les premiers, longs
et grossiers, formaient la couleur de l'animal, dont la
partie supérieure de la tête, du cou, du dos et de la
queue étaient d'un fauve foncé, tandis que le reste du
cou et la poitrine étaient d'un fauve pâle, toute la partie
inférieure du corps, la face interne des cuisses et des
jambes et le museau étaient blanchâtres. Sa physionomie approchait de celle du mâtin, mais son museau
était plus fin; du reste, il avait tous les caractères organiques qui sont propres aux chiens diurnes, sans
aucune exception.

C'était un animal très agile et très actif, lorsqu'il
avait des besoins à satisfaire; dans le cas contraire, il
dormait d'un sommeil tranquille et profond. Sa force
musculaire surpassait de beaucoup celle de nos chiens
domestiques de même taille. Lorsqu'il agissait, sa
queue était étendue ou relevée; et quand il était attentif il la tenait basse et pendante. Il courait la tête
haute; et ses oreilles, droites et toujours dirigées en
avant, caractérisaient bien son audace. Ses sens paraissaient être d'une finesse extrême; mais ce qui
étonnera peut-être, c'est qu'il ne savait pas naturellement nager : ayant été jeté à l'eau, il s'est débattu,
et n'a fait aucun des mouvements qui auraient pu le
maintenir facilement à la surface.

Ce chien, qui était femelle, avait environ dix-huit
mois lorsqu'il arriva en Europe. Il vivait en liberté
dans le vaisseau où il était embarqué; et malgré les

corrections qu'on lui infligeait, ainsi qu'à un jeune mâle mort des suites d'un châtiment trop rude, il n'a cessé de dérober à bord tout ce qui convenait à son appétit.

L'expérience n'ayant pu lui donner le sentiment de ses forces, relativement à ce qui l'environnait, il se serait exposé chaque jour à perdre la vie s'il eût pu se livrer à son aveugle et courageuse ardeur. Non seulement il attaquait, sans la moindre hésitation, les chiens de la plus forte taille ; mais nous l'avons vu plusieurs fois, dans les premiers temps de son séjour à notre ménagerie, se jeter en grondant sur les grilles au travers desquelles il apercevait un lion, une panthère ou un ours, surtout quand ceux-ci avaient l'air de le menacer. Cette témérité féroce paraît, au reste, n'avoir pas été seulement l'effet de l'inexpérience, mais avoir tenu au naturel de sa race. Le rédacteur du voyage de Philipp rapporte qu'un de ces chiens qui était en Angleterre se jetait sur tous les animaux, et qu'un jour il attaqua un âne qu'il aurait tué si l'on n'était venu à son secours. La présence de l'homme ne l'intimidait même point, quoiqu'il eût plus d'une fois ressenti la supériorité de son maître ; il se jetait sur la personne qui lui déplaisait, et principalement sur les enfants sans aucun motif apparent; ce qui semble confirmer ce que dit Wathintinch de la haine de ces chiens pour les Anglais lorsque ceux-ci débarquèrent au port Jackson. Si cet animal se laissait conduire par le gardien qui le nourrissait et le soignait, ce n'était qu'en laisse : il ne lui obéissait point, était sourd à sa voix, et le châtiment l'étonnait et le révoltait. Il affectionnait particulière-

ment celui qui le faisait jouir le plus souvent de la
liberté ; il le distinguait de loin, témoignait son es-
pérance et sa joie par ses sauts, l'appelait en poussant
un petit cri doux et plaintif, et aussitôt que la porte
de sa cage était ouverte, il s'élançait, faisait rapidement le tour de son enclos comme pour le reconnaître, et revenait à son maître lui donner quelques
marques d'attachement, qui consistaient à sauter vivement à ses côtés, et à lui lécher les mains. Ce penchant à une affection particulière s'accorde avec ce
que les voyageurs assurent de la fidélité exclusive du
chien de la Nouvelle-Hollande pour ses maîtres. Mais
si cet animal donnait quelques caresses, ce n'était
que par une sorte de reconnaissance, et non point
pour en obtenir d'autres ; il souffrait volontiers celles
qu'on lui faisait et ne les recherchait point ; ses jeux
étaient sans gaieté, il marquait sa colère par trois ou
quatre aboiements confus ; mais excepté ce cas, il
était très silencieux. Bien différent de nos chiens
domestiques, celui-ci n'avait point le sentiment de
ce qui ne lui appartenait point, et ne respectait rien
de ce qu'il lui convenait de s'approprier ; il se jetait
avec fureur sur la volaille, et semblait ne s'être jamais reposé que sur lui-même du soin de se nourrir ;
comme on aurait déjà pu le conclure d'un passage de
Barrington, qui porte que, quelques soins que l'on
se donne pour apprivoiser cette race de chien, on
ne peut l'empêcher de se jeter sur les moutons, les
cochons, la volaille.

Il appartenait sans doute au peuple le plus pauvre
et le moins industrieux de la terre de posséder le
chien le plus enclin à la rapine. Cependant le sau-

vage de la Nouvelle-Hollande s'en fait accompagner
à la chasse, et l'un et l'autre alors nous offrent bien
le tableau où Buffon peint l'homme et le chien s'entr'aidant pour la première fois, poursuivant de concert la proie qui doit les nourrir, et la partageant ensemble après l'avoir atteinte.

Ce que notre animal mangeait le plus volontiers,
c'était de la viande crue et fraîche; il a constamment
refusé le poisson, mais non pas le pain, il goûtait
avec plaisir aux matières sucrées, et dès qu'il était
repu il cherchait à enfouir les restes de son repas.

Son rut ne s'est montré qu'une fois chaque année
et en été, ce qui correspond à l'hiver de la Nouvelle-
Hollande, et fait rentrer le rut de ces chiens dans la
règle à laquelle nous avons cru apercevoir qu'il était
soumis chez les mammifères carnassiers en général.
Chaque fois que cet état s'est manifesté, on a cherché à l'accoupler avec un chien qui s'en rapprochât
par les formes et les couleurs; l'union a eu lieu, mais
non pas la conception : ce qui confirme la difficulté
qu'on a généralement à faire produire deux races très
éloignées l'une de l'autre.

La manière dont ce chien a vécu ne lui a, pour
ainsi dire, permis d'acquérir aucune expérience, aucun développement intellectuel. Les châtiments l'auraient rendu plus docile ; avec des soins particuliers,
ses qualités naturelles se seraient accrues; il aurait,
en quelque sorte, dans d'autres circonstances, étendu
son éducation; et, relativement à nous, il se serait
perfectionné, comme il arrive à tous les individus de
sa race qui vivent aujourd'hui librement dans les co-
lonies anglaises de la Nouvelle-Hollande. Au lieu de

ce perfectionnement que nos chiens domestiques nous montrent assez, il nous a fait connaître les caractères propres de sa race, tels qu'elle les a reçus de l'influence et du degré de civilisation des hommes qui se la sont associée. Or, ces hommes sont de tous les hommes connus les plus brutes et les plus grossiers, ceux qui sont restés le plus près de la nature, qui se sont créé le moins de besoins, et dont les qualités intellectuelles et morales ont acquis le moins de développement. Nous pouvons donc considérer avec raison le chien qui leur est soumis comme celui qui est aussi le plus près de l'état sauvage, qui a le moins été modifié, et qui nous présente le plus fidèlement les caractères de son espèce, laquelle, comme on sait, n'a point encore été reconnue dans l'état de pure nature. C'est aussi cette race de chien que nous avons pris pour type de l'espèce dans l'essai de classification des chiens domestiques que nous avons publié dans le dix-huitième volume des annales du Muséum d'histoire naturelle des mammifères. De toutes les races dont nous avons parlé jusqu'à présent, c'est celle des Eskimaux qui devait ressembler le plus à celle de la Nouvelle-Hollande; elle appartient au pays le plus sauvage et le plus ingrat de la terre, à une contrée où les hommes ne peuvent former que de petites sociétés, semblables à des hordes de sauvages, quoiqu'ils soient loin de l'être eux-mêmes, où les besoins de l'industrie sont renfermés dans les plus étroites limites, où la pêche seule peut procurer les moyens de subsistance, et où conséquemment ces animaux, ne pouvant être employés à la chasse, sont devenus pour les habitants de ces tristes contrées de véritables bêtes de somme, tout en conservant une grande indépendance au milieu des solitudes glacées qui les environnent.

En effet, nous allons voir que le chien des Eskimaux se rapproche déjà des chiens de berger par l'étendue des organes cérébraux, et qu'il ressemble tout-à-fait à ceux de la Nouvelle-Hollande par le besoin de la liberté, le sentiment de ses forces, le désir de se livrer sans entraves à l'exercice de sa volonté, ou, pour parler plus exactement, à l'impulsion de ses besoins.

L'un et l'autre n'avaient point l'aboiement net et distinct de nos chiens domestiques, tous deux s'attachaient vivement à leur maître ; mais l'un conservait envers les hommes qui lui étaient étrangers, et les animaux, une férocité que l'autre ne manifestait point.

Ces rapprochements entre les dispositions, le naturel de races de chiens appartenant à des peuples différents, par leur situation, et les degrés de civilisation qu'ils ont atteints, pourraient s'étendre bien davantage, si c'était ici le lieu de le faire. Nous trouverions en elles des différences correspondantes à celles qui distinguent ces peuples; les unes pourraient même être des indices assez sûrs des autres ; et nous ne serions point surpris si quelque jour nous voyons des historiens s'aider, à défaut de monuments historiques, de l'état de domesticité des animaux pour dévoiler les mœurs des peuples sauvages qui se les seraient associés.

LE CHIEN DE TERRE-NEUVE.

Il n'est peut-être aucune race de chien domestique qui ne soit propre à nous donner la preuve d'un des phénomènes les plus remarquables de la nature, celui des instincts artificiels, des dispositions instinctives dues à l'influence de l'éducation, résultant, comme effets, des habitudes ; mais il en est peu qui puisse le faire aussi manifestement que le chien de Terre-Neuve. Quoique toutes nos races de grands chiens aillent volontairement à l'eau, la recherchent même lorsqu'ils sont fatigués par la chaleur, ils l'évitent, en général, dans toute autre circonstance ; et les très petites races la fuient constamment. Le chien de Terre-Neuve, au contraire, semble s'être fait un besoin de cet élément ; il le recherche en tout temps et en toute saison, s'y jette avec joie, ne paraît en sortir qu'à regret, et aucune éducation n'est nécessaire pour développer en lui ce goût passionné. Il est donc évident que cette disposition lui est devenue naturelle et a jeté en lui de profondes racines ; il l'est de plus qu'on ne peut en trouver l'origine dans son essence ; car cette race appartient incontestablement à l'espèce du chien domestique ; cette modification dans les penchants naturels a été accompagnée d'une modification dans les organes, essentiellement liée à la première : c'est l'élargissement

1 Le Chien des Esquimaux. 2 Le Chien de Terre Neuve.

de la membrane qui lie entre eux les doigts de toutes
les races de l'espèce du chien ; il résulte de ce changement que le chien de Terre-Neuve, en écartant
ses doigts, peut frapper l'eau avec plus de puissance,
et se mouvoir dans ce liquide plus facilement que les
chiens chez lesquels cette membrane est restée
étroite. Cette race appartient à la famille des épagneuls, et le grand développement de son intelligence a été sans doute une des conditions qui ont
favorisé l'acquisition du penchant qui le distingue,
par la facilité qu'elle a donnée à ces animaux de se
prêter à l'éducation qu'ils ont reçue ou de la part des
circonstances où ils se sont trouvés, ou, plus vraisemblablement, de la part de l'homme. A cette qualité précieuse se joignent toutes celles qui caractérisent les épagneuls, l'agilité, le courage, la docilité,
l'attachement. Aussi les services nombreux qu'ils ont
rendus en arrachant à la mort des malheureux prêts
à périr dans les eaux leur ont mérité une réputation
qui ne peut point leur être disputée, et qui ne fera
que s'étendre à mesure qu'ils seront plus généralement connus ; bien différents, en cela, de ces races
de chiens dont un engouement passager a fait tout
le prix, et dont on a oublié jusqu'au nom dès qu'a été
dissipé le caprice qui leur avait donné de la vogue.
Plusieurs autres races approchent de celle-ci par leur
goût pour l'eau, et il est certain que, soumise à une
éducation convenable, elles seraient devenues ce
qu'est celle de Terre-Neuve ; comme aussi cette race
précieuse pourrait perdre, privée d'exercices, les qualités qui la distinguent ; car tout ce qui peut s'acquérir par l'éducation peut aussi se perdre.

La taille de ce chien est celle du grand épagneul, et il en a les proportions. Son vêtement se compose de poils épais et de médiocre longueur, qui sont blancs, noirs, ou fauves, le plus souvent répandus par grandes taches. Ses oreilles sont entièrement tombantes, et il ne porte pas en courant la queue relevée, mais à la manière des loups et des renards ; quelques individus ont un cinquième doigt aux pieds de derrière, mais en rudiment.

Il est certain que cette race pourrait être dressée à la chasse, et qu'elle rendrait les mêmes services que le chien-loup pour la garde des troupeaux ; mais sa destination est d'habiter le bord de nos rivières industrieuses, afin d'être toujours prêts à voler au secours des malheureux en danger de périr dans les flots.

LE CHIEN DES ESKIMAUX.

Le chien des habitants de la Nouvelle-Hollande, grossier comme eux, appartient à la race la moins perfectionnée, la plus voisine de l'état sauvage ; et son caractère d'indépendance et de férocité est dans un accord parfait avec son développement organique et l'état social de ses maîtres. Le chien des Eskimaux, qu'on aurait pu croire fort rapproché, par son organisation, du premier, vu l'état misérable du peuple auquel il appartient et qui l'a formé, et les contrées

sauvages qu'il habite, se rapproche, au contraire,
sous ce rapport, de la race qui s'est le plus modifiée
sous l'influence de la civilisation. Ce chien a en effet
de très grandes analogies avec le chien-loup et le chien
de berger, qui, comme on sait, appartiennent à la race
des épagneuls; mais les épagneuls ne sont pas moins
remarquables par leur soumission à leur maître, par
leur extrême docilité, que par le grand développement de leurs parties cérébrales et de leur intelligence. Le chien des Eskimaux leur ressemble encore par ces deux derniers caractères : il a de la
douceur, sa volonté ne se révolte jamais contre celle
du maître qui le nourrit; mais il ne sait ce que c'est
que cette obéissance qui cède au premier signe,
qu'un mot réveille, et qui semble être toujours plutôt
accompagnée d'un sentiment de joie que d'un sentiment de peine. Lorsqu'un désir l'entraîne, rien ne
peut l'en détourner, ni la voix qu'il connaît le mieux,
douce ou menaçante, ni le souvenir des corrections
qu'il a reçues, ni la prudence, si naturelle à ces animaux, il en poursuit l'objet jusqu'à ce qu'il l'ait atteint, ou qu'un obstacle invincible se trouve inter-
posé entre cet objet et lui. Cependant si son maître
parvient à l'atteindre et à le saisir, il ne fait aucune
résistance, et il se soumet à la contrainte qu'il éprouve,
comme on se résigne à un obstacle matériel. Il est
peu sensible aux caresses, et sa joie ne se manifeste
jamais plus vivement que quand on le rend à la liberté; il aime la volaille, et la poursuit impitoyable-
ment, quelque châtiment qu'on lui ait fait éprouver
pour le forcer à renoncer à ce penchant. Le poisson
est aussi une nourriture qu'il recherche. A la vue

d'une personne étrangère dans le lieu qu'il habite, il menace, mais n'aboie pas ; aussi ferait-il un mauvais chien de garde. On ne peut attribuer les caractères de ce chien qu'aux influences auxquelles sa race a été soumise, et qui nous sont révélées par l'explication même qu'elles donnent de ces caractères ; et ces influences résident dans l'état social du peuple auquel cette race appartient et dans la nature des contrées que ce peuple habite. En effet, ce chien appartient aux Groenlandais, qui, quoique de race lapone, ne sont point, à beaucoup près, des sauvages dans le sens de ce mot, lorsqu'on l'applique, par exemple, aux naturels de la Nouvelle-Hollande. C'est un peuple doux, religieux, hospitalier, qui se construit des huttes commodes, se couvre de bons vêtements, se fabrique d'excellentes armes et de bons instruments de pêche, qui, en un mot, a porté son perfectionnement aussi loin qu'il lui était permis de le faire sur une terre constamment couverte de neige ou durcie par la gelée, et ce peuple n'a pu associer à ses travaux que le chien et le renne. Or, le chien, fidèle compagnon, suivant son maître dans toutes les conditions d'une existence très variée, a dû naturellement être obligé à un exercice continuel de son intelligence ; de là, ce grand développement de toutes ses parties cérébrales ; d'un autre côté, quoique les Eskimaux vivent en société, il paraît que la liberté individuelle a conservé chez eux toute l'éten-/ due dont elle est susceptible hors d'un entier isolement, et que leurs codes, ou plutôt leurs usages, n'exigent d'elle presque aucun sacrifice. Au milieu d'une telle indépendance, il est naturel que le chien

en ait conservé ou acquis une grande lui-même, et
que ses maîtres, lui reconnaissant la faculté de pourvoir à ses besoins, lui en aient peut-être exclusivement abandonné le soin, d'autant plus que, possé-
dant un très grand nombre de ces animaux, ils auraient
été obligés, pour les nourrir, à des peines plus grandes que celles qu'exige leur propre conservation.

Cette race est de taille moyenne. Sa hauteur, aux
épaules, est d'un pied et quelques pouces; elle porte
les oreilles droites, et la queue fortement relevée.
Les couleurs de son pelage sont le noir et le blanc
par grandes taches où le noir domine souvent, et sa
nature est presque entièrement laineuse; les poils
soyeux y sont en très petite quantité, et les laineux
y forment un duvet si épais, s'y sont développés avec
tant d'abondance, qu'aucune trace de froid ou d'hu-
midité ne peut pénétrer jusqu'à la peau. C'est ainsi
que la nature trouve dans les causes mêmes qu'elle
veut combattre la source des secours dont elle a
besoin.

LES LOUPS.

Les naturalistes comprennent aujourd'hui sous le nom générique de *Loup* tous les animaux qui ont des dents semblables à celles du loup commun, ou du chien, et dont la pupille conserve toujours la forme circulaire, par opposition aux renards, qui, avec des dents semblables aussi à celles du loup, ont des yeux dont la pupille est allongée comme celle du chat domestique. Les premiers voient en plein jour mieux que de nuit; les seconds, au contraire, voient mieux la nuit que le jour; et ces animaux, se ressemblant par tous les autres organes, sont réunis sous le nom commun de *Chiens*.

Buffon a parlé de cinq espèces de loup : d'abord du chien [1] et de ses variétés; il a fait connaître le naturel de celles-ci, avec beaucoup de vérité; et nous venons de montrer les rapports qu'elles ont les unes avec les autres. Ensuite il a traité du loup commun [2], du loup noir [3], du chacal [4], de l'adive [5], de l'alco, du chien crabier, du loup du Mexique et de celui des Malouines.

1. Tom. V, in-4°, p. 185.—Édit. Pillot, tom. XIV, p. 231 et suiv.
2. Tom. VII, XV, in-4°, et Supp. III.—Édit. Pillot, t. XV, p. 39.
3. Tom. IX, in-4°.—Édit. Pillot, tom. XV, p. 51.
4. Tom. XIII, et Supp. III, in-4°.—Édit. Pillot, t. XVI, p. 100.
5. Tom. XIII, Supp. III, pl. 16, et p. 112, et Supp. VIII, in-4°, p. 221.—Édit. Pillot, tom. XVI, pl. 59, p. 100.

Ce que Buffon dit de la nature du loup est exact
à quelques exagérations près. Ainsi, ces animaux ne
se mangent point les uns les autres comme il le rapporte ; la gestation n'est chez eux, comme chez les
chiens, que de deux mois environ; et s'il ne put en apprivoiser complètement, on ne doit l'attribuer qu'aux
individus sur lesquels ses expériences ont été faites;
car depuis on a souvent eu des loups apprivoisés, et
la Ménagerie du Roi en a possédé qui l'étaient complètement ; plusieurs louves mêmes ont vécu en liberté avec des chiens dont elles avaient pris toutes
les habitudes, et avec lesquels elles s'accouplaient et
produisaient. Sur ce dernier point, Buffon a long-
temps pensé que l'antipathie du loup et du chien
était telle que ces animaux ne pouvaient produire ensemble; mais plus tard, il est revenu de cette préven-
tion par des expériences auxquelles il prit part ; il a fait
connaître les métis qui avaient été le résultat de leur
union, et les produits de ces métis entre eux pendant
quatre générations[1] : son but était de voir si ces animaux, qui tenaient du chien et du loup, resteraient
intermédiaires entre ces deux espèces, ou revien-
draient à l'une des deux; mais les expériences ne furent point continuées assez long-temps, et le dernier
des métis qui fit le sujet de ses observations paraissait encore tenir des deux souches de sa race.

Le premier loup noir dont parle Buffon[2], était originaire
du Canada, car il n'est pas sûr qu'il se soit agi
réellement de loup lorsqu'il dit en traitant du loup

---

1. Supp. VII, in-4°, p. 161. — Édit. Pillot, t. XIV, p. 293 et suiv.
2. Tom. IX, in-4°. — Édit. Pillot, tom. XV, p. 51.

commun, que, dans les pays du nord, on en trouve de tout blancs et de tout noirs; mais il apprit ensuite qu'on rencontre des loups noirs en France, dans les portées du loup commun, et c'est en effet ce qui s'est confirmé depuis : la Ménagerie du Roi a élevé des louveteaux noirs, qui avaient été pris dans leur nid avec des louveteaux communs. Il est donc probable que ce loup noir du Canada appartenait à une des espèces de l'Amérique septentrionale. D'autres auteurs depuis Buffon, parlent aussi de loups noirs découverts dans ce pays; mais ils ne mettent pas en question si cette couleur était celle de l'espèce ; et d'ailleurs, la solution de cette question en demandait une autre, qu'il n'est pas même encore possible d'obtenir aujourd'hui, c'est-à-dire quelles sont les espèces de loup de l'Amérique du nord? Tout porte à penser qu'il y en a plusieurs ; les voyageurs qui ont parcouru cette contrée en ont vu, ceux qui se sont dirigés au nord comme ceux qui se sont portés à l'ouest, et les caractères qu'ils leur donnent ne se ressemblent pas. Nous éviterons de nous livrer ici à l'examen critique de ce qui a été rapporté sur ces animaux, parce qu'il ne nous conduirait qu'à des doutes; mais nous pensons que ces différentes espèces de loup, qui se rapprochent de celui d'Europe par leur pelage, peuvent produire accidentellement, comme lui, des individus noirs : l'induction la plus légitime nous y autorise, et nous porte à conclure que ceux qui ont formé du loup noir une espèce particulière, comme Erxleben et Gmelin, en la composant d'observations faites en Europe, en Asie et en Amérique, ont créé une espèce artificielle qui

n'existe pas dans la nature :. du moins rien aujour-
d'hui n'en établit la preuve.

Nous ferons la même observation sur le chacal de
Buffon, et sur son adive : ces deux espèces sont artifi-
cielles; il les a composées de tous les rapports faits par
les voyageurs sur les animaux auquels ils donnent l'un
ou l'autre de ces noms, quelles que soient les parties de
l'Ancien-Monde qu'ils aient visitées : or, depuis que des
observations plus exactes ont été faites par des voyageurs plus instruits, il est bien établi que ces loups de
taille moyenne, à pelage d'un brun plus ou moins fauve
ou grisâtre, comme le chacal, qui se trouvent peut-
être dans toutes les parties de l'Asie et de l'Afrique,
dans les régions montueuses comme dans les plaines,
sous l'équateur comme dans les zones tempérées, appartiennent à des espèces différentes, qui paraissent
être nombreuses, et dont il est impossible d'assigner
avec précision les caractères. Pour parvenir à ce but,
les naturalistes devront recueillir fidèlement les notions qui auront ces animaux pour objet, et la confusion qui règne encore pour eux entre ceux-ci, se
dissipera à mesure que de nouvelles notions leur seront acquises. Les observations faites jusqu'à ce jour
sur les animaux qui ont pu être confondus dans l'espèce du chacal, me paraissent se rapporter, 1° au
chacal de l'Inde, qui se rencontre sans doute dans
toutes les parties méridionales du continent asiatique;
2° au chacal de Perse, qui est le même peut-être que
celui du Caucase, des parties méridionales de la
Russie, de l'Asie mineure, etc.; 3° au chacal de Barbarie, lequel s'étendrait plus au midi, si celui du Sénégal n'en diffère pas; enfin à ceux que M. Ruppel

nomme *variegatus*, *pallidus* et *famelicus*, découverts
par lui dans ses voyages en Égypte et en Arabie.

Ce que dit Buffon de l'adive, résulte de plus de
suppositions encore que ce qu'il dit du chacal. Il parait que ce nom d'adive, qui en arabe signifie loup,
s'emploie comme nom générique, dans l'usage commun des différents peuples qui parlent cette langue,
et qu'il a dû par conséquent être donné à des espèces différentes, plus ou moins voisines du loup,
comme l'est le chacal ; Buffon ayant lu, ainsi qu'il
nous l'apprend lui-même, dans quelques unes de nos
chroniques de France, que du temps de Charles IX
beaucoup de dames de la cour avaient des adives au
lieu de petits chiens, est conduit à conjecturer d'a-
bord que l'adive, ressemblant à tous égards au chacal, pouvait être une race domestique de cette espèce, plus petite, plus faible et plus douce que la
race sauvage ; puis d'autres considérations le font
pencher vers l'idée que le chacal et l'adive sont deux
espèces distinctes. Le fait est qu'il n'y a de différence entre ce que les voyageurs disent du chacal et
de l'adive, que celle qui résulte toujours de la différente manière de voir les mêmes objets suivant les
temps, les lieux, et les circonstances diverses qui
environnent les observateurs. Ainsi, nous le répé-
tons, l'adive de Buffon, comme son chacal, est un
être composé par lui d'éléments hétérogènes, et qui
ne peut être admis comme espèce parmi les quadrupèdes ; car les figures de chacals-adives, qu'il donna
plus tard [1], la première sans description, ne font qu'a-

1. Supp. III, in-4°, pl. 16, p. 112, et Supp. III, pl. 52, p. 221.
— Édit. Pillot, tom. XVI, pl. 59, p. 100.

jouter de nouvelles difficultés à toutes celles que présentait déjà l'existence de cette espèce; la seconde représente le chacal de l'Inde.

Quant à la domesticité de l'adive, on ne peut attribuer ce qu'en disent les chroniqueurs dont parle Buffon qu'à une confusion de nom, dont il ne serait pas impossible sans doute de trouver l'origine, s'il importait de le faire, car il est à présumer que cette petite race d'adives, dont il n'a plus été question depuis, ne s'est perdue que parce qu'elle a changé son nom en celui d'une de nos petites races de chiens; c'est-à-dire que ces adives n'étaient que des chiens domestiques d'une race que les dames avaient mise à la mode dans la seconde moitié du seizième siècle.

L'alco, comme le dit Buffon [1], ou plutôt l'allco, comme l'écrit Garcilasso, appartenait à une race de chien domestique naturelle à l'Amérique, et que les Espagnols trouvèrent au Pérou et au Mexique, ainsi qu'une ou deux autres races, dont parlent les premiers auteurs qui écrivirent sur ces contrées après leur découverte. Il paraît que depuis, ces races ont été détruites, ou se sont confondues avec celles que les Européens amenèrent avec eux dans le Nouveau-Monde; car jusqu'à présent il n'en a été retrouvé aucune trace; et tout fait penser que l'histoire naturelle n'obtiendra rien de plus sur ces animaux, que ce que lui en ont appris les auteurs à qui nous en devons la connaissance; Hernandez, Rechi, Garcilasso, etc.

L'histoire naturelle du chien crabier n'a rien acquis depuis que Buffon nous a fait connaître cet ani-

---

1. Tom. XV, in-4°, p. 151. — Édit. Pillot, tom. XVIII, p. 379.

mal[1], en transcrivant les détails que lui donnait
M. De Laborde sur cette espèce. Les collections de
zoologie en ont reçu les dépouilles; on a pu constater par elles que ce crabier est un loup, et non point
un renard; mais, pour ce qui tient au naturel, c'est
encore à Buffon seul que nous le devons.

Le loup du Mexique n'est pour Buffon[2], qu'une
variété du loup commun, qui aurait passé en Amérique par le Nord; au reste, ne connaissant cet animal que par ce qu'en dit Hernandez[3], il n'a fait que
copier la description assez incomplète qu'en donne
cet auteur, et ce loup du Mexique n'étant devenu
depuis le sujet d'aucune observation nouvelle de la
part des voyageurs, la science en serait encore à cet
égard où l'auteur espagnol l'a laissée, si nos collections
ne nous mettaient à portée de le décrire.

Ce loup a en effet plusieurs analogies avec le loup
commun, cependant il en diffère par des caractères
assez notables. Il a les proportions du loup commun,
mais sa tête est un peu plus petite et il est beaucoup
plus fauve. Son museau est brun; ses lèvres sont blanches ainsi que la mâchoire inférieure. Le dessus et
les côtés de la tête revêtus de poils courts sont tique-
tés de fauve, de noir et de blanc; la face externe des
oreilles, l'occiput, le dessus du cou sont d'un fauve
pur; du blanc se mêle au fauve sur les côtés du cou,
et en plus grande quantité sur les flancs. Les épaules
et les membres extérieurement sont d'un fauve sale.
Sur le dos, le blanc, le noir et le fauve se mêlent en

1. Supp. VII, in-4°, p. 146, pl. 38. — Édit. Pillot, t. XV, p. 344.
2. Tom. XV, in-4°, p. 149. — Édit. Pillot, tom. XV, p. 54.
3. Hist. Mex., p. 479, fig. ibid.

laissant dominer le noir ; les poils très longs de cette
partie ayant chacun ces trois couleurs. Les couleurs
de la queue sont distribuées comme celles du dos,
et lui donnent les mêmes teintes. Toutes les parties
inférieures, la gorge, le cou, la poitrine, le ventre
et la face interne des membres sont blancs.

Enfin, Buffon[1], en copiant ce que rapporte Bougainville du loup antarctique ou des Malouines, qu'il
considère à tort comme un renard commun, nous fait
presque connaître tout ce que l'on sait de cet animal
aujourd'hui ; aussi ne nous restera-t-il qu'à en donner
une description plus exacte, d'après les dépouilles
conservées dans la collection du Muséum.

Dans l'état où est aujourd'hui l'histoire naturelle,
cette science possède de nombreuses notions sur des
animaux qui, par leur physionomie générale et leurs
mœurs, se rapprochent du loup et du chien ; mais
qui appartiennent probablement à des espèces particulières plus ou moins différentes les unes des autres, sans qu'il soit toutefois possible de les caractériser en indiquant nettement ces différences. De ce
nombre sont les loups de l'Amérique septentrionale,
qui tous rappellent notre loup commun, par les couleurs, sans cependant ressembler les uns aux autres.
Ainsi, les auteurs qui ont traité méthodiquement des
loups de cette partie du Nouveau-Monde, parlent du
loup commun[2], du loup aboyeur ou des prairies[3],
du loup brun ou nébuleux[4], du loup noir, du loup

---

1. Supp. VII, in-4°, p. 218. — Édit. Pillot, tom. XV, p. 65.
2. Harlan, *fauna americana*.
3. Major Long. exped. tothe Rocky Mountains, vol. Ier, p. 168.
4. Id., id., p. 169, Canis velox, p. 186.

blanc [1], mais aucun d'eux n'en donne de figures faites
comparativement les unes avec les autres, et jamais
cependant les descriptions les plus détaillées ne peuvent remplacer les peintures fidèles; l'esprit, auquel
seul parlent les premières, ne supplée que rarement
les sens, pour lesquels sont faites les secondes. Ainsi,
pour ce qui concerne ces loups américains du nord,
dont on n'a point de figures, nous nous bornerons
aux simples indications qui précèdent.

L'Amérique méridionale a présenté deux espèces
de loups mieux déterminées que les précédentes, et
même remarquables par les caractères particuliers
qui les distinguent, c'est le loup rouge et le loup d'A-
zara ; avant ceux-ci je placerai l'histoire de celui des
Malouines, ou antarctique.

LE LOUP ANTARCTIQUE.

C'EST aux îles Malouines que ce loup a été découvert. Le commodore Byron est le premier qui en ait
parlé, et Bougainville l'ayant retrouvé dans les mêmes
lieux où il séjourna quelque temps, est entré dans
des détails qui, joints à ceux du commodore anglais,
sont, jusqu'à ce jour, les seuls qui nous fassent connaître le naturel de cet animal.

Sa taille surpasse un peu celle du renard commun,

1. Voyage de Francklin aux bords de la mer Polaire.
Loup de Francklin, ibid.
Loup gris, ibid.

et son pelage, aux parties supérieures du corps, est d'un fauve brun qui résulte de poils annelés de fauve plus ou moins brun et de noir. Les parties inférieures et la face interne des membres sont jaunâtres; la gorge est d'un blanc sale, et la queue, fauve à sa base et brune à sa partie moyenne, est blanche à son extrémité.

Buffon, comme nous l'avons dit plus haut, a copié ce que rapporte Bougainville du loup antarctique, qu'il nomme *Loup-Renard*, et ce rapport est entièrement conforme à celui de Byron sur la même espèce. Seulement on voit qu'à l'époque où celui-ci aborda au port d'Egmont, ces loups ne connaissaient ni l'espèce humaine ni les dangers de son voisinage; car ils s'avançaient jusque dans l'eau pour attaquer les hommes de l'équipage, les prenant sans doute pour une proie dont ils allaient se rendre facilement maîtres.

L'abbé Molina, en parlant d'une espèce du genre chien, naturelle au Chili, à laquelle les habitants de ce pays donnent le nom de culpeu, la considère comme identique avec celle du loup antarctique; et en effet, ce qu'il dit des couleurs de ce culpeu se rapporte assez exactement à celles du loup des Malouines. Si ce rapprochement était fondé il faudrait en conclure que le loup antarctique se trouve dans toute l'extrémité méridionale du Nouveau-Monde.

LE LOUP ROUGE.

C'est M. d'Azara qui le premier a donné l'histoire naturelle de ce loup sous le nom d'*agouara gouazou;* mais cet animal n'étant point représenté par une peinture, ne fut pas d'abord reconnu pour une espèce nouvelle, et le traducteur de l'ouvrage espagnol le confondit avec le chien crabier de la Guiane. Ce n'est qu'à l'époque où les collections du Muséum d'histoire naturelle en ont eu les dépouilles, rapportées de Lisbonne par M. Geoffroi Saint-Hilaire, qu'il ne fut plus possible de le méconnaître comme espèce distincte de toutes les autres. Aucune d'elles en effet n'a le pelage d'un roux pur avec une crinière noire. Le loup rouge a quatre pieds et demi du bout du museau à l'origine de la queue, celle-ci a un pied quatre pouces; sa hauteur, au train de devant, est de deux pieds quatre pouces, et de deux pieds et demi au train de derrière. Sa figure, dit M. d'Azara, est si ressemblante à celle d'un chien qu'on le prendrait pour tel en le voyant dans les champs, si d'ailleurs on ne le connaissait pas, et sans la grandeur de ses oreilles, qu'il tient toujours droites, et qui ont plus de cinq pouces de hauteur. Sa couleur générale est d'un roux foncé pur, qui s'éclaircit aux parties inférieures du corps et surtout à la queue; les joues sont blanches, les pattes et le museau noirs, et une

2

1. Le Loup glouton. 2. Le Loup de Vazara.

crinière noire et·droite s'étend jusqu'au delà des épaules; le pelage est épais et doux. La femelle ne diffère point du mâle. Cet animal, qui se trouve au Paraguay, et sans doute dans les contrées voisines, habite les terrains bas et marécageux, nage facilement, va la nuit et vit solitaire; il suit sa proie à la piste et se nourrit de toute espèce de chair. Un jeune individu, possédé par M. d'Azara, aboyait avec force, mais confusément, lorsqu'on s'approchait de lui, et faisait entendre trois fois de suite les syllabes *goua a a;* il buvait et mangeait comme les chiens, aimait beaucoup les rats, les oiseaux, la canne à sucre et les oranges. Quelques personnes assuraient avoir élevé de jeunes loups de cette espèce et les avoir employés à la chasse.

LE LOUP DE D'AZARA[1].

M. le prince Maximilien de Wied a découvert cette espèce de loup dans son voyage au Brésil. Il nous apprend que cet animal a beaucoup de rapports avec le renard tricolor de l'Amérique septentrionale; son pelage est d'un gris jaunâtre; le dos et les parties supérieures sont noirâtres, ainsi que l'extrémité de la queue; les parties inférieures et les lèvres sont blanches. La mâchoire inférieure est d'un gris brun; le front, les oreilles, et la tête à leur base sont d'un

---

1. *Canis brasiliensis.* Max. fon Wied. Voy. au Brésil, 6e liv. Les habitants du Brésil oriental le nomment *cachorro domato.*

jaunâtre pâle, ainsi que la face antérieure des jambes
de devant. Cet animal habite les parties boisées et se
trouve au Paraguay et au Brésil. Ses mœurs sont les
mêmes que celles du renard commun. M. de Wied
soupçonne que cet animal est le même que l'agoua-
rachay de d'Azara.

Si du Nouveau-Monde nous passons dans l'Ancien,
nous trouvons en Afrique plusieurs espèces de loups.
D'abord le chacal de Barbarie, nommé *Dibb* dans
cette contrée, imparfaitement connu d'ailleurs, et que
nous nous bornerons à indiquer, Buffon ayant recueilli
dans son article chacal, tout ce qui a été dit sur cet
animal; puis une seconde espèce, originaire du Sénégal, qui ne diffère peut-être pas du chacal de Barbarie,
mais beaucoup de celui de l'Inde; ensuite le chien
aux longues oreilles du Cap, et enfin, outre plusieurs
autres espèces du Cap vaguement indiquées[1], le mesomélas et le mégalotis, qui sont peut-être des renards. Il suffit au reste d'avertir des doutes où sont
encore les naturalistes sur la nature de ces animaux,
pour qu'il devienne indifférent de les faire connaître
avec les loups ou avec les renards.

LE CHACAL DU SÉNÉGAL.

Ce chacal est remarquable par ses proportions élé-
gantes et légères; on dirait presque un chien mâtin,

1. Barrow, dans son premier Voyage en Afrique, traduction française, tom. Ier, p. 380, nous dit qu'indépendamment du chien do-

monté sur des jambes de lévrier; à cet égard il diffère
du chacal de l'Inde, qui se rapproche davantage des
formes un peu épaisses du loup commun. Il a quinze
pouces de hauteur à la partie moyenne du dos; son
corps, de l'origine de la queue à la naissance du cou,
est long de quatorze pouces; sa tête, de l'occiput au
bout du nez, a sept pouces, et sa queue, dix pouces.
Le dos et les côtes sont couverts d'un pelage gris
foncé, sali de quelques teintes jaunâtres; le premier
résultant des anneaux noirs et blancs dont les poils
sont formés, et les secondes des anneaux fauves qui
s'y mêlent. Ce gris n'est point répandu uniformément,
ce qui vient de ce que les poils se séparant par mèches, offrent à la vue tantôt leur partie blanche et
tantôt la noire. Le cou est d'un fauve grisâtre qui devient plus gris encore sur la tête et surtout sur les
joues, au dessous des oreilles; le dessus du museau,
les membres antérieurs et postérieurs, le derrière des
oreilles et la queue, sont d'un fauve assez pur, seulement on voit une tache noire longitudinale au tiers supérieur de la queue, et quelques poils noirs, mais en
très petit nombre, à son extrémité; le dessous de la
mâchoire inférieure, la gorge, la poitrine, le ventre
et la face interne des membres, sont blanchâtres. Les
poils sont très longs sur le dos et sur la queue, un peu
moins sur les côtes et sur le cou, et ras sur la tête et
les membres; en général, ils se dirigent d'avant en arrière, excepté entre les jambes de devant, d'où ils
reviennent d'arrière en avant.

mestique et du loup commun, il a possédé dans le midi de l'Afrique
cinq espèces de la famille des chiens dont trois habitent le Cap; 1°. le
Mésomélas; 2° le Chacal; et 3° une espèce de Renard.

Toutes les allures de cet animal sont celles du
chien ; il porte habituellement sa queue basse ; mais
lorsqu'il éprouve quelque crainte, il la ramène tout-
à-fait entre ses jambes, et il montre ses dents. Cependant ce signe menaçant n'annonce point la colère :
dès qu'on le rassure par quelques paroles, il s'approche, et tout en grinçant il lèche les mains. Sa voix
est assez douce, c'est un son prolongé et non pas
un aboiement éclatant comme celui de notre chacal ;
lorsqu'il éprouve un désir, son cri est doux comme
celui des jeunes chiens, et s'il entend d'autres animaux crier, il crie lui-même. Il répand une odeur
assez forte, mais infiniment moindre que celle du
chacal.

LE MESOMÉLAS.

Les naturalistes ont généralement cru que cette
espèce se trouve indiquée par un des plus anciens
voyageurs qui soit entré dans quelques détails sur
l'histoire naturelle du cap de Bonne-Espérance, Pierre
Kolb[1], qui nous apprend que les Hottentots le nomment *Tenlie* ou *Kênlee*, et qu'il est assez commun
dans cette contrée. On le regardait dans la colonie
comme un renard ou un chacal ; et Buffon rapporte
aussi au chacal tout ce que dit Kolb de cet animal[2] ;

1. Description du cap de Bonne-Espérance, trad. franç., in-8°,
tom. III, p. 62.
2. Tom. XIII, in-4°. p. 260.

au reste, il paraîtrait, au rapport de Barrow, comme nous l'avons dit plus haut, qu'on trouve au Cap trois ou quatre espèces de loups, dont l'une est celle du mesomélas. Or, si cette indication est fondée, il n'y a aucune raison pour que le Tenlie de Kolb soit, aux yeux des naturalistes, plutôt cette dernière espèce qu'une des trois autres. Quoi qu'il en soit, le premier naturaliste qui ait considéré le mesomélas comme une espèce distincte et qui en ait fait connaître les caractères, est Schreber; il en donna une figure passable, sous la dénomination de *Canis Mesomelas* [1] (milieu noir), par allusion à la partie moyenne du dos, qui est noire dans cette espèce. Ce loup a environ deux pieds de longueur du museau à l'origine de la queue qui a neuf pouces; ses proportions paraissent rappeler celles du chacal de l'Inde; mais la grandeur de ses oreilles lui donne une physionomie qui le rapproche des renards; sa couleur générale est d'un fauve brunâtre semblable à celui de la plupart des espèces de loups; ce qui lui est particulier est une grande tache noire, mêlée de blanc, large aux épaules où elle commence, s'étendant le long du dos, et se rétrécissant graduellement pour finir en pointe vers la queue. Le dessous du corps est blanc jaunâtre; les oreilles ont une couleur roussâtre; les pattes sont d'un roux vif; la tête est d'un cendré jaunâtre, et le museau roux. La queue est terminée par des poils noirs.

C'est là tout ce que l'on connaît sur cette espèce, malgré le nombre des voyageurs qui ont visité, comme naturalistes, les contrées méridionales de l'Afrique.

1. Schreb., p. 95.

LE MÉGALOTIS[1].

CETTE espèce[2] n'est connue que par l'étude de ses dépouilles, que le Muséum d'histoire naturelle possède. Elle paraît cependant avoir été aperçue par plusieurs voyageurs qui furent frappés de la longueur de ses oreilles; et c'est probablement elle que Barrow distingue du chacal et du mesomélas[3]; ce n'est toutefois qu'à Delalande qu'on en doit la connaissance réelle; ce sont les peaux et les squelettes de cette espèce qu'il rapporta de son voyage au Cap qui nous en apprirent les caractères. On doit regretter qu'une mort prématurée ait empêché cet habile voyageur de publier les observations que sans doute il avait faites, sur les animaux qu'il a chassés, et avec lesquels il a dû souvent lutter d'adresse et de courage.

La taille de cet animal est celle du renard; mais ses proportions générales paraissent le rapprocher du loup. Il est d'un gris jaunâtre aux parties supérieures du corps, et blanchâtre à la gorge, sous le cou et sur le ventre; les longs poils dont il est revêtu se ter-

1. Pallas a appliqué à son karagan le nom de *mégalotus*, et la description qu'il en donne n'est pas sans rapports avec les caractères de l'espèce du Cap; mais ce karagan n'a jamais été figuré, et aucun autre voyageur n'en a parlé.

2. Pl. 7, fig. 2.

3. Premier Voyage en Afrique, trad. franç., tom. I, p. 580.

1. L'Hyénopode. 2. Le Mégalotis.

minent par des anneaux blancs jaunâtres et noirs,
et une ligne noire se remarque entre les deux yeux;
la tête a la couleur grise du corps, seulement le
blanc domine au dessus des yeux entre les oreilles. La
conque de l'oreille, qui est d'une extrême étendue,
comparée à celle des autres loups, est grise à sa face
externe, et bordée de noir à sa pointe; quelques
poils blancs garnissent le reste de ses bords. La queue
en dessus et les pieds sont noirs, en dessous la queue
est jaunâtre et elle est fort touffue.

On voit que de nombreuses recherches restent à
faire pour compléter l'histoire naturelle de cette espèce, remarquable par les caractères qui la distinguent de toutes les autres.

Les espèces de loups que nourrit l'Asie ne sont,
comme celles d'Afrique et d'Amérique, qu'imparfaitement connues, faute d'avoir été comparées les
unes aux autres et avec celles-ci. Il n'est peut-être
aucun voyage en Asie où l'on ne parle de loups, de
chacals, de renards; dénominations générales, qui
ne nous apprennent rien sur les qualités particulières
aux espèces qui les ont reçues.

Trois espèces de loups, outre l'espèce commune,
sont, en Asie, distinguées l'une de l'autre par les naturalistes; 1° le chacal du Caucase; 2° le chacal du
Bengale; 3° le loup de Java[1]. Quelques auteurs ont
encore placé le corsac parmi les loups; mais plusieurs

---

1. Deux autres espèces sont indiquées par Pallas, mais elles n'ont
été décrites que sur des pelleteries du commerce; l'une est le Karagan,
C. Megalotus, qui n'est peut-être qu'un renard; l'autre est le *Canis
alpinus*.

raisons nous portent à le considérer comme un renard.

* * *

LE CHACAL DU CAUCASE.

L'EXISTENCE de ce chacal est établie depuis longtemps par les rapports de Kempfer[1], de Gmelin[2], de Guldenstædt[3], de Pallas[4], et récemment par les observations de M. Tilesius[5]; c'est à ces trois derniers voyageurs que nous emprunterons l'histoire de cette espèce qu'ils ont vue dans son état naturel, et qu'ils ont pu étudier dans toutes les situations, en ayant possédé plusieurs individus.

Le chacal du Caucase est plus petit que le loup, mais plus grand que le renard, et ses proportions approchent de celles du premier, quoique plus légères. Ses dents sont en tout semblables à celles de ces deux espèces, et il en est de même des organes du mouvement et de ceux des sens. Toutes les parties supérieures du corps, c'est-à-dire le cou, le dos, les épaules, la face externe des cuisses et des jambes, et la moitié supérieure de la queue, sont d'un roux doré; sur le dos se montrent des ondulations noirâtres pro-

1. Kæmpfer amœnit. exot. p. 413, pl. 407. fig. 3.
2. Gmelin, Voy., tom. III, p. 80, pl. 13.
3. Guldenstædt, Nov. Comm. petrop., tom. XX, p. 449, pl. 10.
4. Pallas, Zoog. Ross. Asiat., I part., p. 39.
5. Act. cur. nat. XI, part. 11, p. 389, pl. 48.

venant de poils entièrement noirs au milieu d'autres poils, dont la base est gris foncé ; la moitié inférieure de la queue est d'un brun fauve mélangé de parties noires. La tête et la face externe des oreilles sont rousses et les moustaches sont noires. Les lèvres, la face interne de l'oreille, et toutes les parties inférieures du corps, c'est-à-dire la poitrine, le ventre et la face interne des membres, sont d'un beau blanc. Le pelage se forme de poils soyeux grossiers, et de poils laineux généralement gris et doux. Les premiers sont fort longs, principalement aux épaules et à la queue.

La tête osseuse d'un chacal adulte avait six pouces sept lignes de longueur, et la grandeur de cet animal ne surpassait pas celle du renard commun.

Cette espèce, originaire peut-être du Caucase, est descendue au nord jusqu'au delà du Tereck, et au midi, en Perse et dans l'Asie mineure ; elle se rencontre également à l'orient de la mer Caspienne ; mais, en général, elle paraît préférer les pays montueux aux plaines. C'est surtout pendant la nuit que ces chacals cherchent à satisfaire leurs besoins : réunis en troupes, ils chassent les quadrupèdes plus faibles qu'eux, dévorent les cadavres, déterrent les morts ; souvent même ils s'approchent hardiment des habitations, s'y introduisent, s'emparent de ce qu'ils rencontrent, et sont surtout de grands ennemis de la volaille. Ils s'attachent même aux pas des voyageurs, et si on ne se met pas en garde contre eux, ils pénètrent dans les tentes pendant le sommeil, enlèvent les provisions, rongent les objets de cuir ; et, comme le voisinage de l'homme semble leur plaire, ils deviennent des parasites souvent très fâcheux. Ils font entendre des hurlements bruyants, surtout lorsque quelques uns d'entre eux sont séparés de la troupe, ceux-ci appelant leurs camarades qui répondent; car, semblables aux chiens, lorsque l'un d'eux fait entendre sa voix, tous les autres l'accompagnent de leurs cris. Ils répandent une odeur qui, dit-on, n'est pas très forte, et qui ne devient désagréable que dans la saison de l'amour. Dans le repos ils se roulent en boule comme le chien, et satisfont de la même manière que lui, à tous les besoins naturels. Ce qui a été remarqué avec le plus d'attention, c'est la facilité avec laquelle ils s'apprivoisent, et l'espèce de penchant qu'ils ont pour l'espèce humaine. Lorsqu'on les prend jeunes, et qu'on les traite avec douceur, ils se livrent en quelque sorte à la personne qui les nourrit. répondent au nom qu'elle leur a donné, et lui témoignent, comme le chien lui-même, leur attachement, leur soumission et leur joie : dès qu'ils l'aperçoivent ils remuent la queue, lui lèchent les mains et le visage si elle le permet, et se couchent en rampant aussitôt qu'elle les menace; une fois parvenus à cet état, ils ne retournent plus à la vie sauvage, restent en société avec les chiens, et se nourrissent comme eux.

Ces dispositions naturelles au chacal du Caucase ont porté Guldenstædt et Pallas à penser que cette espèce était la souche du chien domestique. Il est à regretter qu'aucune expérience n'ait été faite pour constater le fondement de cette conjecture. Ce sont donc des recherches qui restent entièrement à tenter, et l'on peut espérer qu'elles ne seront point négligées, aujourd'hui que les contrées naturelles à cette espèce sont soumises à une nation civilisée, où les sciences sont en honneur.

LE CHACAL DU BENGALE.

CETTE espèce, dont la Ménagerie du Roi a possédé plusieurs individus à des époques différentes, n'a point la couleur dorée qui fait le caractère du chacal du Caucase. Toute la partie supérieure de son corps est d'un gris jaunâtre répandu irrégulièrement, c'est-à-dire tantôt plus et tantôt moins foncé; le cou est d'une teinte plus faible que les épaules, le dos, la croupe, et la partie supérieure des flancs. Le dessous du mufle, le tour de la gueule, les côtés des joues, la mâchoire inférieure, la gorge, la face interne des membres, sont blanchâtres, le dessus du museau et toute la partie cranienne de la tête, la face externe des oreilles, celles des membres, la partie inférieure des flancs, sont d'un fauve pur; la queue également fauve est variée de beaucoup de noir, principalement à sa moitié inférieure, où elle est plus touffue qu'à sa base.

D'après ce que plusieurs voyageurs rapportent, cette espèce ressemble beaucoup par les mœurs au chacal du Caucase ; elle vit en troupe, pourvoit à ses besoins pendant la nuit, et se fait entendre de très loin par ses cris et ses hurlements.

Les individus que j'ai pu examiner étaient d'un na-

turel timide et doux ; mais quoiqu'apprivoisés, quoiqu'aimant les caresses, ils ne montraient point pour
les personnes dont ils recevaient de bons traitements
les marques d'affection dont les chacals du Caucase
ont donné des preuves, au dire des naturalistes qui
les ont observés. Ils répandaient en toute saison
une odeur si forte et si pénétrante qu'on ne pouvait
la supporter ; aussi cet inconvénient seul suffirait pour
que les hommes éloignassent d'eux cette espèce, et
la traitassent en ennemie ; et cette odeur serait un
caractère de plus pour la faire distinguer de l'espèce
du Caucase, et pour éloigner l'idée qu'elle ait jamais
pu devenir la souche d'une race domestique.

C'est incontestablement cette espèce que Buffon a
fait représenter comme son adive [1], cette figure ayant
été faite d'après une peau empaillée, rapportée des
Indes par Sonnerat.

LE LOUP DE JAVA.

Ce loup, rapporté de Java par M. Leschenault, a
la taille du loup commun, et sa couleur est d'un brun
fauve, à l'exception du dos, des pattes et de la
queue, qui sont d'un brun noirâtre. C'est tout ce
que l'on connaît de cet animal, dont Pennant et
Shaw ont peut-être déjà parlé comme d'un renard du

---

1. Supp., t. VII, in-4°, pl. 52.—Édit. Pillot, t. XVI, pl. 59, p. 100.

Bengale[1]. Ce qui nous autorise à l'admettre comme espèce distincte, c'est que le Muséum d'histoire naturelle possède l'individu de Leschenault dont les caractères sont bien distincts de ceux de toutes les autres espèces de loups.

1. Pennant. Quad. I, p. 260. Shaw, Gén. Zol., t. I, part. 2, p. 330.

LES RENARDS.

LONG-TEMPS avant que la science eût appris à distinguer les renards des loups, et qu'elle fût parvenue
à trouver une cause à leur différence, à les caractériser par des signes absolus et sensibles, le bon sens
vulgaire avait fait cette distinction. Il n'est point de
voyageurs en pays étrangers, qui ne parlent séparé-
ment de loups et de renards, lorsque des loups et des
renards se trouvaient en effet parmi les animaux qu'ils
observaient. La physionomie des uns si différente de
celle des autres, et l'analogie qu'ils trouvaient entre
leurs espèces nouvelles et le loup ou le renard commun, déterminaient leur jugement; et il est rare qu'en
histoire naturelle les inductions populaires soient
trompeuses, du moins dans leur généralité, et que
la science ne parvienne pas tôt ou tard à les justifier
en en découvrant la raison.

Le caractère qui distingue les renards des loups,
c'est qu'ils sont, comme nous l'avons dit, des animaux
nocturnes, dont la pupille est semblable à celle du
chat domestique, tandis que les loups ont la pupille
ronde comme le chien; ce caractère est accompagné
de quelques particularités dans les formes de la tête;
ainsi la capacité cérébrale est plus grande et le museau est plus fin chez les renards que chez les loups;
du reste, ces animaux ont entre eux la plus grande
ressemblance, et appartiennent à une même famille.

Excepté l'austral Asie, toutes les parties du monde nourrissent des renards, et c'est l'Amérique qui paraît en être le plus riche. Buffon n'en a fait connaître qu'un fort petit nombre; et cependant, fidèle aux principes qui le portaient à étendre beaucoup au delà de ce que l'expérience enseigne, les modifications que peuvent faire éprouver aux animaux les circonstances dans lesquelles ils vivent, il a été conduit à diminuer le nombre des espèces de renards, en ne regardant les uns que comme des variétés accidentelles des autres. C'est ainsi qu'il confond dans notre espèce commune tous les renards que les voyageurs ont rencontrés dans les régions froides ou tempérées de l'hémisphère boréal, et qu'il rapporte au chacal ce qui a pu être dit des renards des pays chauds de l'Ancien-Monde. Prévenu par ce système, nous le voyons même attribuer au putois ce qu'Aristote et d'autres voyageurs ont écrit sur le renard d'Égypte, espèce très réelle, et comme nous le verrons, assez peu différente du renard commun. Ce que Buffon dit de ce renard commun [1], présente le tableau le plus vrai et le plus pittoresque du naturel de cet animal, et devra s'appliquer peut-être à toutes les autres espèces, à en juger par le peu qu'on sait encore de leurs habitudes et de leur instinct; il ne parle plus ensuite que de deux autres espèces, l'isatis [2] et le corsac [3], auquel par erreur il donne ce nom d'isatis.

Jusqu'à présent on n'a reconnu en Europe que deux

1. Tom. VII, in-4°, p. 75, pl. 4.—Édit. Pillot, t. XV, p. 55, pl. 30.
2. Tom. XIII, in-4°, p. 272.—Édit. Pillot, t. XVII, p. 492, pl. 87.
3. Supp. III, in-4°, pl. 17. — Édit. Pillot, tom. XVII, p. 496.

espèces de renards; le renard commun, dont le renard charbonnier et le renard noir sont des variétés, comme l'a pensé Buffon, et l'isatis qui, habitant sous les zones glaciales, s'est étendu dans tous les continents voisins du pôle arctique, et qu'on retrouve en Asie et en Amérique, comme en Europe.

Nous ne pouvons rien ajouter à ce que Buffon dit du renard commun, et nous n'avons que peu d'addition à faire à ce qu'il rapporte de l'isatis d'après Gmelin[1].

L'ISATIS[2].

CETTE espèce qui paraît avoir les mœurs générales du renard, nous offre un exemple bien frappant de l'influence que la présence de l'homme exerce sur les animaux sauvages, et de ce que peuvent être des animaux carnassiers lorsqu'ils vivent dans des contrées où l'homme ni aucun autre animal n'est à craindre pour eux.

Partout où la peau de l'isatis est devenue un objet de commerce, et où l'on fait une guerre active à cet animal, il est défiant, timide, habituellement caché dans des terriers profonds et à plusieurs issues; il ne va que la nuit, et il devient assez habile pour lutter de ruse avec l'homme sans trop d'infériorité, puisque son espèce est parvenue à se conserver dans

1. Novi Comment. Acad. Petrop., tom. V, ann. 1754 et 1755.
2. *Canis Lagopus.*

des pays peuplés où sa chasse est lucrative. Au contraire, aucun animal n'est plus imprudent, plus dépourvu de défiance, dans les contrées où il vit en toute sécurité. Lorsque l'infortuné Steller, compagnon de Behring, fit naufrage sur l'île déserte où ce dernier mourut et qui a pris son nom, il y trouva des isatis en grand nombre et tellement inexpérimentés, qu'ils se laissaient assommer à coups de bâton ; ils s'insinuaient partout, s'emparaient de tout ce qu'ils trouvaient à leur portée, même du fer, rongeaient les chaussures et les vêtements des hommes endormis, dévoraient les cadavres et attaquaient les malades après les avoir flairés, comme si c'était une proie qui leur fût abandonnée. Telle est au reste la nature de tous les animaux qui n'ont point appris à connaître de dangers : comme les hommes, ils deviennent ce que les fait l'expérience. Ce qui prouve que les isatis sont très susceptibles d'éducation, c'est-à-dire qu'ils peuvent conformer leur existence à de nombreuses conditions, c'est qu'ils s'apprivoisent facilement, s'attachent à leur maître, et s'habituent aux circonstances variées dans lesquelles les place cet état de demi-domesticité. L'odeur musquée assez forte qu'ils répandent rend leur voisinage désagréable. Les Ostiacs et les Samoyèdes les tirent de leurs terriers avec des pinces faites de bois de renne, les prennent par la queue et les assomment contre terre.

Rien n'est encore certain relativement aux couleurs de cette espèce, qui varient suivant les saisons. Communément l'isatis est brun en été et blanc en hiver, couleur qu'il prend aussi quand on le soustrait à

l'action du froid, comme Pallas l'a observé ; on ajoute
même qu'il y en a de gris plus ou moins foncé, qui
conservent cette teinte à toutes les époques de l'année ; ce fait ne nous paraît pas avoir été constaté de
manière à n'être plus douteux ; mais ce qui est bien
avéré, c'est qu'en automne ces animaux ne perdent
leurs poils bruns sur le dos et les épaules, qu'après
que ceux des flancs ont été remplacés par des poils
blancs ; ils sont alors ce qu'on appelle croisés, nom
qui devrait s'appliquer à plusieurs espèces de renards,
s'il était vrai, comme on paraît l'avoir observé, que
dans le nord en général, le pelage d'été des renards
n'est pas le même que celui d'hiver.

Le capitaine Franklin aux bords de la mer polaire,
et le capitaine Parry dans les îles de cette mer, ont
rencontré des isatis en grand nombre. Outre que cette
espèce est très féconde, elle paraît ne trouver aucun
ennemi dangereux dans les régions glacées qu'elle habite ; car les contrées boréales ne nourrissent d'autre
carnassier capable de lui faire la guerre que l'ours
blanc et le glouton, auxquels ses terriers lui donnent
un moyen assuré de se soustraire.

Les auteurs qui ont observé les isatis et qui en
ont parlé, sont Gmelin qui fit partie de la commission
chargée en 1733, par le gouvernement russe, d'exploi-
ter la Sibérie ; ce que Buffon dit de l'isatis est tiré
de cet auteur, dont nous avons plus haut cité le mémoire. Après Gmelin sont venus Steller[1], dont les
observations n'ont été publiées qu'après sa mort ; Pallas[2] qui, par ses voyages et ses travaux spéciaux d'his-

1. Description du Kamtschatka, etc.
2. Zoog. Rosso asiatica, p. 51.

toire naturelle, a tant enrichi cette science, et M. Tilesius [1] à qui l'histoire naturelle doit déjà tant d'observations importantes; l'on a quatre figures de cette
espèce : celle que Buffon donne sous le nom de *renard blanc* [2]; peut-être celle que Schreber a publiée
sous le n° 93, une autre de Pallas dans sa *Faune
de Russie,* ouvrage encore inédit [3], enfin celle que
M. Tilesius a donnée et qui est bien incorrecte.

Les renards exclusivement propres à l'Asie ne sont
point connus, à l'exception d'une seule espèce, le
corsac, encore n'est-ce que par supposition qu'elle a
été considérée comme plus voisine des renards que
des loups; car aucun auteur n'a constaté la nature
de ses yeux et la forme de leur pupille. Ce n'est en
effet que depuis assez peu de temps qu'on a reconnu
que la forme de la pupille était le caractère distinctif
des renards le plus assuré; auparavant, ce qui déter-
minait les naturalistes à désigner un carnassier par
le nom de renard, c'était sa ressemblance générale
plus ou moins grande avec cet animal, et surtout une
petite taille, une queue touffue, un museau fin, et
l'habitation dans des terriers; la forme du museau
serait sans doute un signe assez certain, si l'on ne savait
vait combien, sans une comparaison immédiate, il est
difficile de prononcer entre des formes irrégulières
qui ne sont pas susceptibles de mesures, et qui ont
d'ailleurs de très grands rapports.

1. Nov. Act. Nat. Cur., tom. XI, part. 2, pl. 47.
2. Supp. VII, in-4°, p. 218, pl. 51. — Édit. Pillot, t. XV, p. 65.
3. 1re part., p. 51, pl. 5.

LE CORSAC[1].

Buffon a dit un mot du corsac, et il en a donné les dimensions et la figure[2] d'après des notes et un dessin qui lui avaient été transmis par Colins, de la part de M. Paul Demidoff; mais il prit cet animal pour un isatis et lui donna ce nom. Schreber a également publié une figure de corsac qui venait de M. Demidoff; depuis, Pallas a fait connaître les observations d'Hablitz[3] sur cette espèce; lui-même l'a décrite dans sa *Faune de Russie*[4], et M. Tilesius en en donnant une figure nouvelle faite d'après un individu vivant, ajoute quelques détails à ceux que l'on devait à ses prédécesseurs.

Il résulte aujourd'hui de ces divers renseignements que le corsac se trouve dans toute la Tartarie, depuis la mer Caspienne jusqu'au lac Baïkal et dans l'Asie centrale, ne s'élevant guère, au nord, au delà du 50e degré: il vit en troupes, recherche les terrains secs et sablonneux dans le voisinage des lieux arrosés, habite des terriers à plusieurs issues qu'il se creuse lui-même, et d'où il ne sort que la nuit. Comme tous les renards, il se nourrit principalement de petites proies : il fait

---

1. *Canis Corsac.*
2. Supp. III, in-4°, p. 113, pl. 17. — Édit. Pillot, t. XVII, p. 496.
3. Nouvelles recherches sur le Nord, Ire part., p. 29.
4. Zoogrop. Rosso asiatica, Ire part., p. 41, pl. 4.

la chasse aux souslics, et surprend les oiseaux qui font leur nid à la surface du sol, comme les outardes et les perdrix; il est aussi friand de poisson, et ne boit que rarement. L'odeur que les corsacs répandent est analogue à celle du renard commun, et elle est d'une intensité insupportable quand leur troupe est nombreuse. Les derniers mois de l'hiver sont pour cette espèce l'époque de l'amour; les femelles mettent bas en avril, et leur portée est de quatre à cinq petits.

La fourrure d'hiver du corsac, assez recherchée, le rend un objet de chasse lucrative pour toutes les peuplades qui habitent les lieux où il se trouve; ils le prennent dans des piéges ou dans des filets, le forcent à sortir de son terrier en y introduisant de la fumée, ou en l'en tirant à l'aide d'un tire-bourre attaché à l'extrémité d'une longue perche et qui s'entortille dans sa fourrure : ils le chassent aussi au faucon. Sa course est très rapide, sa prudence extrême, et lorsqu'il est parvenu à s'échapper des piéges du chasseur il peut difficilement être repris; il se défie alors de tout ce qui ne lui est pas familier, et les chiens ne peuvent l'atteindre.

Trois corsacs nourris par Hablitz sont constamment restés craintifs et sauvages; un seul, après six mois de soins, avait acquis quelque familiarité, mais avec son gardien seulement. Pendant le jour ces animaux restaient fort tranquilles, couchés à la manière des chiens; mais dès que la nuit était venue, ils faisaient tous leurs efforts pour se soustraire à leur captivité.

La taille de cet animal est intermédiaire entre celle du renard et du chat domestique; ses formes géné-

rales sont celles du renard, dont il a d'ailleurs les
dents, les organes de la génération, ceux du mouvement et probablement aussi ceux des sens.

Sa fourrure n'est point aussi douce et aussi recherchée que celle des renards du nord ; mais comme
eux, il change de couleur suivant les saisons et les
latitudes. En été il est généralement d'un fauve jaunâtre aux parties supérieures du corps, et blanchâtre
aux parties inférieures ; les pieds sont bruns et le bout
de la queue est noir ; ces couleurs résultent de poils
gris à leur base, fauves dans leur milieu et gris à leur
pointe ; en hiver la partie fauve devient noirâtre, et
le pelage de fauve qu'il était se change en un gris plus
ou moins foncé, suivant que la race est plus ou moins
septentrionale.

Nous n'avons à faire connaître en Afrique que deux
espèces de renards; l'un qui se trouve en Égypte et en
Barbarie, et qui a retenu le nom de la première de
ces contrées, l'autre le fennec, dont l'espèce paraît
s'étendre dans toute l'Afrique septentrionale. Ce n'est
pas sans doute que l'Afrique ne nourrisse que ces
deux espèces de renards : les récits des voyageurs ne
laissent aucune incertitude à cet égard, mais ce qu'ils
nous apprennent des renards qu'ils ont observés, ne
permettant point de les caractériser suffisamment, les
naturalistes n'ont pu admettre leurs rapports que
comme de simples indications, qui contribueront
un jour à enrichir la science, mais qui jusque là n'en
feront partie qu'à titre de renseignement.

1 _Le Fennec._ 2 _Le Loup pâle._

A. Massard Sc.

LE RENARD D'ÉGYPTE.

Nous ne devons la connaissance de cette espèce qu'à la description sommaire qu'en a donnée M. Geoffroi Saint-Hilaire[1]; c'est probablement aussi celle dont parle M. Poiret dans son voyage en Barbarie[2], et qu'il prenait pour l'espèce commune.

Ce renard est de la taille de notre renard d'Europe. Les parties supérieures de son corps et sa queue, sont d'un fauve mélangé de cendré et de jaunâtre sur les flancs; le dessus des cuisses est cendré avec quelques poils blancs; toutes les parties inférieures sont d'un blanc grisâtre; les pattes sont fauves, et la face externe des oreilles est noire.

Il paraît que cet animal vit à la manière du renard commun.

LE FENNEC[3].

Cette espèce nous donne une preuve irrécusable du peu d'avantage qu'il y a pour l'histoire naturelle à

---

1. *Canis niloticus.* Description de l'Égypte.
2. Voyage en Barbarie, tom. I, p. 234.
3. Pl. 6, fig. 1.

suppléer aux faits par des conjectures pour déterminer les rapports d'animaux qui n'ont été qu'imparfaitement décrits. L'induction, comme toutes les voies
qui conduisent l'esprit à connaître, a besoin d'être libre pour nous diriger avec assurance et ne nous point
égarer; mais dès que quelque hypothèse vient lui faire
obstacle ou que les faits lui manquent, nous voyons
communément les erreurs se produire et se multiplier. Que sera-ce donc lorsqu'on abandonne son esprit au hasard, sans règle ni mesure? et que peut-il
créer que des fantômes? Aussi il n'a en quelque sorte
fallu qu'un souffle de vérité pour détruire toutes les
conjectures que le fennec avait fait naître.

Cette très petite espèce avait été vue par Bruce à
l'époque de son consulat à Alger (1767); et il la revit
depuis, à ce qu'il assure, dans son voyage en Afrique;
il en envoya la figure, accompagnée d'une note, à
Buffon, qui les publia[1] en donnant à cette espèce le
nom d'anonyme. L'année suivante, Brand, qui avait
été consul de Suède à Alger en même temps que
Bruce, et qui avait vu le petit animal dont celui-ci
avait envoyé le dessin à Buffon, en publia une description sans figure[2], et lui donna le nom de zerda
qu'il avait appris des Maures. Sparmann, qui vint
ensuite, publia cet animal, aussi sous le nom de
zerda, avec une figure[3] qu'il devait à Brand, et qui
ressemble absolument à celle que Buffon avait reçue

1. Supp. III, in-4°, p. 148, pl. 19, 1776. — Édit. Pillot, t. XVIII,
p. 371, pl. 106, fig. 2.

2. Transactions de l'Acad. de Stockholm, 1777, 3e part., p. 265.

3. Voyage au cap de Bonne-Espérance et autour du Monde, t. II,
p. 203, pl. 4.

de Bruce; l'une n'était, en effet, que la copie de l'autre ; et il accompagna cette figure de la description de Brand. Enfin, Bruce lui-même, dans son *Voyage en Nubie et en Abyssinie,* donne, sous le nom de Fennec[1], une nouvelle description de ce petit animal avec une copie de sa première figure ; il nous apprend que cette espèce se trouve au Sennaar, et que le nom de fennec est celui qu'il reçoit des habitants.

Telles sont les seules sources où l'on eut à puiser l'histoire du fennec pour en reconnaître la nature et en établir les rapports ; c'est-à-dire qu'un seul individu avait fait le sujet de toutes les observations ; et cet individu s'était échappé avant qu'on l'eût décrit d'une manière exacte et complète, car tout ce qui résulte des rapports de Bruce et de Brand consiste dans assez peu de détails. Le premier nous apprend, d'après des observations faites sur trois individus qu'il crut appartenir à la même espèce, que le fennec a de neuf à dix pouces de longueur, sans la queue qui en a cinq, et que ses oreilles en ont quatre (il dit ailleurs six pouces pour le corps, deux pouces pour les oreilles, et cinq pouces six lignes pour la queue); que son museau ressemble à celui du renard, qu'il a quatre dents molaires, deux canines et six incisives longues et pointues à chaque mâchoire; que ses jambes sont minces, et ses pieds larges, formés de quatre doigts avec des ongles courts qu'il peut raccourcir encore; que son pelage est doux, d'un blanc roussâtre mêlé

---

1. Tom. V, in-4°, p. 154, pl. 28.

de gris aux parties supérieures; plus pâle aux parties
inférieures, et que la queue, couverte de poils plus
rudes que ceux du corps, est fauve, terminée par une
pointe noire; que ses manières annoncent de la finesse et de la ruse; qu'il dort le jour et veille la nuit;
enfin qu'il aime les œufs, mais qu'habituellement il vit
sur les dattiers dont il mange les fruits; d'où Bruce
conjectura que cet animal a plus d'analogie avec les
écureuils qu'avec les renards, quoiqu'il n'ait pas la
queue semblable à celle des premiers.

Le récit de Brand n'est guère plus important; suivant lui, le zerda a une ressemblance générale avec
le renard; il paraissait en avoir les pattes et les dents,
se nourrissait de pain et de viande cuite; et aboyait
comme un chien, surtout aux approches de la nuit;
ses mouvements étaient agiles; il s'asseyait comme
les chiens, et de la manière dont Bruce l'a représenté; on l'avait pris dans un terrier creusé dans le
sable, et on le disait assez rare. Il était remarquable par la grandeur de ses oreilles et par son pelage
épais dont la couleur se composait d'un mélange de
jaunâtre et de ventre de biche. De ses observations,
Brand conjecturant que son zerda avait plus d'analogie avec le renard qu'avec aucun autre animal, le
distingua des autres renards par cette phrase *vulpes
minimus saratensis*, et, d'après cette indication, c'est
comme une espèce de genre chien qu'il a passé depuis
dans les catalogues méthodiques de Pennant, de Bod-
daert et de Gmelin.

Malgré les raisons qui déterminèrent Brand à considérer son zerda comme un renard, des doutes nom-

breux subsistaient encore sur les vrais rapports de cet
animal, et Brand ne se le dissimulait pas. Cependant
les organes n'étant que très imparfaitement connus,
il ne restait pour établir ces rapports que ce sentiment délicat des analogies et des ressemblances, qui
guide souvent le naturaliste exercé presque aussi sûrement que la vue même des caractères; et Brand,
élevé d'ailleurs à l'école de Linnæus, était dans la situation la plus favorable pour l'éprouver, puisque l'animal avait vécu sous ses yeux. C'est à quoi n'ont pas fait
assez d'attention les auteurs qui ont cherché après lui
à établir les rapports du fennec ; ils ne pouvaient pas
plus que Brand être guidés par la structure incertaine
encore des organes, et ils n'avaient, pour se déterminer par le sentiment des analogies, qu'une figure
dont l'exactitude douteuse ne pouvait remplacer qu'à
demi l'animal vivant. A la vérité, Bruce entrait dans
plus de détails que Brand ; mais, sans examiner le
degré de confiance qu'il convient d'accorder à ce
voyageur, son histoire du fennec résulte d'observations qui se rapportent à trois animaux vus en des
temps et dans des lieux différents. Or, chacun sait
combien il est difficile, même pour les naturalistes
les plus exercés, de se prononcer sur l'identité spécifique des animaux de certains genres lorsqu'ils ne
les comparent pas immédiatement l'un à l'autre, et
Bruce n'était rien moins qu'un naturaliste de cet
ordre. Quoi qu'il en soit, M. Blumenbach, peut-être
d'après une indication de Sparmann, considéra le
fennec comme voisin des mangoustes[1]. M. Desmarest

---

1. Manuel d'histoire naturelle, troisième édition et suivantes.

ayant combiné les caractères donnés par Brand et par Bruce, en exagérant un peu ceux de ce dernier, forma du fennec, sous ce même nom, un genre nouveau intermédiaire entre ceux des chats, des chiens et des makis ; Illiger, bientôt après, donna le canis cerda de Gmelin (le zerda) comme type de son genre *mégalotis* dont il décrivit en partie les dents, sans faire connaître d'où il tirait cette notion nouvelle, afin de justifier l'application qu'il en faisait à l'animal de Brand et de Bruce. C'est là qu'en était la science lorsque M. Geoffroi Saint-Hilaire, soumettant à un nouvel examen critique les récits et les descriptions dont le fennec avait été le sujet, fut conduit à faire de cet animal un galago : depuis, M. Desmarest, tout en conservant son genre fennec, en a modifié les caractères de manière à se rapprocher de l'opinion de Brand. Cette opinion paraît être en effet la vraie, car le fennec a tous les caractères de la famille des chiens, et appartient, suivant toute apparence, à la division des renards. Nous devons cette connaissance aux travaux de deux voyageurs, MM. Ruppel et Denham. Le premier dont tous les efforts ont eu pour objet d'enrichir la collection d'histoire naturelle de sa ville natale (Francfort-sur-le-Mein), y avait envoyé les dépouilles d'un animal qui fut reconnu pour être le fennec et pour appartenir à une espèce de renard. MM. Hamilton Smith [1] et Temminck furent de ce nombre ; mais c'est M. Leuc-

1. M. Smith me communiqua le dessin qu'il avait fait de cet animal, et qu'a ensuite publié M. Griffith dans ses additions au règne animal de mon frère.

kart [1] qui fit le premier connaître par une description détaillée les caractères génériques de cet animal;
depuis, il a été représenté et décrit dans le voyage
même de M. Ruppel [2]. Les dépouilles du fennec, dues
aux recherches de Denham, ont fourni la figure et
la description de cette espèce publiées dans l'appendice du périlleux voyage auquel cet homme célèbre
a pris tant de part; les observations sur l'ostéologie
du fennec, publiées par M. Yarrel [3], ont la même
origine.

Il résulte de ces divers rapports que le fennec a la
physionomie générale des renards, et qu'il en a de
plus les dents, les organes du mouvement et ceux des
sens. Sa longueur, de l'occiput à l'origine de la
queue, est de neuf pouces; la queue en a sept, la
tête trois, les oreilles trois; sa hauteur, aux épaules,
est d'environ huit pouces. Sa couleur générale est
d'un fauve jaunâtre très pâle, plus pâle encore aux
parties inférieures, et variée de grisâtre; elle résulte
de poils gris inférieurement, blancs dans leur milieu
et fauves à leur extrémité; le bout de la queue est
noir. Tout le pelage est épais et doux.

L'Amérique est, comme nous l'avons dit, la partie
du monde où les espèces de renards sont les plus
multipliées, si l'on en juge par le nombre des animaux que les voyageurs désignent sous ce nom commun; cependant ces indications plus ou moins incomplètes n'ont encore conduit qu'à reconnaître quatre

1. Isis. 1825, 2ᵉ cahier; id. 1828, 3ᵉ et 4ᵉ cahier, p. 296.
2. Pl. 2.
3. Zoological Journal, n° 11, p. 401.

ou cinq, espèces de renards américains; on n'a même pu le faire avec quelque confiance que par la vue de ces animaux ou de leurs dépouilles, tant les observations recueillies dans les voyages restent obscures si elles ne sont pas comparées avec les objets qui en ont fait le sujet.

LE RENARD ROUGE[1].

PRESQUE tous les voyageurs dans l'Amérique septentrionale qui se sont occupés d'histoire naturelle, parlent de cette espèce de renard, soit en la distinguant par un nom particulier, soit en la confondant avec notre renard commun, duquel en effet le renard rouge se rapproche plus que d'aucun autre; mais ce qu'ils en rapportent est tellement indéterminé, que jusqu'à ces derniers temps, on a douté de son existence, et que ses caractères spécifiques aujourd'hui même n'ont rien de précis et d'absolu. C'est que les renards paraissent généralement changer de pelage suivant les saisons, et que pour éviter toute confusion dans la distinction des espèces, il faut les avoir fait connaître dans leur pelage d'été et leur pelage d'hiver.

C'est à M. Palissot Beauvois que nous devons les premières notions un peu claires sur cette espèce de renard[2], et il fallait peut-être la comparer immédia-

1 *Canis fulvus.*

2. Bulletin des Sciences par la société philomathique, t. II, p. 157.

tement à l'espèce commune, pour apprécier les différences qu'elle présente et les caractères par lesquels elle se distingue.

Le renard rouge, dans son pelage d'hiver, a toutes les parties supérieures du corps d'un roux foncé très brillant et très pur, seulement la teinte de la tête est plus pâle; la queue, rousse également, est glacée de noir, à cause de l'extrémité de ses poils qui a cette dernière couleur; le bord de la mâchoire supérieure, toute la mâchoire inférieure, la gorge, le cou, la poitrine, la face interne des cuisses et des jambes de derrière, le ventre et le bout de la queue sont blancs; sous le cou et sur la poitrine, quelques poils noirs sont mêlés aux blancs, et la partie blanche du ventre est très étroite; la face antérieure des oreilles est jaune, et la face extérieure noire; les pieds de devant sont noirs antérieurement et fauves postérieurement; ceux de derrière ont le tarse noir en avant et fauve en arrière avec une tache noire sur le talon.

Tout ce pelage est très épais et composé de poils soyeux et de poils laineux, excepté sur la tête et les membres où les poils sont généralement courts. Ceux de la queue sont perpendiculaires à son axe, ce qui permet de voir leur partie rousse en même temps que leur extrémité noire, et c'est à cette disposition qu'est due l'apparence particulière qu'offrent les couleurs de cette partie du corps.

La meilleure description qui ait été donnée du renard rouge est, sans contredit, celle qui se trouve dans le voyage du capitaine Franklin aux bords de la mer Polaire; elle a été faite d'après les peaux réunies dans les magasins de la compagnie de la baie d'Hudson; et nous

apprenons, par ce qu'on rapporte de cette belle espèce, qu'elle est une de celles que l'on rencontre le
plus fréquemment dans les régions tempérées de l'A-
mérique septentrionale; elle a la taille et les proportions du renard commun. Nous avons fait représenter ce renard, qui ne l'avait jamais été, dans
notre histoire naturelle des mammifères (mai 1824) :
c'était un mâle que nous devions aux soins de M. Milbert, et peu après nous reçûmes une femelle de la
même espèce, qui nous fut envoyée par M. Lesueur,
ami et compagnon de voyage de Peron, actuellement
en Amérique, où il continue les importantes observations qu'il a déjà faites sur les poissons. Ces deux
animaux ayant été réunis ont vécu en bonne intelligence, et vers la fin de février la femelle n'a pas
tardé à montrer des signes de chaleur; le mâle l'a
couverte, et l'accouplement a été accompagné des mêmes circonstances que chez le chien. Bientôt on a eu
l'assurance que la conception avait eu lieu; les mamelles se sont gonflées, et vers la fin d'avril, nous avons
vu naître quatre jeunes renards couverts de poils, les
yeux fermés, et tout-à-fait dans l'état où sont les
jeunes chiens du même âge. Ils étaient entièrement
couverts d'un duvet gris d'ardoise clair; trente jours
après, des poils fauves ou jaunâtres se sont montrés
sur la tête; c'est alors que ces animaux commencent
à changer de couleur et à prendre celle qu'ils doivent
acquérir en avançant en âge. La couleur grise des
jeunes est remarquable en ce qu'elle est exactement
la même que celle du poil laineux des individus adultes, et cette observation nous a conduit à remarquer aussi que de jeunes chacals étaient nés avec le

duvet ou la partie laineuse du pelage de leurs parents.
Cette règle serait-elle générale, et quel rapport y
aurait-il à cet égard entre les chiens pourvus de duvet et ceux qui, comme les chiens domestiques, en
sont dépourvus?

Le père et la mère de ces jeunes renards ne furent point séparés, et tous deux montrèrent pour leurs
petits une grande sollicitude; ils auraient voulu les
soustraire à tous les yeux, même à la lumière, et pour
cela ils les prenaient souvent dans leur gueule et les
portaient, sans but apparent, et comme poussés par
un instinct vague et indéterminé. Cependant la mère
les nourrissait avec soin et les tenait fort proprement; deux d'entre eux qui sont arrivés à l'état adulte
ont acquis dès leur seconde mue tous les caractères
de leurs parents.

LE RENARD TRICOLOR[1].

Ce renard avait sans doute fait le sujet des observations de la plupart des voyageurs naturalistes qui
ont visité les parties moyennes et les parties sud de
l'Amérique septentrionale. La science, cependant, ne
le possède véritablement que depuis que Schreber [2]
en a donné un figure et une description; encore sa
figure imparfaite n'a été dessinée que d'après une

1. *Canis cinereo-argenteus.*
2. Fig. 92, p. 360.

peau mal préparée. Nous avons eu l'avantage de pouvoir donner la figure et les caractères de cette espèce[1] d'après un individu vivant envoyé à la Ménagerie du Roi par M. Milbert. Cet individu qui était fort jeune et entrait dans sa seconde année, avait cependant acquis presque toute sa taille; sa longueur, du museau à l'origine de la queue, était de dix-huit pouces; sa tête en avait quatre, sa queue douze, et sa hauteur aux épaules était de dix pouces six lignes, la tête, sur le chanfrein, autour des yeux, et de là jusqu'au bord interne des oreilles, était d'un gris roussâtre; le reste du museau était marqué de blanc et de noir, c'est-à-dire que la lèvre supérieure était blanche antérieurement, puis venait une large tache noire et ensuite du blanc qui, passant derrière la bouche, descendait sous la mâchoire inférieure. Le bout de cette mâchoire était blanc et suivi d'une tache noire qui correspondait à celle de la mâchoire opposée; la partie postérieure des mâchoires était d'un fauve clair; l'intérieur de l'oreille blanc et sa face externe d'un fauve brunâtre; les côtés et le dessous du cou étaient d'un fauve brillant; le dessus du cou, l'épaule jusqu'au coude, le dos, la croupe, la cuisse, d'un beau gris argentin; les côtés du corps d'un gris plus pâle; le ventre et la face interne des membres d'un fauve pâle; la face externe des jambes de devant offrait un peu de gris et celle des jambes de derrière du brun; le bord des fesses, les côtés et le dessous de la queue étaient d'un beau fauve; mais le dessus de celle-ci était noir bordé de gris, et son ex-

1. Histoire naturelle des mammifères, décembre 1820.

trémité était entièrement noire. Comme tous les autres renards, celui-ci sans doute présente des variations de pelage suivant les saisons, et d'après quelques observations il paraîtrait qu'à certaines époques de l'année, ou chez certains individus seulement, les teintes des parties inférieures sont presque blanches.

Cet animal, quoique très jeune encore, répandait une odeur forte et désagréable analogue à celle du renard commun; il n'a point acquis de familiarité pendant une année environ qu'il a vécu à la Ménagerie du Roi, et cependant il n'était point méchant, il se bornait à fuir lorsqu'on l'approchait.

La capitaine Franklin dans son voyage aux bords de la mer Polaire nous apprend que ce renard est commun dans les plaines sablonneuses que parcourent les divers affluents du fleuve Bourbon, au dessus du lac Winnipeg. Les peaux sont connues à la baie d'Hudson sous le nom de Kitt fox, où elles font un objet de commerce assez considérable : les Français du Canada nomment cette espèce Chien de prairie.

LE RENARD ARGENTÉ.

Jusqu'à l'époque où M. Geoffroi Saint-Hilaire décrivit cette espèce[1], les naturalistes ne l'avaient point admise, ou bien ils l'avaient confondue avec le loup

---

1. *Canis argentatus.* Cat. des mamm. du Mus.

noir, et si Pennant la distingue des autres renards, c'est en s'appuyant sur des rapports sans autorité. Depuis, la Ménagerie du Roi en a possédé pendant quelque temps un individu femelle qui lui avait été donné par M. Moydier, intendant de la marine à Brest.

Cet animal assez doux paraissait avoir les mœurs et le naturel des renards; couché pendant une partie du jour, son activité se montrait surtout au crépuscule. Il jouait comme les jeunes chiens, grognait en menaçant à la vue des personnes qui lui déplaisaient, et quoique jeune, répandait une odeur fort désagréable. Après s'être repu, il cachait dans les coins de sa loge les aliments qui lui restaient en les recouvrant de tout ce qu'il pouvait rencontrer autour de lui, comme le fait le renard commun et le chien domestique lui-même. La chaleur de nos étés paraissait l'incommoder, et il ne souffrait point du froid de l'hiver.

Sa fourrure en effet était des plus épaisses et des plus fines; elle se compose de poils laineux qui forment sur tout le corps de l'animal le duvet le plus moelleux; ces poils sont d'un gris noir. Sa couleur résulte de ses poils soyeux longs et brillants, qui pour la plus grande partie sont entièrement d'un noir foncé; quelques uns cependant se terminent par une pointe blanche, et on en voit un petit nombre de tout blancs disséminés parmi les autres; il en résulte que le corps paraît noir, car la petite quantité de blanc qui s'y mêle semble donner plus d'intensité à cette couleur; cependant sur le devant de la tête, sur les flancs et sur le haut des cuisses les reflets blanchâtres

dominent et le bout de la queue est presque entièrement blanc. Des poils épais garnissent la plante des
pieds comme chez l'isatis.

La taille de ce jeune animal était moindre que celle
du renard commun ; de l'occiput à l'origine de la
queue il avait un pied cinq pouces, sa tête avait six
pouces et sa queue onze ; sa hauteur était d'un peu
plus d'un pied.

Dans quelques individus on trouve une tache blanche au bas du cou , et l'on en rencontre qui n'ont pas
une trace de blanc dans le pelage. Cette espèce, au
dire du capitaine Franklin[1], n'est pas très abondante.

1. Voyage aux bords de la mer Polaire.

LES LOUTRES.

Ce sont toujours les espèces des genres les plus
naturels que Buffon a méconnues, égaré par le système qui lui faisait appliquer aux animaux sauvages
ce qui n'était vrai que pour les animaux domestiques, et le portait à ne considérer les différences
de taille ou de couleurs, que comme des résultats
d'influences superficielles qui pouvaient caractériser
des races plus ou moins durables, mais qui n'avaient
rien de fondamental ni de spécifique. Nous le voyons
à l'égard des loutres, suivre les mêmes principes qu'à
l'égard des renards, et réunir toutes celles des régions septentrionales dans la même espèce, c'est-à-
dire dans l'espèce commune. Quant aux espèces des
pays chauds, elles n'étaient point connues de son
temps à proprement parler; il n'en traite d'abord
que d'après les voyageurs, et ce n'est que dans ses
suppléments qu'il en indique vaguement trois autres
d'après Delaborde.

La précision que l'histoire naturelle a acquise dans
ces derniers temps, et qui a exercé une si heureuse
influence sur les recherches mêmes des voyageurs,
conduit aujourd'hui les naturalistes à distinguer dix
ou douze espèces de loutres et à soupçonner l'existence de plusieurs autres sur lesquelles on a donné
des notions trop insuffisantes pour qu'on puisse les
caractériser comme la science le demande.

Nous n'ajouterons rien à ce que dit Buffon de la loutre commune quant à ses mœurs dans son état naturel ; mais nous releverons son erreur quand il suppose trop de grossièreté à cet animal pour être capable d'éducation ; la loutre au contraire s'apprivoise sans peine, s'attache à la personne qui la nourrit, vient à sa voix, la suit, ne cherche point à fuir, et si elle est dans le voisinage des eaux, s'y baigne, y pêche même et revient à son gîte avec la proie qu'elle a saisie. Quelques auteurs ont rapporté ces faits[1], et les loutres apprivoisées que j'ai possédées me rendent très vraisemblables ceux que je n'ai point vérifiés ; car ces loutres étaient libres, caressantes et accouraient au moindre signe des personnes qu'elles connaissaient. Elles se nourrissaient presque indifféremment de matières végétales et de substances animales.

. L'Europe ne paraît posséder qu'une seule espèce de loutre ; on en connaît deux ou trois dans l'Asie méridionale, une au Kamtschatka et une au cap de Bonne-Espérance ; mais c'est en Amérique qu'on en a distingué le plus grand nombre ; cette nouvelle partie du monde, à l'exception de l'Europe, étant aujourd'hui, sous le rapport de ses productions, beaucoup mieux connue que toutes les autres. Malheureusement on n'a observé de tous ces animaux étrangers que la taille, le pelage et les couleurs, avec la faculté commune à toutes les loutres de vivre aux bords des rivières, et de se nourrir principalement de poissons. Nous ne pourrons donc nous-mêmes les

1. Gesner, etc.

présenter que sous leurs caractères physiques extérieurs.

━━━━━━━━━━━━━━━━━━━━━━━━━━━━━━━━━━

LA LOUTRE DU CANADA[1].

BUFFON a fait représenter cette loutre[2] d'après une peau bourrée du Cabinet, et Daubenton a donné une bonne description de son pelage[3], qui, au lieu d'être brun aux parties supérieures comme celui de la loutre commune, est fauve. Ces dépouilles n'existent plus dans les collections du Muséum ; mais la tête osseuse a été conservée, et on voit qu'elle se rapproche beaucoup par ses formes de celle de la loutre commune ; elle en diffère cependant, en ce que, vue de profil, elle présente un angle moins aigu, surtout depuis les apophyses orbitaires du frontal jusqu'au bout des os du nez, et que l'espace qui se trouve entre ces apophyses, les maxillaires supérieures et l'extrémité des os du nez, forme un carré plus allongé.

A propos de cette loutre que Buffon ne considère à tort que comme une variété de la loutre commune, il se demande si elle ne serait point l'animal dont Aristote a parlé sous le nom de *Latax*[4], et il conclut

1. *Lutra Hudsonica.*
2. Tom. XIII, in-4°, pl. 44, p. 322. — Édit. Pillot, t. XV, p. 80.
3. Tom. XIII, in-4°. p. 326.
4. Arist., Hist. anim., lib. VIII, chap. 5.

pour la négative; mais il regarde l'animal que Belon [1]
nomme loup marin, comme étant le *latax* des Grecs.
Nous ne pouvons pas nous dispenser d'examiner cette
opinion sur laquelle nous n'aurons plus occasion de
revenir. Peu de recherches sont plus curieuses que
celles qui ont pour objet de rattacher les observations des anciens à celles des modernes : une foule
de questions historiques y trouvent leur solution, et
c'est précisément à cause de l'importance de ces recherches qu'il est utile de rectifier les idées qu'elles
ont fait naître lorsque la science dans sa marche pro-
gressive n'est point venue donner à ces idées la sanc-
tion dont elles avaient besoin.

Aristote ne dit que quelques mots du *latax* : c'est
un animal qui, comme le castor et la loutre, prend sa
nourriture près des lacs et des rivières, qui a le corps
plus large que cette dernière espèce, qui mord très
fortement. qui sort la nuit, et va couper avec ses dents
les arbrisseaux qui croissent aux bords des eaux, qui
enfin a les poils durs approchant de ceux des phoques
et de ceux des cerfs. Il est évident que dans l'état
actuel de nos connaissances nous ne pouvons rapporter ces traits à aucun des quadrupèdes qui auraient pu faire le sujet des observations d'Aristote,
puisqu'il excluait lui-même de cette recherche le
castor et la loutre, opposant leur caractère à ceux de
son *latax*. Cependant ces traits parmi ces quadrupèdes ne conviennent absolument qu'au castor : lui
seul coupe les arbrisseaux avec ses dents ; mais son
pelage n'a pas plus que celui de la loutre la rigidité

---

1. Belon, de la Nature des poissons, p. 18.

du pelage des phoques ou la sécheresse de celui du cerf.

Je ne crois pas que l'on puisse arriver sur le *latax*, à d'autres conséquences, même aujourd'hui que l'on connaît cinq à six fois plus de quadrupèdes que Buffon ; mais ce que l'on sait aujourd'hui, et ce qu'aurait pu reconnaître Buffon à l'époque où il écrivait, c'est que l'article de Belon sur le loup marin, résulte de la confusion que fait cet auteur de l'hyène avec le phoque commun. En effet, sa figure du loup marin est celle d'une hyène, et le nom de loup marin est celui sous lequel les phoques sont fréquemment désignés. Aussi tout ce que Belon dit des qualités physiques de son animal se rapporte à la figure qu'il avait sous les yeux, et tout ce qu'il dit de son naturel et de ses mœurs se rapporte à ce qu'il avait appris des loups marins ou des phoques : seulement ayant oublié d'où l'animal, dont il avait le portrait, était originaire, il lui donne pour patrie l'Angleterre, dont les rivages sont fréquemment visités par les phoques, et d'où, sans doute, il avait tiré leur histoire sous cette dénomination vulgaire de loup marin.

Nous en sommes donc encore, à l'égard du *latax* des Grecs, précisément où nous en étions avant Buffon, et à moins de notions nouvelles tirées de la nature, ou des ouvrages des anciens, il est à présumer que nos idées sur ce sujet resteront les mêmes, et que nous continuerons à ignorer quel était l'animal auquel ils avaient donné ce nom.

LA SARICOVIENNE,

OU LOUTRE DU BRÉSIL.

PAR ce nom, pris à Thevet[1], Buffon désigne une espèce de loutre qu'il constitue de tout ce qu'il a pu recueillir sur les loutres de l'Amérique méridionale : sur celles de La Plata dont parle Thevet, du Brésil que décrit Marcgrave[2], de la Guiane que Barrère[3] indique, du bassin de l'Orénoque que l'on trouve dans Gumilla[4] ; or, toutes les vraisemblances conduisent à penser que ces loutres qui vivent dans des contrées aussi éloignées l'une de l'autre, n'appartiennent point à la même espèce, quoiqu'elles ne puissent pas encore être distinguées l'une de l'autre. En attendant de plus complets renseignements, on pourrait, en suivant ce qu'indiquent les probabilités et les procédés de la science, réunir sous ce nom de saricovienne, les loutres du Paraguay et de la partie méridionale du Brésil, contrées comprises dans le vaste bassin du fleuve de La Plata ; alors l'histoire naturelle de cette espèce se composerait des notes de Thevet, de Marcgrave, de d'Azara, etc., auxquelles nous ajouterions les observations qu'ont pré-

1. Singularités de la France antarctique, Paris, 1558, p. 107, etc.
2. Hist. nat. Brasil, p. 234.
3. France équinox., p. 155.
4. Hist. de l'Orénoque.

sentées les dépouilles de ces animaux conservées dans les collections du Muséum.

La saricovienne, fondée sur ces éléments, représente à peu près la loutre que les auteurs systématiques désignent par le nom latin de *Brasiliensis*. Cet animal beaucoup plus grand que la loutre commune en a la physionomie et les proportions. La longueur de son corps est de plus de trois pieds, sa queue a environ dix-huit pouces ; sa tête en a six de son sommet au bout du museau. Tout le corps est revêtu d'un pelage épais, doux et brillant, d'un brun sombre, excepté le dessous de la mâchoire inférieure qui est jaune clair. Quelques individus ont le bout de la queue blanc, et comme la plupart des autres loutres, celle-ci a les narines entourées d'un mulle ; observation importante, aujourd'hui qu'une autre espèce américaine parait être privée de ce caractère. D'après d'Azara[1] d'où nous tirons ces détails, ces animaux vivent en société, aussi paraissent-ils s'apprivoiser facilement, et s'habituer à une sorte de domesticité : ils connaissent les personnes qui les soignent, s'attachent à elles, accourent lorsqu'on les appelle, et quoique libres ne cherchent point à retourner à l'état sauvage. Thevet dit que leur chair est délicate et bonne à manger, ce que semble confirmer d'Azara qui assure que sa loutre n'a point l'odeur de marée. Les Indiens Guaranis donnent à cet animal un nom qui signifie *loup de rivière.*

Buffon attribue encore le nom de saricovienne[2] à

1. Essais sur l'Histoire naturelle des quadrupèdes du Paraguay, trad. franç., tom. Iᵉʳ, p. 348 et suivantes.

2. Supp. VI, in-4°, p. 287. — Édit. Pillot, tom. XV, p. 87.

un animal découvert par Steller sur les îles voisines du Kamtschatka, le confondant avec la saricovienne de Thevet et le *carigueibeju* de Marcgrave; mais suivant toute apparence cet animal n'est point une loutre; toutefois Steller n'en a pas suffisamment développé les caractères pour que l'on puisse s'en faire une idée complète, et en déterminer les rapports.

LA LOUTRE DE LA GUIANE.

Nous l'avons dit à l'article précédent, Buffon a attribué à une seule espèce tout ce qui a été rapporté des loutres de l'Amérique méridionale; par conséquent il réunit ce qu'on trouve dans Gumilla, à ce qu'il avait appris de La Borde, d'Aublet, d'Olivier, dont il nous rend les paroles sur les loutres de la Guiane française, et à ce que nous apprend Barrère d'un de ces animaux. Nous avons dit aussi pourquoi, en ce point, les naturalistes avaient été conduit à suivre d'autres principes que Buffon. Depuis, toutes les observations sont venues confirmer la justesse de ces nouvelles vues.

En n'envisageant la question que sous le rapport géographique, on serait déjà conduit à distinguer les loutres du bassin de l'Orénoque et de ses affluents, de celles des autres bassins de l'Amérique du sud; mais cette distinction se trouve dans les faits eux-mêmes; car les observations auxquelles ont donné lieu les loutres découvertes dans ces différentes contrées, sont venues confirmer des probabilités qui ne se seraient appuyées que sur la constitution physique de ce continent.

L'une de ces loutres du bassin de l'Orénoque que nous allons décrire, est celle à laquelle nous avons donné le nom de loutre de la Guiane[1], parce que c'est de la Guiane française qu'elle nous est parvenue pour la première fois. Cette loutre a la taille de la loutre commune, mais sa queue a dix-huit pouces, et celle de la seconde n'en a que treize. Son pelage épais et doux est bai clair aux parties supérieures du corps, et jaunâtre aux parties inférieures; la gorge et les côtés de la face jusqu'aux oreilles sont blanchâtres; la queue est entièrement d'un bai clair.

La tête osseuse de cette espèce présente, vue de profil, une ligne légèrement et uniformément arquée de l'occiput au bout des os du nez, et la surface comprise entre les apophyses orbitaires du frontal, les maxillaires et l'extrémité des os du nez est remarquable par sa longueur comparée à celles des mêmes parties chez les loutres dont nous aurons encore à parler.

Son genre de vie que nous ne connaissons point est sans doute analogue à celui des autres loutres.

La loutre que Buffon a fait figurer sous le nom de petite loutre de la Guiane[2] est un didelphe qui est devenu le type du genre Chironecte.

1. *Lutra enudris,* Dictionn. des Sciences naturelles, tom. XXVII p. 242.
2. Supp. III, in-4°, pl. 22. — Édit. Pillot, tom. XV, pl. 84, pl. 31.

LA LOUTRE SANS MUFLE.

CETTE espèce qui paraît, comme la précédente, originaire de la Guiane, se distingue de toutes celles qui nous sont connues, par ses narines entourées de poils et dépourvues de cet appareil glanduleux auquel les naturalistes appliquent plus particulièrement le nom de mufle. Sa taille surpasse celle de toutes les autres loutres : elle a trois pieds neuf pouces du museau à l'origine de la queue, et celle-ci a un pied onze pouces ; son pelage se compose de poils très raz et très lisses ; les soyeux assez rudes recouvrent entièrement les laineux qui sont courts et en petite quantité. Sa couleur générale est d'un brun fauve brillant, tirant sur le brun marron vers l'extrémité des membres et de la queue, et devenant d'un fauve clair sur la tête et le cou ; le tour des lèvres, le menton, la gorge et le dessous du cou sont d'un jaune fauve pâle. Dans le jeune âge, cette partie jaune du dessous du cou est moins nettement circonscrite et plus ou moins variée de brun. Les poils soyeux des parties supérieures du corps sont bruns à leur base, puis fauves dans le reste de leur longueur ; les laineux aux mêmes parties sont jaunes fauves avec la pointe brune : les uns et les autres sont jaunâtres sous la gorge. La queue, de la couleur du corps, est très déprimée à son extrémité. Les membres de cette espèce ne diffèrent point de ceux des autres loutres, et il en est de même de toutes les parties qui se conservent avec les dépouilles ; car cet animal ne nous est connu que par les peaux bourrées qui sont conservées dans le Muséum d'histoire naturelle, et par une tête osseuse qui se distingue de toutes les têtes de loutres par le peu de longueur de l'espace compris entre les apophyses orbitaires du frontal, les maxillaires et l'extrémité des os du nez.

Nous sommes entrés dans les détails qui précèdent à cause de l'anomalie que cette espèce nous présente dans son mufle et dans la nature de son pelage.

LA LOUTRE DE LA TRINITÉ[1].

CETTE espèce ne nous est connue que par sa peau, envoyée de l'île de la Trinité au Muséum d'histoire naturelle par M. Robin.

Elle a deux pieds trois pouces du bout du museau à l'origine de la queue, et celle-ci a dix-huit pouces. Son pelage fort touffu ne se compose cependant que de poils courts et lisses ; il est d'un brun châtain clair, plus pâle sur les flancs, et jaunâtre aux parties inférieures du corps et sur les côtés de la tête, d'où il passe au blanc jaunâtre sur les lèvres, le menton, la gorge, le dessous du cou et la poitrine.

Gumilla, dans son histoire de l'Orénoque, parle d'un animal qu'il désigne par le nom de chien d'eau,

1. *Lutra insularis.*

et que les Indiens, dit-il, nomment *Guachi*, lequel habite des tanières qu'il creuse lui-même sur les bords des rivières; il est de la grandeur d'un chien couchant, nage avec légèreté, et se nourrit de poisson. On a toujours pensé que ce chien d'eau était une loutre, et c'est avec raison, sans doute, quoique Gumilla l'en distingue nommément [1]; car ce qu'en dit ce missionnaire ne peut, quant à présent, convenir qu'à un animal de ce genre; mais comme il ne le décrit point, qu'il n'en fait point connaître les couleurs, et se borne à quelques traits généraux de mœurs qui conviendraient à toutes les loutres, on ne peut en reconnaître les caractères spécifiques. Aussi, en parlant du *Guachi* à l'article de la loutre de la Trinité, nous ne voulons pas indiquer que ces animaux soient de la même espèce; mais c'était ici le lieu le plus convenable pour faire mention du rapport de Gumilla, puisque de toutes les loutres que nous avons à faire connaître, celle-ci appartient plus particulièrement à l'Orénoque et aux rivières qui s'y jettent.

LA LOUTRE DE LA CAROLINE [2].

CETTE espèce, plus grande que la loutre commune, a deux pieds neuf pouces du bout du museau à l'origine de la queue. Son pelage, doux et épais, doit

1. Histoire de l'Orénoque, tom. III, p. 239.
2. *Lutra lataxina.*

principalement ces qualités à ses poils laineux, mais sa couleur est due aux poils soyeux ; cette couleur, aux parties supérieures du corps, est d'un brun noirâtre qui pâlit un peu aux parties inférieures ; les joues, les tempes, le tour des lèvres, le menton, et la gorge sont d'un brun grisâtre.

La tête osseuse de cette loutre se distingue de celle de toutes les autres espèces connues par la ligne droite et même un peu concave qu'elle présente, depuis l'occiput jusqu'à l'extrémité des os du nez, lorsqu'elle est vue de profil ; et en ce point comme en plusieurs autres, elle diffère de la loutre du Canada dont nous avons parlé précédemment.

Le Muséum d'histoire naturelle possède les dépouilles de plusieurs individus de cette espèce, qu'il doit aux soins de M. L'Herminier, un de ses correspondants, qui les a recueillies lui-même pendant son séjour dans les Carolines.

LA LOUTRE MARINE,

OU DU KAMTSCHATKA[1].

C'est sous le nom de saricovienne que Buffon parle de cet animal[2], parce qu'il le confondait avec sa saricovienne du Brésil. L'histoire qu'il en donne est tirée de ce qu'en a rapporté Steller dans les Nouveaux

1. *Lutra lutris.*
2. Supp. VI, in-4°, p. 287. — Édit. Pillot, tom. XV, p. 86.

Mémoires de l'académie de Pétersbourg [1]; elle fait
connaître cet animal sous de nombreux rapports; mais
plusieurs des caractères qui s'y trouvent compris
avaient porté Steller à indiquer comme des castors ou
des loutres, les nombreux individus qu'il observa
pendant son triste séjour dans l'île Behring. Cependant, plusieurs des détails d'organisation que Steller
nous fait connaître, en donnant la description de son
castor ou de sa loutre marine, et sur l'exactitude
desquels il est difficile d'élever des doutes, ne sont
point conformes à ce que nous observons chez les
loutres. Ainsi cette loutre marine n'a point des dents
semblables à celles de ces animaux; ses incisives inférieures, et peut-être les supérieures, sont au nombre de quatre, et les loutres en ont six; de plus,
celles-ci ont cinq mâchelières de chaque côté des
mâchoires, et la loutre marine n'en a que quatre de
chaque côté de la mâchoire supérieure. Les membres
et plusieurs parties internes paraissent aussi différer
chez ces animaux, ce qui conduirait, en s'en tenant
à la description de Steller, à faire envisager sa loutre
marine comme une espèce assez éloignée des loutres,
et dont il serait encore nécessaire d'étudier l'organisation pour en établir les rapports. Ce n'est pas moins
sur cette seule description que l'espèce de la loutre
marine a été établie, et il est remarquable que tandis que les naturalistes de l'école de Linnæus faisaient
une loutre d'un animal qui n'en offrait pas les caractères, Buffon persévérait à réunir dans une seule espèce cet animal des mers du Kamtschatka avec les

---

1. Tom. II, année 1751.

loutres du Brésil et de la Guiane ; en effet, c'est à la fin de son article sur la loutre marine, qu'il avance ce fait d'une évidente inexactitude, que, à la Guiane, les jaguars et les cougouars poursuivent vivement les loutres, s'élancent sur elles, les suivent au fond de l'eau, les y tuent et les emportent ensuite à terre pour les y dévorer. Les cougouars et les jaguars font sans doute leur proie des loutres qu'ils peuvent atteindre ; mais ce qui n'est pas moins certain, c'est que, dès que celles-ci sont à l'eau, tout danger pour elles a cessé de la part de ces ennemis qui sont aussi peu aquatiques que les loutres le sont essentiellement. Schreber[1] et Cook ont donné chacun une figure de la loutre marine. C'est à cette espèce qu'on a rapporté une loutre dont les dépouilles se trouvent dans la collection du Muséum, où elle porte le nom de loutre du Kamtschatka. Voici la description que nous en avons donnée.

« Le dessus du cou, les épaules, le dessus et les côtés du corps, la croupe et les cuisses, sont revêtus d'une épaisse fourrure composée de poils laineux de la plus grande douceur, parmi lesquels on remarque, mais en très petite quantité, des poils soyeux un peu plus longs. La tête, le bas des membres, le dessous du cou et du corps sont au contraire couverts de poils soyeux assez nombreux pour cacher les laineux, du moins en partie ; les premiers sont un peu moins nombreux sur la queue. Le dessus du cou, les épaules, le dessus et les côtés du corps, la croupe, la cuisse, les membres postérieurs

---

1. Planche 128.

et la queue, sont d'un brun marron foncé, conservant tout l'éclat du velours ; les poils laineux sont, sur toutes ces parties, d'un brun pâle à la base, et d'un brun foncé vers la pointe, tandis que les soyeux sont d'un brun foncé sur les membres postérieurs et la queue, et terminés de blanc sur le corps ; la tête, la gorge, le dessous du cou et du corps, et le bas des membres antérieurs sont d'un gris argenté ; cette teinte devient roussâtre sur le museau ; sur toutes ces parties, les poils soyeux sont d'un blanc brillant et les laineux sont bruns sur le corps et roussâtres sur la tête, la gorge et le dessous du cou. Le dessus des doigts est d'un brun fauve, et les moustaches sont blanches.

Cette espèce a trois pieds trois pouces du museau à la queue, et celle-ci, qui est grosse et courte, n'a qu'un pied trois pouces.

L'individu du Muséum sur lequel a été faite cette description, avait été acquis chez un fourreur ; peut-être est-il le *mustela hudsonica* de M. de Lacépède.

LA LOUTRE BARANG[1].

Chez cette espèce de l'Inde due aux recherches de MM. Diard et Duvaucel, le pelage est rude et hérissé : les poils soyeux sont longs et recouvrent les lai-

---

1. *Lutra barang.*

neux. Elle est d'un brun de terre d'ombre sale et grisâtre, un peu plus pâle sous le corps, et vers les tempes;
la gorge, le dessous et le bas des côtés du cou, sont
d'une teinte grise brunâtre, qui se fond insensiblement avec le brun cendré du reste du pelage; les poils
soyeux, généralement bruns, prennent une couleur
blanchâtre à leur pointe sur le dessous du cou.

Cette loutre a un pied huit pouces du museau à la
queue, et celle-ci a huit pouces. M. Diard l'a envoyée
de Java au Muséum, et elle porte à Sumatra le nom
de *Barangbarang*.

M. Raffles (Catal. des mamm. de Sumatra, Trans.
Linn. de Londres, T. 13) dit qu'il existe dans cette
île deux espèces de loutres, l'une petite, qui est celle
que nous venons de décrire, et l'autre plus grande,
désignée sous le nom de simung.

Je pense que c'est un jeune individu de cette grande
espèce qu'a envoyé M. Diard. Quoique très jeune, sa
tête osseuse est assez grande pour pouvoir faire penser qu'adulte il égale presque notre loutre; et la différence de ses couleurs, déjà bien tranchées, porte
à croire que ce n'est point un jeune de l'espèce suivante : les poils sont moins longs, plus lisses et plus
doux; le pelage est d'un brun foncé prenant une teinte
roussâtre, plus claire sous le corps et la queue; le tour
des yeux, les côtés de la tête, le bord de la lèvre
supérieure, les côtés et le dessous du cou, sont d'un
blanc fauve jaunâtre, assez vif et bien tranché, et
le menton est blanc.

LA LOUTRE NIRNAIER[1].

CETTE loutre a les poils peu longs et assez doux ; les soyeux recouvrent les laineux, et ceux-ci sont doux et fournis.

Le pelage est d'un châtain foncé, pâlissant sur les côtés du corps ; les côtés de la tête et du cou, le tour des lèvres, le menton, la gorge et le dessous du cou, sont d'un blanc roussâtre clair assez pur ; le bout du museau est roussâtre, et l'on remarque au dessus et au dessous de l'œil une tache d'un brun fauve clair ; enfin le dessous du corps est d'un blanc roussâtre.

Les poils soyeux des parties supérieures sont bruns avec la pointe rousse ; ceux du dessous du corps sont d'un blanc teint de fauve, et ceux des côtés de la tête sont blancs. Les laineux sont blancs avec la pointe brune sur le corps, et roussâtres sur les parties blanches ; les moustaches sont blanches.

Dans le très jeune âge, le poil est plus long, plus doux et plus pâle ; le menton et la gorge sont entièrement d'un blanc paillé, et le pelage paraît sur cette région plus doux que sur les parties voisines : les poils laineux, plus nombreux que chez l'adulte, sont tous d'un gris brunâtre clair.

Cette espèce a, du museau à la queue, deux pieds quatre pouces, et celle-ci a un pied cinq pouces,

1. *Lutra nair*. Pl. 15, fig. 1.

Le Muséum doit les individus qu'il possède à M. Leschenault, qui les a rapportés de Pondichéry, où l'espèce est nommée nir-nayre.

LA LOUTRE DU CAP[1].

M. Delalande a rapporté du Cap la dépouille et le squelette d'un animal qui doit être regardé comme une espèce de ce genre, mais qui cependant y forme un groupe particulier et très distinct. Cette espèce présente le même système de dentition que les loutres, ayant seulement la tuberculeuse supérieure plus large : elle en a aussi les oreilles, le mufle et la forme générale du corps ; seulement elle paraît un peu plus haute. Jusque là tous ces caractères la rapprochent du genre qui nous occupe ; mais ce qui l'en distingue sensiblement, est la forme des pieds et les rapports des doigts. Ceux-ci sont gros, courts et à peine palmés ; aux pieds de devant ils sont presque sans membranes, et le second paraît soudé au troisième sur toute la première articulation : ces deux doigts sont les plus longs, et le premier des deux est un peu plus allongé que le troisième ; le premier doigt, ou l'externe, et le quatrième, sont beaucoup plus courts, et ce dernier est plus long que le premier ; enfin le cinquième ou l'interne est placé assez haut et le plus court de tous. Aux membres postérieurs les doigts

1. *Lutra inunguis.*

sont seulement unis à la base par une étroite membrane : le second et le troisième paraissent ainsi
qu'aux pieds de devant soudés sur la première articulation ; ils sont les plus longs et égaux entre eux :
le premier et le quatrième, plus courts que ceux-ci,
sont d'une longueur égale entre eux, et l'interne ou
le cinquième est le plus court de tous. Tous ces doigts
sont sans ongles, et dans le squelette les phalanges
onguéales sont courtes, obtuses et arrondies vers le
bout ; l'on remarque seulement à l'extrémité des second et troisième doigts des pieds postérieurs, un
rudiment d'ongle qui se compose d'une lame cornée
demi-circulaire en forme de gaîne, au centre de laquelle se trouve un tubercule épais et arrondi. Telles
sont les particularités que l'on remarque sur les deux
individus de la collection du Muséum, et M. Delalande nous a assuré que toujours les individus de
cette espèce offraient cette singulière anomalie.

Le pelage est assez doux, fourni et épais ; les poils
soyeux recouvrent les laineux, et ceux-ci sont courts,
épais et doux. Cet animal est d'un brun châtain, plus
foncé sur la croupe, les membres et la queue ; plus
clair et tirant sur le roussâtre, au bas des flancs et
des côtés du corps, et prenant une teinte grise
brunâtre sur le dessus de la tête, du cou et des épaules ; le haut des côtés de la tête et du cou, et l'espace qui se trouve entre le mufle et l'œil, sont d'un
brun assez foncé ; la lèvre supérieure, la joue au
dessous de l'œil, la tempe, le menton, la gorge, le
tour des lèvres, et enfin les côtés de la tête, les
côtés et le dessous du cou et la poitrine, sont d'un
blanc assez pur, qui se porte en brunissant jusqu'en

avant de l'épaule ; le dessus du museau est d'un blanc
roussâtre , et l'oreille est brune avec le bord blanc.
Aux parties brunes, les poils soyeux sont d'un brun
châtain, tandis qu'ils se trouvent terminés de cendré
aux parties teintes de gris , et blancs sous la tête et le
cou ; les laineux sont grisâtres avec la pointe brune.

Cet animal a deux pieds dix pouces du museau à la
queue, et celle-ci a un pied huit pouces. Il habite ,
d'après les observations de M. Delalande , les vastes
marais salés des bords de la mer, plonge très bien, se
retire dans les joncs et les broussailles , et se nourrit
de poissons et de crustacés.

LES PUTOIS ET LES MARTES.

L'ORDRE dans lequel Buffon nous présente l'histoire des différentes espèces de martes de France, est une preuve de ce que nous avons dit dans notre Discours préliminaire de l'influence qu'exercèrent sur lui, presque à son insu, les rapports naturels des animaux, toutes les fois que, faciles à saisir, ils ne se présentaient pas comme les conséquences d'un système arbitraire, ou qu'ils n'étaient pas en opposition avec celui qu'il s'était imposé. C'est une remarque que nous aurions pu faire même au sujet des premiers animaux dont Buffon fit l'histoire, des animaux domestiques; car nous le voyons décrire l'âne à la suite du cheval; réunir ensuite les ruminants, et placer les cochons entre ceux-ci et les carnassiers : arrivé aux animaux sauvages qui font chez nous l'objet de la chasse, il ne sépare point les trois espèces de cerfs que nourrissent nos forêts : le lapin suit le lièvre; le renard, le loup; le blaireau est à côté de la loutre, quoique les rapports qui lient ces deux animaux n'aient été reconnus que récemment; et c'est après eux qu'il parle des martes, comme s'il eût pressenti que tous ces animaux seraient un jour réunis dans la même famille. En effet, Buffon traite successivement[1] de la fouine, de la marte, du putois, du furet,

1. Tom. VII, in-4°, p. 161 et suiv. — Édit. Pillot, t. XV, p. 100 et suiv.

de la belette, et de l'hermine ou rosselet; ensuite[1] du pecan, du vison et de la zibeline; et les histoires qu'il donne des six premiers, comme celle de toutes les espèces qu'il a pu connaître par lui-même en les observant, ou en consultant ceux qui les auraient observées, sont à peu près aussi complètes et aussi exactes qu'elles peuvent l'être, même encore aujourd'hui, tant la science a fait peu de progrès sous le rapport de la connaissance zoologique des quadrupèdes; aussi, n'avons-nous que peu d'observations critiques à faire sur elles. Toujours conduit par le système qui le portait à restreindre le nombre des espèces, il avance, en se fondant sur des suppositions gratuites, que la fouine se trouve à Madagascar et aux Maldives, et la marte commune dans l'Amérique du Nord, à la Chine et au Tunquin; or, rien ne pouvait justifier de telles assertions; d'un autre côté, en traitant du furet, après avoir recherché à quelle espèce de marte on pouvait rapporter celle qu'Aristote nomme *ictis,* il conclut que ce ne pourrait être au putois, parce que l'ictis s'apprivoise facilement, et que le putois ne s'apprivoise pas. Nous ne répéterons pas, mais nous rappellerons ce que nous avons dit à l'occasion du daw, de cette idée qu'il existe des quadrupèdes que l'on ne peut apprivoiser; idée qui, par ses conséquences, aurait dû être à jamais rejetée par un esprit aussi profond et aussi éclairé que Buffon. Quant aux trois dernières espèces de martes dont il parle, il ne les connut que par leurs dépouilles, ou par ce qu'en disent les auteurs. Le pecan et le vison

1. Tom. XIII, in-4°, p. 304 et 309. — Édit. Pillot, tom. XVII, p. 527 et 528.

n'étaient même indiqués clairement par aucun voyageur; aussi les figures qu'il en donne, et les descriptions de Daubenton font-elles connaître, pour la première fois, ces animaux autant qu'il est possible de le faire d'après des peaux plus ou moins bien conservées; il ne parle de la zibeline que d'après les voyageurs qui ont visité les parties septentrionales de l'ancien continent[1], et principalement d'après Gmelin; il ne connaissait point autrement cette marte, mais admettant cette circonstance, que la zibeline fréquente le bord des rivières, il conclut qu'elle est le *satherion* d'Aristote, animal que ce philosophe rapprochait des loutres et des castors, parce que les uns comme les autres cherchent leur nourriture aux bords des lacs et des rivières. Il est au moins douteux que la conséquence que tire Buffon soit fondée : si la zibeline se rencontre, en effet, dans le voisinage des rivières, c'est par des circonstances qui n'exercent sur elle qu'une influence secondaire, et non point par le fait de sa nature intime, par l'obligation de se soumettre à des instincts puissants, à des besoins impérieux; car elle n'est point, comme la loutre et le castor, un animal aquatique. Aussi, est-il probable qu'Aristote n'aurait pas rapproché son *satherion* de ces animaux s'il ne leur eût pas plus ressemblé que la zibeline.

L'erreur de Buffon, à l'égard de l'espèce qu'il désigne sous le nom de *zorille,* est plus grave; il donne cette espèce comme une mouffette et comme d'origine américaine. Le nom de *zorille,* qui signifie petit renard,

---

1. Tom. XIII, in-4°, p. 309. et Supp. III, p. 163; — Édit. Pillot, tom. XVII, p. 528.

est, en effet, donné par les Espagnols aux petits carnassiers puants de l'Amérique méridionale, que nous
appelons mouffettes. Buffon, qui trouva ce nom
dans *Gemelli Carerri,* l'appliqua à un carnassier du
cabinet de M. le curé de Saint-Louis, qu'il crut reconnaître à la description que l'écrivain espagnol
donne de son *zorille,* et dont il ignorait l'origine :
mais cet animal était du cap de Bonne-Espérance, et
le nom de zorille ne lui convenait pas; car il n'est
point une mouffette, mais un véritable putois; il en
a les dents comme les organes du mouvement et des
sens; seulement, au lieu d'ongles demi-rétractiles,
propres à grimper, il a des ongles crochus, forts et
propres à fouir. Du reste, la figure qu'en donne Buffon, et la description qui l'accompagne, faite par
Daubenton, sont encore aujourd'hui les plus propres
à faire connaître cet animal par ses caractères extérieurs; et, malgré la confusion que fit Buffon, en lui
donnant le nom de zorille, ce nom lui est resté.

Buffon décrit encore d'autres animaux sous les
noms de putois, de fouine, de marte, etc. ; mais c'est
par erreur pour quelques uns, et sans fondement suffi-
sant pour d'autres : ainsi, sa fouine de Madagascar [1]
est une mangouste; sa grande marte de la Guiane est
un glouton [2]; son touan [3], qu'il regardait comme une
belette, est un didelphe. Quant à son putois rayé de
l'Inde [4] et à sa petite fouine de la Guiane, ce sont
des animaux indéterminables aujourd'hui, les carac-

1. Supp., t. VII, in-4°. p. 249. — Édit. Pillot, t. XV, p. 105.
2. Ibid., p. 250. — Ibid., p. 109.
3. Ibid., p. 252. — Ibid., p. 132.
4. Ibid., p. 251. — Ibid., p. 112.

tères d'après lesquels leurs rapports pourraient s'établir n'étant point connus.

Nous avons à ajouter aux espèces précédentes la marte des Hurons, le chorok, le perouasca, le mink, le furet de Java et la belette d'Afrique.

LE CHOROK.

LES Russes donnent ce nom à une espèce décrite par Pallas, sous le nom latin de *sibirica;* mais la description de cet auteur diffère si peu de celle du putois que nous sommes embarrassés de trouver des différences pour les distinguer. Selon cet illustre naturaliste, le chorok aurait des poils plus longs et moins fins que le putois, et, au lieu de l'extrémité du museau brune, il aurait le tour du nez blanc; cet animal, du reste, a toutes les mœurs du putois. On sent qu'une nouvelle comparaison est nécessaire pour établir qu'il y a une différence spécifique entre ces animaux.

La collection du Muséum paraît posséder un individu de cette espèce qui est uniformément d'un blond roux, excepté le tour du museau, qui est blanc à son extrémité et brun ensuite jusqu'aux yeux. Cet individu diffère donc beaucoup du putois, et donnerait des caractères très précis à son espèce.

LE MINK[1].

CETTE espèce est d'un tiers plus petite que le vison, et d'un marron presque noir. Le dernier tiers de sa queue est tout-à-fait noir, et le bout de sa mâchoire inférieure est blanc. Ses doigts sont réunis par une membrane très lâche.

Elle est commune dans le nord de l'Europe, et descend jusqu'à la Mer noire. Elle est également répandue dans l'Asie septentrionale et dans l'Amérique du Nord. On rapporte qu'elle se tient principalement aux bords des rivières, et qu'elle vit de reptiles et de poissons; l'odeur qu'elle répand est celle du musc.

LA BELETTE D'AFRIQUE[2].

M. Desmarest a publié cette espèce d'après une peau bourrée du cabinet du Muséum, qui porte aujourd'hui, pour toute indication, qu'elle a été tirée du Cabinet de Lisbonne; elle a environ dix pouces de longueur, et sa queue en a six. Toutes ses parties supérieures sont d'un beau marron, et ses parties inférieures d'un blanc jaunâtre; une bande marron,

1. *Mustela lutreola.* Pl. 16, fig. 1.
2. *Mustela africana.*

1 Le Mink. 2 La Marte Zibeline

très étroite, qui naît à la poitrine et s'étend jusqu'à la partie postérieure de l'abdomen, partage longitudinalement en deux ces parties blanchâtres; et le blanc du bord des lèvres remonte un peu sur les joues; la queue est de couleur marron dans toute son étendue.

LE PEROUASCA[1].

CETTE espèce a, du bout du museau à l'origine de la queue, un pied deux pouces environ, et la queue en a six. Elle nous offre quelques particularités qui la distinguent profondément des autres espèces de ce groupe, c'est son pelage tacheté. Elle paraît aussi, suivant Pallas, avoir la tête moins large proportionnellement que les putois. Les couleurs de son pelage consistent dans un fond marron varié de blanc; toutes les parties inférieures du corps, depuis le cou jusqu'à la base de la queue, c'est-à-dire, le cou, la poitrine, le ventre et les membres sont d'un brun foncé; cette couleur remonte sur les épaules en y prenant une teinte plus pâle; tout le reste est à peu près également mélangé de brun et de blanc, mais trop irrégulièrement pour qu'on puisse donner de la distribution de ces couleurs une description fidèle; la mâchoire inférieure et le bord de la lèvre supérieure sont blancs; une bande blanche transversale, étroite,

1. *Mustela samartica.*

sépare les deux yeux, passe par dessus, et vient, en s'élargissant, se terminer au bas des oreilles sur les côtés du cou ; la nuque est blanche, et donne naissance à deux autres bandes blanches qui descendent obliquement et viennent se terminer au devant de l'épaule ; quelques petites taches isolées garnissent la ligne moyenne jusqu'en arrière des épaules, où naît de chaque côté une longue tache qui se lie à celles qui bordent les flancs et qui forment une chaîne jusqu'à la queue ; entre ces deux lignes se voit un espace à peu près également partagé entre de petites taches irrégulières, brunes et blanches. La queue est uniformément variée de ces deux couleurs, excepté à la pointe qui est toute noire.

Cette description, faite sur l'individu du Cabinet, diffère assez de celle que Pallas nous a donnée du perouasca, pour qu'on puisse penser que la distribution des taches blanches peut varier dans certaines limites, suivant les individus.

LE FURET DE JAVA[1].

CETTE espèce est un peu plus petite que le putois. Tout son corps, excepté la tête et le bout de la queue, est couvert d'un poil d'un fauve d'or brillant. La tête et l'extrémité de la queue sont d'un blanc jaunâtre ; mais ce qui caractérise particulièrement cette espèce, est la nudité du dessous de ses pieds. Le putois n'a

1. *Mustela nudipes.*

de nu sous la plante des pieds et sous la paume des mains que l'extrémité des tubercules qui garnissent ces parties. Dans le furet de Java, les parties qui séparent ces tubercules sont également nues, quoique ce ne soit point un animal plantigrade. Cette circonstance n'influe donc en rien sur son naturel, d'une manière appréciable pour nous du moins, et c'est pourquoi je ne l'ai considérée que comme un caractère spécifique.

C'est à MM. Duvaucel et Diard que nous devons la connoissance de cette belle et singulière espèce de putois.

LA MARTE DES HURONS[1].

DE la taille de la fouine ; uniformément d'un blond clair, les pattes et la queue plus foncées ; le dessous des doigts entièrement revêtu de poils comme ceux de la zibeline. Tels sont les traits caractéristiques d'une espèce de marte envoyée au Muséum d'histoire naturelle par M. Milbert sous le nom de marte des Hurons, et comme ayant été prise dans le haut Canada. Le Cabinet possède plusieurs individus de cette espèce qui ne diffèrent point sensiblement l'une de l'autre.

1. *Mustela kuro.*

LES CHAUVE-SOURIS.

CES animaux, aussi bien que les musaraignes, auraient pu donner lieu aux réflexions que nous avons
faites sur la direction que l'histoire naturelle des
quadrupèdes a prise chez nous depuis Buffon, et
sur le point de vue sous lequel elle aurait actuellement besoin d'être envisagée, pour que les deux
parties dont l'histoire naturelle de tout animal se compose, la partie physique et la partie psychique, sui-
vissent une même marche et s'enrichissent dans les
mêmes proportions. En effet, Buffon [1] ne fait connaître que sept à huit chauve-souris, et si dans ses
suppléments [2] il parle de sept ou huit autres, découvertes par Daubenton, ce n'est que pour rapporter les noms et le nombre des dents de chacune
d'elles. Aujourd'hui on en a décrit de quatre-vingts
à cent espèces, et excepté sous le rapport des modifications que peuvent présenter les caractères spécifiques, l'histoire de ces animaux ne s'est enrichie
d'aucune observation véritablement propre à nous
faire connaître leur naturel et le rôle qu'ils jouent
dans l'économie de ce monde. Il y a plus, les modifications organiques, fort singulières et fort remarquables, qui sont particulières à un assez grand nom-

1. Tom. VIII, in-4°. p. 113. — Édit. Pillot, tom. XV, p. 259.
2. Supp. III, in-4°, p. 264. — Édit. Pillot, tom. XV, p. 283.

1. La Roussette macroglosse. 2. La Roussette harpie.

bre d'espèces de chauve-souris, n'ont fait le sujet
d'aucune recherche pour en découvrir la nature : pré-
sentées par les organes des sens, on a conjecturé
qu'elles avaient pour objet de modifier les sensations;
mais de quelle manière, dans quelle mesure et dans
quel cas? C'est ce qui reste complètement ignoré; de
sorte que ces modifications, malgré toute leur importance comme caractères distinctifs, ne sont encore
pour la science que des caractères empiriques.

Cette direction toute spéciale des esprits, vers la
structure, l'organisation des quadrupèdes, pourrait
être attribuée à plusieurs causes, mais deux d'entre
elles me paraissent surtout y avoir contribué ; l'une
consiste dans la part qu'ont prises à la science les
méthodes de classification, l'autre, l'habitation presque forcée dans les grandes villes des hommes qui
s'occupent de l'histoire naturelle des animaux, et qui,
par leur position, exercent le plus d'influence sur
elle.

Buffon, prévenu de l'idée que le nombre des quadrupèdes était très borné, et par là toujours disposé
à rapporter aux espèces connues celles qui n'étaient
qu'incomplètement indiquées ou décrites, ne sentit
point la nécessité de ces classifications qui, comme
celles de Linnæus, avaient pour objet de faire reconnaître les espèces par la comparaison et l'opposition
de quelques uns de leurs caractères. Cependant, le
nombre des quadrupèdes augmentant, sous l'influence
même des ouvrages de Buffon, il devint indispensable
de les classer méthodiquement et sous un système de
dénominations favorables à la mémoire. C'est alors
que la méthode Linnéenne fut adoptée chez nous;

mais les principes de cette méthode étaient loin d'être des guides sûrs, et le cadre dans lequel le naturaliste suédois renfermait tous les quadrupèdes ne suffisait pas aux nombreuses acquisitions de la science ; on ne put donc échapper à l'obligation de rectifier ces principes et d'étendre ce cadre. Cette étude devint alors l'occupation presque exclusive des esprits, que tant d'efforts dirigés vers le même but conduisirent enfin aux méthodes naturelles, et au principe sur lequel elles se fondent, celui de la subordination des caractères ; principe fécond, qui ouvrait un champ nouveau aux recherches et aux spéculations, et sous l'influence duquel la science est encore tout entière aujourd'hui.

Cette influence est devenue d'autant plus facilement exclusive, que les naturalistes étaient plus favorablement placés pour l'éprouver, et pour donner de l'éclat à leurs travaux. Ce serait vainement qu'on se livrerait aux recherches de classifications, loin des grandes collections et des grandes bibliothèques ; on ne parvient à établir les caractères distinctifs des espèces et des genres de quadrupèdes que par des recherches nombreuses, et par de minutieuses comparaisons. Il faut recueillir les rapports de tous les auteurs, rapprocher leurs descriptions, reconnaître en quoi elles se ressemblent ou diffèrent, rassembler celles qui paraissent appartenir au même objet, agir de même sur les dépouilles que les collections renferment ou sur les figures qui les représentent, et de toutes ces notions, plus ou moins incomplètes et de nature différente, recréer en quelque sorte les êtres, et en présenter la peinture. Une longue expérience

est indispensable au succès de ces sortes de travaux ;
le genre de critique qu'ils exigent ne peut s'acquérir
par une autre voie, les livres ne donnent que des
règles générales, et sans l'exercice des sens, ces rè-
‣ gles sont inapplicables : or, les riches collections de
zoologie, les bibliothèques consacrées aux sciences,
les chaires, où l'histoire naturelle des animaux doit
être enseignée dans toute son étendue, ne sont qu'en
petit nombre, et leur réunion ne se trouve que dans
la capitale. Mais si la solitude, si la vie des champs,
est incompatible avec les travaux de classification,
combien elle est plus favorable que la vie des grandes
villes à l'étude des animaux vivants, à la recherche de
leur naturel, à l'observation de ces actions que dirige
leur intelligence ou que détermine leur instinct, en un
mot, à la connaissance de cette seconde partie de l'histoire naturelle des animaux, qui a pour objet les causes
de leurs actions, et à quelques égards la fin de leurs
organes. Cet avantage de l'habitation des campagnes est
loin d'être apprécié comme il le devrait, si nous en ju-
geons par la plupart des mémoires de zoologie qui paraissent dans les recueils des sociétés savantes établies
dans les villes où ne se trouvent ni collections, ni
grandes bibliothèques, ni chaires savantes : ces mémoires, presque tous de classification et de nomen-
clature, sont rarement utiles, et trop souvent ils sont
nuisibles, par les faits incomplets qu'ils contiennent,
et qui ne font que renforcer l'obscurité que leur objet
était d'affaiblir. Ils seraient d'une valeur bien autrement précieuse si leur but était différent, si au lieu de
contenir des descriptions et de montrer des rapports,

ils étaient consacrés à des histoires d'actions en faisant voir dans chacune la part de l'intelligence et celle de l'instinct, en indiquant ce qui s'y trouve de fortuit ou de nécessaire, de variable ou de constant.

Peu d'animaux seraient plus favorables à ce genre de recherches que les chauve-souris. Les espèces sont nombreuses, elles doivent présenter des différences de mœurs, peu considérables sans doute dans quelques unes, mais importantes dans d'autres, et toutes ces différences ont besoin d'être appréciées. Leur vie crépusculaire n'est point un obstacle à l'observateur, car elles lui doivent peut-être de ne pas fuir la présence des objets étrangers et ne pas s'effrayer de celle de l'homme; l'étendue bornée de leur vol, l'instinct qui les empêche de s'éloigner de leur habitation et les réunit pour la plupart en troupes, favoriseraient encore leur étude, et plusieurs faits portent à penser qu'on parviendrait sans trop de peines à les faire vivre dans des lieux circonscrits et fermés.

Les cent espèces de chauve-souris qui ont été décrites et distinguées par des caractères plus ou moins importants ont été réunies dans vingt ou vingt-cinq genres, caractérisés eux-mêmes par des modifications organiques d'un influence plus ou moins grande sur la vie. Un volume suffirait à peine pour faire connaître tous ces animaux; ils se trouvent indiqués et décrits dans les ouvrages de classifications, groupés dans deux familles; les uns, les phyllostomes, ayant une feuille membraneuse plus ou moins compliquée à l'extrémité du museau, et les autres, les vespertilions, en étant dépourvus; les premiers se

1. *Le Glossophage de Pallas.* 2. *La Mégaderme feuill.*

A. Massard Sc.

partagent en six genres principaux : les phyllostomes proprement dits, les vampires, les rhinolophes, les glossophages, les mégadermes et les rhinopomes mormops. Buffon donne la description d'espèces qui appartiennent aux trois premiers de ces genres : le grand et.le petit fer-de-lance [1], qui sont des phyllostomes; le vampire, qui forme un genre à lui seul [2]; enfin le grand et le petit fer-à-cheval [3], qui sont des rhinolophes. Nous nous bornerons donc à faire connaître une des espèces les plus anciennes des quatre autres.

LE GLOSSOPHAGE DE PALLAS [4].

C'est à Pallas qu'on doit la connaissance de cet animal, dont il a donné une description très complète sous le nom de *vespertilio soricinus* [5]; et les détails où il entre sur la structure des organes étaient bien suffisants pour qu'on en fît le type d'un genre, dès que les principes de la méthode naturelle furent établis; mais entre la découverte d'un principe et son application à tout ce que, dès son origine, il pourrait

1. Supp., tom. VII, in-4°, pl. 74, et tom. XIII, pl. 33. — Édit. Pillot, tom. XV, p. 287 et 289.

2. Tom. X . in-4°, p. 55 , Supp. VII, p. 291. — Édit. Pillot, tom. XV, p. 275.

3. Tom. VIII, in-4°, pl. 20 et 17, fig. 2. — Édit. Pillot, t. XV, p. 261.

4. Pl. 9, fig. 1.

5. Pallas, Spic. Zool. fosc 3, pl. 3 et 4; in-4°.

embrasser, l'intervalle souvent est très grand; aussi
ce ne fut qu'en 1818 que M. Geoffroi Saint-Hilaire
forma, du *vespertilio soricinus*, le genre *glossophage*[1],
par la considération, entre autres, de la langue de cet
animal, dont la structure très particulière modifie indubitablement le sens du goût et le mode de manduc-
cation. M. Geoffroi en avait parlé précédemment sous
le nom de phyllostome musette[2], en proposant le
genre des phyllostomes proprement dits, dans lequel
furent classées d'abord plusieurs espèces qui en ont
été séparées ensuite pour former des types de genres
ou de sous-genres nouveaux.

Excepté pour ce qui concerne ses rapports avec les
autres chauve-souris, nous ne connaissons encore le
glossophage de Pallas que par ce que ce naturaliste
et M. Geoffroi nous en disent, et par ce que nous en
avons vu nous-mêmes; et nous n'avons pu l'étudier
l'un et l'autre que sur des individus morts et conservés dans la liqueur.

Cette chauve-souris a deux pouces de longueur du
bout du museau à l'extrémité du tronc, son envergure est d'environ huit pouces, elle est entièrement
privée de queue, et les mâles sont un peu plus grands
que les femelles. Le museau est allongé comparativement à celui des autres phyllostomes. La mâchoire supérieure a quatre incisives, les deux moyennes larges
et comme tronquées, les deux latérales pointues, une
canine de chaque côté, et sept mâchelières dont quatre
fausses molaires et trois molaires véritables. La mâchoire inférieure a également quatre incisives, les deux

1. Mémoires du Mus. d'Hist. nat., tom. IV, p. 411, 1818.
2. Annales du Mus. d'hist. nat., tom. XV, p. 179, 1815.

moyennes plus petites que les latérales, une canine de chaque côté et six mâchelières, c'est-à-dire trois fausses molaires et trois vraies [1]. Pallas n'avait reconnu que cinq mâchelières supérieures, et M. Geoffroi n'en annonce que six; mais l'on ne doit attribuer cette différence entre les nombres donnés par ces naturalistes et le nôtre qu'à la perte d'une ou deux fausses molaires chez les individus qu'ils ont examinés; en effet, la mâchoire supérieure seule chez les glossophages a des fausses molaires anomales, et ces dents rudimentaires presque sans racine, disparaissent souvent en ne laissant que des traces presque insensibles, dans les os auxquels elles tiennent. Les pieds et les mains ont chacun cinq doigts, et l'on sait que les organes du mouvement sont à peu près semblables chez toutes les chauve-souris; les parties nues, c'est-à-dire, la membrane des ailes, la plante des pieds, les oreilles intérieurement sont brunes; le pelage est d'un cendré brunâtre sur le dos, et blanchâtre aux parties inférieures du corps; les ongles des pieds sont jaunâtres; mais, comme nous l'avons dit, ce que cet animal offre de plus remarquable est sa langue; elle est étroite, sa longueur est double de celle du museau, un sillon profond la divise en deux parties égales dans sa longueur, et ses bords sont revêtus de papilles aiguës, semblables à des poils pressés les uns contre les autres et couchés d'avant en arrière; de nombreuses papilles molles s'aperçoivent à sa base, mais principalement trois; deux à côté l'une de l'autre en arrière, et une immédiatement avant elles. Les yeux sont

---

1. Des dents considérées comme caractère zoologique, p. 52.

assez. grands ; les oreilles , médiocrement étendues ,
ont un oreillon lancéolé ; la feuille nasale est simple ,
divisée à sa base par une échancrure et terminée en
pointe. La verge est pendante en avant d'un scrotum
extérieur , et le clitoris paraît contenir le canal de l'u-
rètre et être terminé par son orifice.

L'on ne connaît rien de particulier sur les mœurs
de cet animal. On sait que plusieurs des chauve-souris à feuilles nasales s'attaquent quelquefois aux
grands animaux et aux hommes endormis auxquels ils
sucent le sang, sans leur causer de douleur sensible,
car souvent ces derniers ne sont pas tirés de leur sommeil. Il est à présumer que les glossophages sont
pourvus des mêmes facultés et dirigés par le même
instinct ; mais comment leur mode de manducation
est-il modifié par leur langue , si différente de celle
des autres phyllostomes? C'est ce que nous ignorons
complètement.

Cette espèce qui se trouve à la Jamaïque , au Brésil, et sans doute dans les contrées voisines , n'est
pas la seule de son genre. M. Geoffroi Saint-Hilaire
en a fait connaître encore deux autres, l'une dont la
queue est moins longue que la membrane interfémorale, l'autre qui a la queue plus longue que cette
membrane ; elles sont aussi originaires de l'Amérique
méridionale.

LA MÉGADERME FEUILLE[1].

\

Buffon, à l'article de la chauve-souris fer-de-lance[2], parle d'une autre chauve-souris du Sénégal, qui a également une membrane sur le nez, et dont Daubenton avait donné la description dans les mémoires de l'Académie royale des Sciences[3] sous le nom de feuille. D'un autre côté, Daubenton, dans la description de cette chauve-souris fer-de-lance à la suite de l'article de Buffon[4], dit quelques mots de sa chauve-souris feuille du Sénégal. C'est là tout ce qu'on trouve dans Buffon sur cet animal[5]. Depuis, M. Geoffroi Saint-Hilaire ayant formé le genre mégaderme[6] y a fait entrer la feuille. Daubenton seul a vu et décrit cette espèce de chauve-souris, mais il n'en a malheureusement point donné de figure, et cette lacune jusqu'à présent n'a pu être remplie. Voici ce qu'il dit de cet animal. « Je donne le nom de feuille à la der-

---

1. *Megaderma frons.* Pl. 9, fig. 2.
2. Buffon, t. XIII, in-4°, p. 227.—Édit. Pillot, t. XV, p. 287.
3. Année 1759.
4. Buffon, tom. XIII, in-4°, p. 230.
5. Dans un tableau copié des Mémoires de l'Académie des Sciences, année 1759, et qui a été inséré dans le vol. III des Suppléments de Buffon (Édit. Pillot, tom. XV, p. 283), l'on trouve le nombre des diverses sortes de dents de toutes les chauve-souris décrites par Daubenton, et par conséquent le nombre des diverses sortes de dents de la feuille.
6. Annales du Mus. d'hist. nat., tom. XV, p. 187.

nière des chauve-souris étrangères que j'ai observées,
parce qu'elle a sur le bout du museau une membrane
ovale posée verticalement, qui ressemble à une feuille ;
cette membrane a huit lignes de longueur sur six de
largeur ; elle est très grande à proportion de l'animal,
qui n'a que deux pouces un quart de longueur depuis le bout du museau jusqu'à l'anus ; les oreilles
sont près de deux fois aussi grandes que la membrane,
aussi se touchent-elles l'une l'autre depuis leur origine par la moitié de la longueur de leur bord interne ; elles ont un oreillon qui a la moitié de leur
longueur, et qui est fort étroit et pointu par le bout.
Cet animal n'a point de queue ; le poil est d'une belle
couleur cendrée avec quelque teinte de jaunâtre peu
apparent.

» Il n'y a point de dents incisives dans la mâchoire
supérieure, et il ne s'en trouve que quatre dans l'inférieure ; elles ont chacune trois lobes ; la même mâchoire a dix dents mâchelières, et celle du dessus seulement huit ; les canines sont au nombre de deux
dans chaque mâchoire ; celles du dessous ont, sur le
côté postérieur de leur base, une pointe qui paraît au
premier coup d'œil être une dent mâchelière. Cette
chauve-souris m'a été communiquée avec le rat volant et le loir volant, par M. Adanson qui les a ap-
portés du Sénégal. »

LE RHINOPOME MICROPHYLLE[1].

Cet animal, découvert par M. Geoffroi Saint-Hilaire, dans les souterrains des pyramides du Caire et de Gyzeh, a été décrit et figuré par lui dans la description de l'Égypte[2]. C'est sur cette espèce qu'il a formé le genre rhinopome ; mais elle avait déjà été publiée par Brunnich, dans la description du cabinet de Copenhague[3] sous le nom de *vespertilio microphyllus*. Quant à ce que dit Belon[4] d'une chauve-souris de Crète qui a les naseaux à la manière d'un veau, et qu'on a rapportée à ce rhinopome, il est difficile de juger de l'exactitude de ce rapprochement.

Cette chauve-souris à petite feuille nasale est particulièrement remarquable par son chanfrein creusé en gouttière, ses grandes oreilles réunies sur le front, et ses narines entourées d'une espèce de groin et qui se ferment par l'élasticité de leurs bords.

Elle a deux petites incisives coniques, écartées l'une de l'autre, deux fausses molaires et six vraies à la mâchoire supérieure, et à la mâchoire inférieure

1. Pl. 10, fig. 1.
2. Hist. nat., p. 123, pl. 1, fig. 1.
3. Pl. 6, fig. 1, 2, 3, 4, p. 50.
4. De la nature des oiseaux, p. 146, chap. 39.

quatre incisives trilobées placées régulièrement, avec
quatre fausses molaires et six vraies. Les oreilles, à
peu près aussi larges que hautes, ont un oreillon ressemblant à une feuille lancéolée. Le groin ne se détache
du museau qu'à sa partie supérieure, où il se termine
en angle droit, et les narines se présentent comme
deux fentes obliques rapprochées par leur partie inférieure. La lèvre-supérieure ne s'étend pas au delà de la
partie inférieure du groin, et la lèvre opposée se termine par deux mamelons que sépare un léger sillon.
L'œil est de grandeur médiocre et à peu près à égale
distance de l'oreille et du bout du museau. Les ailes
sont très étendues, mais la membrane interfémorale
est étroite, et la queue est en grande partie libre.
Dans le repos, les dernières phalanges des quatre
doigts se replient en dessous et le tarse est sans osse-
let pour soutenir la membrane.

Cette espèce a deux pouces de longueur du bout
du museau à l'origine de la queue, celle-ci a près de
deux pouces; l'envergure est de sept pouces et demi;
le pelage formé de poils longs et touffus est d'un
cendré assez uniforme.

Il paraît d'après les observations de M. Geoffroi que
cet animal ouvre et ferme ses narines par un mouvement alternatif analogue à celui de la poitrine, et qu'il
peut les recouvrir de sa feuille nasale.

LE MORMOPS[1].

C'est à M. le docteur Leach que l'on doit la connaissance de cette singulière chauve-souris dont l'espèce ne paraît s'être encore trouvée qu'à Java. Il l'a décrite d'après une dépouille qui était en sa possession, de sorte qu'on n'en connaît encore que les caractères physiques; mais ces caractères sont si extraordinaires qu'on peut supposer avec fondement que leur influence sur les actions de cet animal donne lieu à un naturel et à des habitudes non moins remarquables.

Le mormops est surtout digne d'attention par la forme de sa tête, dont l'encéphale relevé au dessus du museau forme avec lui un angle droit.

La mâchoire supérieure a quatre incisives, les moyennes grandes et très échancrées, les latérales rudimentaires : l'inférieure a quatre incisives égales et trilobées, et l'une et l'autre ont de chaque côté trois fausses molaires et trois vraies. M. Leach ajoute que la lèvre supérieure est lobée et crénelée, que l'inférieure est terminée par trois tubercules, que la langue est couverte de papilles bifides antérieurement, et multifides postérieurement, que les narines sont garnies d'une feuille nasale, droite, réunie aux oreilles dont le bord supérieur est divisé en deux lobes.

Les organes du mouvement ne présentent aucune

1. Pl. 10, fig. 2.

modification importante. La queue, entièrement en-
veloppée dans la membrane interfémorale, est plus
courte que celle-ci.

On voit que des recherches et des observations
nombreuses sont encore nécessaires pour compléter
l'histoire de cette singulière espèce de chauve-souris.

Les chauve-souris sans membrane sur le nez ont
été divisées en quinze ou vingt genres ; mais beaucoup d'entre ceux-ci sont caractérisés par des détails
trop minutieux pour trouver place ici. Nous les rédui-
rons donc à neuf : les vespertilions proprement dits,
les oreillards, les furies, les nycticés, les taphiens, les
nyctères, les noctilions, les molosses, et les myoptères. Or, Buffon en décrivant la chauve-souris commune[1], la noctule[2], la pipistrelle[3], et la serotine[4], fait
connaître les vespertilions ; son oreillard[5] et sa barbâs-
telle[6] sont devenus les types du genre oreillard ; la
marmotte volante[7] est un nycticé ; le campagnol volant[8] présente les caractères du genre nyctère ; et le
mulot volant[9] ceux du genre molosse. Il ne nous
reste donc pour compléter ce tableau, qu'à parler des
furies, des taphiens, des noctilions et des myoptères.

1. Tom. VIII ; in-4°, pl. 16, p. 118 et 126. — Édit. Pillot, t. XV,
p. 255, pl. 45 et 46.

2. Id., pl. 18, fig. 1, p. 118 et 128. — Ibid., p. 260, pl. 47.

3. Id., pl. 19, fig. 1, p. 119 et 129. — Ibid., p. 260, pl. 48.

4. Id., pl. 18, fig. 2, p. 119 et 129. — Ibid., p. 260, pl. 47.

5. Id., pl. 17, fig. 1, p. 118 et 127. — Ibid., p. 260, pl. 47.

6. Id., pl. 19, fig. 2, p. 119 et 130. — Ibid., p. 261, pl. 48.

7. Tom. X, pl. 18, p. 82. — Ibid., t. XV, p. 283.

8. Id., pl. 20, fig. 1 et 2, p. 88. — Ibid.

9. Id., pl. 19, fig. 1, p. 84. — Ibid.

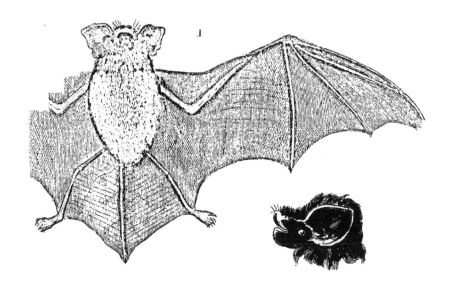

1. *La Furie hérissée.* 2. *Le Taphien indien.*

LA FURIE HÉRISSÉE.

Cette chauve-souris de petite taille frappe d'abord la vue par son museau camus et hérissé de poils raides, au milieu desquels se montrent des yeux saillants qui ajoutent encore à l'expression bizarre de la physionomie de cet animal. Ses dents incisives supérieures sont au nombre de quatre, d'égale grandeur, pointues, et les externes n'ont aucun rapport avec les canines inférieures; chez la serotine, la noctule, etc., au contraire, les incisives moyennes sont beaucoup plus grandes que les latérales, et celles-ci sont déchaussées par leur opposition avec les canines d'en bas. Les incisives inférieures, placées régulièrement sur un arc de cercle, sont à trois dents, et en cela elles diffèrent de celles de plusieurs autres vespertilions, qui ne sont que bifides, et de celles des espèces que nous venons de nommer, lesquelles sont comprimées entre les canines et placées les unes devant les autres. Les canines supérieures, beaucoup plus épaisses que les inférieures, sont à trois pointes, une antérieure et une postérieure petites, et la moyenne, qui est forte, grande et conique. Les canines inférieures de forme cylindrique ont aussi une pointe antérieure et une postérieure; et aux deux mâchoires, ces dents, de forme tout-à-fait anomale, ont plus de rapport avec des fausses molaires qu'avec

des canines, caractère au reste qui leur est commun
avec celles de beaucoup d'autres insectivores. La mâchoire d'en haut offre deux fausses molaires de chaque côté, et trois vraies, et la mâchoire opposée n'en
diffère sous ce rapport qu'en ce qu'elle a une fausse
molaire de plus. Ces dents n'ont rien qui leur soit
particulier, elles ont tous les caractères des dents analogues des autres chauve-souris, qui, comme on sait,
n'ont montré jusqu'à présent aucune différence ni
dans le nombre, ni dans la forme de leurs vraies molaires.

Les organes du mouvement ne présentent rien de
particulier. Le pouce ne se montre hors de la membrane des ailes que par son ongle; le premier doigt
vient se terminer et s'unir à la naissance de la troisième et dernière phalange du second. Lorsque les
ailes ne sont point étendues, les ligaments ramènent
en dedans la dernière phalange du second doigt qui
se replie ainsi sur lui-même par son extrémité. La
queue diminue insensiblement d'épaisseur, et les vertèbres dont elle se compose cessent d'être distinctes
dès le milieu de la membrane interfémorale, mais elle
paraît se continuer en un simple ligament jusqu'à l'extrémité de cette membrane; celle-ci, fort étendue, se
termine en un angle dont le sommet dépasse de beaucoup les pieds, et elle se replie en dessous, comme
ces derniers lorsque l'animal est en repos. Les yeux,
ainsi que nous l'avons dit, sont saillants et remarquables par leur grandeur. Les narines terminent le museau, et ne sont séparées l'une de l'autre que par
un bourrelet qui les environne, et qui forme une
échancrure à leur partie supérieure. Les lèvres sont

entières, la langue est douce, et la bouche sans abajoues; mais on voit sur les côtés de la lèvre supérieure quatre ou cinq tubercules nus, disposés très
régulièrement, ainsi que huit autres tubercules qui
garnissent le dessous de la mâchoire inférieure, et
qui s'aperçoivent d'autant mieux qu'ils sont blancs
au milieu de poils noirs. Les oreilles sont grandes,
à peu près aussi larges que longues, simples de
structure et pourvues d'un oreillon d'une forme particulière, il est à trois pointes disposées en croix. Le
pelage est doux et épais, excepté sur le museau, où
il est plus long, plus raide et plus hérissé que sur
les autres parties du corps. La hauteur du maxillaire
supérieur est presque nulle comparativement à celle du
même os dans les espèces qu'on peut considérer comme
de véritables vespertilions. La branche montante de
la mâchoire inférieure est remarquablement grande,
et les os du nez, relevés sur leur bord externe, dans
toute la longueur du museau, laissent entre eux une
dépression sensible, quoiqu'elle ne s'aperçoive pas
sur la tête non dépouillée.

Notre furie, à laquelle nous donnerons le nom de
hérissée [1], *furia horrens,* est d'une petite taille; sa longueur, du bout du museau à l'origine de la queue,
est d'un pouce et demi, son envergure de six pouces
et sa couleur d'un brun noir uniforme. Nous en devons la possession à M. Leschenault, qui la découvrit
à la Mana dans son premier voyage en Amérique.

1. Pl. 11, fig. 1.

LE TAPHIEN[1] INDIEN.

C'est une espèce nouvelle de chauve-souris[2] dont
la description nous fera connaître les caractères communs à toutes les espèces qui forment le genre taphien. Elle nous a été envoyée de Java par M. Diard.

Cet animal indique d'abord le genre auquel il appartient, par sa grosse tête sphérique, résultant
du grand développement des muscles qui meuvent
la mâchoire inférieure, et par son museau à peu
près conique. Il est dépourvu d'incisives supérieures; mais il en a quatre inférieures qui sont d'é-
gale grandeur et trilobées; ses canines, longues, sont
d'un petit diamètre à leur base; il a cinq mâchelières
de chaque côté des deux mâchoires, une fausse molaire anomale, une normale, et trois vraies molaires.
Ses narines sont ouvertes, au sommet du cône que
forme le museau, dans un très petit mufle qui fait
toute l'épaisseur de la lèvre supérieure. Sa langue,
de la largeur des mâchoires, est garnie à son extrémité de petites lames rigides, et dans tout le reste de
sa longueur de papilles molles. Sa bouche est grande
sans abajoues, et sa lèvre inférieure se termine par
deux mamelons nus et lisses, qui correspondent à

1. Le genre Taphien, *Taphozous*, a été formé par M. Geoffroi
Saint-Hilaire; Description de l'Égypte, t. II, p. 126.

2. Pl, 11, fig. 2.

un mamelon de même nature de la lèvre supérieure. Son œil, de médiocre grandeur, est à peu près à égale distance de la commissure des lèvres et du bord antérieur de l'oreille ; celle-ci est très large et naît sur le chanfrein, au bord d'une dépression ou cavité circulaire qui se trouve sur cette partie du museau, et elle vient se terminer un peu en dessous et en arrière de la mâchoire inférieure par un bord libre et étroit ; au devant du trou auditif est un oreillon court, large et irrégulièrement arrondi. Chez l'individu que nous décrivons, et qui est mâle, on voit sous la gorge une cavité nue, profonde de deux lignes et large de trois, dont l'orifice transversal est garni de lèvres musculeuses. Les ailes sont de grandeur médiocre ; lorsqu'elles se ferment, la dernière phalange de l'index et la seconde du deuxième doigt se replient en dessus, tandis que la première phalange de ce deuxième doigt se replie sur le second, et la troisième du troisième doigt se replie en dessous. Une membrane épaisse unit l'avant-bras au quatrième doigt, près du carpe, et forme une petite poche. La membrane interfémorale est aussi étendue que la queue ; mais celle-ci n'y est engagée que dans sa première moitié, l'autre moitié reste libre en dessus de cette membrane. Les testicules sont dans un scrotum particulier très volumineux ; le gland est gros, ovale, comme tronqué à son extrémité, et l'ouverture de l'urètre consiste en une fente transversale percée à son extrémité postérieure.

Ce taphien est revêtu d'un pelage doux et soyeux, d'un brun roux foncé aux parties supérieures du corps, et d'un brun plus pâle et grisâtre en dessous ; les par-

ties nues sont d'un brun violacé. Sa longueur, du sommet de la tête à l'origine de la queue, est de trois
pouces; la tête et la queue ont chacune un pouce.

LE NOCTILION BEC-DE-LIÈVRE.

CETTE chauve-souris[1], ainsi que les autres espèces
du genre noctilion, se reconnaît aisément à sa tête
plate, et à son museau élevé, divisé antérieurement
par deux larges sillons de la lèvre supérieure qui en
font un double bec de lièvre. Elle a plusieurs fois
occupé les naturalistes; Schreber et Shaw l'ont fait
représenter, d'Azara l'a décrite, le P. Feuillée en parle,
et cependant ses mœurs ne sont point connues, on
s'est borné à l'exposition de ses caractères physiques.

Cet animal a quatre incisives supérieures, deux
moyennes larges et deux latérales rudimentaires, et
il en a deux inférieures lobées, situées à côté l'une de
l'autre en avant des canines; celles-ci se touchent par
leur base; elles sont recourbées et plus petites que
les canines supérieures qui sont longues, et presque
droites et tranchantes antérieurement. Les narines,
entourées chacune d'un bourrelet saillant, s'ouvrent
sur les côtés d'un petit mufle. Une saillie triangulaire
qui forme la partie moyenne de la lèvre supérieure,
descend du mufle sur les incisives, et deux sillons

1. Pl. 12, fig. 1.

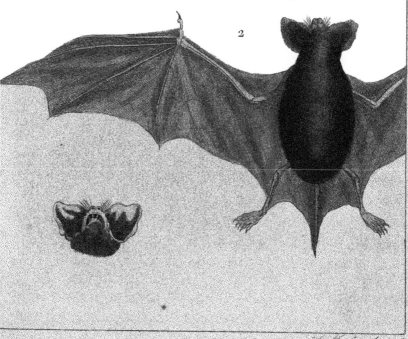

A. Massard sculp.

Le Noctilion bec de lievre. 2 Le Myoptere ou Rat volant.

profonds la séparent des parties latérales de cette
même lèvre, lesquelles descendent d'abord verticalement, et se replient ensuite horizontalement pour
se réunir à la lèvre inférieure ; cette lèvre, très charnue et plissée irrégulièrement en dessous, présente
à sa partie moyenne un tubercule arrondi, nu et
lisse. La langue est charnue, large, et couverte de
papilles molles. L'œil est petit et plus rapproché de
l'oreille que du bout du museau. L'oreille est étroite,
longue, terminée en pointe et couchée en avant ;
son tragus forme une petite poche ouverte en dehors,
ensuite elle s'avance presque jusqu'à la commissure
des lèvres, et un oreillon petit et dentelé, porté sur
un pédicule, naît au bord interne du trou auditif. Le
scrotum est couvert de poils épineux. Les organes du
vol sont étendus ; la dernière phalange du second doigt
est presque aussi longue que la première, et lorsque
l'aile se ferme, elle se replie, ainsi que la première du
troisième doigt, sur la surface interne de cet organe.
La membrane interfémorale est très grande et plus
étendue que la queue, laquelle, après avoir été enve-
loppée par cette membrane, reste libre dans un quart
environ de sa longueur.

La taille de cet animal approche de celle du sur-
mulot ; le corps a quatre pouces de longueur environ,
et sa queue a dix lignes. Son envergure est de vingt-
deux à vingt-quatre pouces. Toutes les parties supérieures de son corps sont d'un fauve roussâtre, un
peu plus clair le long de l'épine du dos, et sur toutes
les parties inférieures

LE RAT VOLANT.

C'est de cette chauve-souris, qui n'a encore été vue et décrite que par Daubenton, que M. Geoffroi Saint-Hilaire a formé le genre myoptère [1], et elle est encore la seule que renferme ce genre; aussi nous serions-nous peut-être dispensés d'en parler, si nous n'avions cru devoir réunir à l'*histoire naturelle générale et particulière,* tout ce qu'un de ses auteurs a publié ailleurs sur les quadrupèdes. Nous ne concevons pas pourquoi Daubenton n'a pas lui-même rappelé cette espèce, lorsqu'il a parlé dans l'ouvrage de Buffon des autres chauve-souris étrangères qu'il avait précédemment fait connaître dans les Mémoires de l'Académie royale des Sciences. Quoi qu'il en soit, voici ce que Daubenton dit de cet animal.

« Le rat volant a trois pouces un quart de longueur, depuis le bout des lèvres jusqu'à l'origine de la queue; ainsi il n'est guère plus grand que la noctule, qui est longue de trois pouces : le museau est court et gros. Les oreilles sont larges, et ont un oreillon très petit; le bout de la queue est dégagé de sa membrane comme dans la marmotte volante : la tête et la face supérieure du corps ont une couleur brune, et la face inférieure est d'un blanc

---

1. *Myopteris Daubentonii.* Geoffroi, Descript. de l'Égypte, Hist. nat., t. II, p. 113.

sale avec une légère teinte de fauve ; la membrane des ailes et de la queue a des teintes de brun et de gris.

» Les dents de cet animal sont au nombre de vingt-six, il y a deux incisives et deux canines dans chaque mâchoire, huit mâchelières dans celle de dessus et dix dans celle de dessous : les deux incisives de la mâchoire supérieure sont pointues et placées l'une contre l'autre ; celles de la mâchoire inférieure ont chacune deux lobes, et occupent tout l'espace qui est entre les deux canines. »

LES MUSARAIGNES.

C'est moins pour montrer le rôle que ces animaux peuvent jouer dans l'économie de la nature, que pour donner ún exemple de l'esprit qui, depuis Buffon, a dirigé l'histoire naturelle, que nous rappellerons ici les observations auxquelles les musaraignes ont donné lieu pendant l'intervalle qui s'est écoulé depuis la publication des derniers volumes de l'histoire générale et particulière jusqu'à ces derniers temps.

Buffon ne parle que de trois musaraignes : la musaraigne commune ou musette, la musaraigne d'eau, et la musaraigne musquée de l'Inde; quant à celle du Brésil[1], dont il donne la description d'après Marcgrave[2], il avait d'abord reconnu lui-même que cet animal ne pouvait être une musaraigne[3], et en effet, l'animal qu'on désigne sous ce nom est une sarigue. A ces trois musaraignes s'en sont jointes au moins quinze à vingt autres espèces, découvertes pour la plupart en Europe, sans doute parce que c'est en Europe que se trouve le plus grand nombre d'observateurs; pourquoi en effet lorsqu'on a découvert des musaraignes dans toutes les autres parties du monde, les modifications que ce genre est susceptible de

---

1. Hist. Brasil., p. 229.
2. Tom. XV, in-4°, p. 160. — Édit. Pillot, tom. XVIII, p. 416.
3. Tom. VIII, in-4°, p. 59. — Édit. Pillot, tom. XV, p. 190.

subir ne s'y produiraient-elies pas, et pourquoi les
influences diverses qu'il rencontre en Afrique, en
Asie et en Amérique, ne donneraient-elles pas lieu
à des espèces égales au moins en nombre à celles de
notre continent, et qui ne leur seraient point semblables? Ces modifications, au reste, sont très peu
variées et peu importantes, et ne consistent guère
que dans la taille, dans des teintes plus ou moins
grises, ou plus ou moins fauves, diversement distribuées sur les parties supérieures du corps, dans l'é-
tendue plus ou moins grande qu'occupe le blanc des
parties inférieures, dans une queue plus ou moins longue ; car pour ce qui concerne les organes de la diges-
tion, ceux des sens et ceux du mouvement que Daubenton a fidèlement décrits, ces animaux ne diffèrent
point l'un de l'autre. Il paraîtrait que quant au naturel les ressemblances ne sont pas aussi intimes; mais
c'est la partie de leur histoire sur laquelle règne le
plus d'obscurité : on sait que la musaraigne commune
vit dans la campagne, où elle se tient au voisinage des
habitations, près des écuries, se cachant à raz de terre,
dans les trous des vieilles murailles ou sous les racines des arbres, et qu'elle se nourrit des graines et des
insectes qui se trouvent dans les environs de son gîte;
que la musaraigne d'eau habite le bord des fontaines,
au fond desquelles elle va à la recherche de sa nourriture ; que la musaraigne de l'Inde, remarquable par
la forte odeur musquée qu'elle répand, habite les
maisons, se cachant le jour et courant la nuit pour
satisfaire ses besoins. Ce qu'on sait du naturel des
autres espèces est moins détaillé encore, de sorte
que toutes les observations auxquelles elles ont donné

lieu jusqu'à présent, ne consistent guère que dans la
distinction de leurs couleurs, dans la mesure de leur
taille ou des proportions de quelques unes de leurs parties. En effet, c'est à peu près vers ce seul but, la distinction des espèces par les caractères physiques, que
se sont portées les recherches des naturalistes sur les
mammifères depuis Buffon : c'a été là leur principale
tendance ; ils ne se sont guère attachés qu'à la première partie de la science, et la seconde, la plus
importante, celle du moins sans laquelle le but de
l'histoire naturelle ne peut être atteint, est restée
couverte d'obscurité, dans le domaine de la poésie
et des hypothèses. Sans doute, on ne peut mettre trop
de soin et de rigueur dans la recherche des caractères distinctifs des espèces ; sans ce préliminaire
toutes les observations qui auraient pour objet les actes de l'intelligence ou ceux de l'instinct, ne con-
duiraient à aucun résultat précis, et elles resteraient
environnées d'incertitudes comme celles des anciens,
qui négligèrent autant les caractères physiques des
quadrupèdes, qu'aujourd'hui par un défaut contraire l'on néglige ceux qui se tirent des mœurs, des
instincts, etc. Mais la connaissance de ces caractères n'est qu'une introduction à la science ; outre
la mécanique de ces êtres, nous avons à en étudier
les actes, qui font le complément de leur existence ;
car si les organes sont importants pour nous par le
seul arrangement des parties qui les composent, ils
ne le sont pour la nature que par l'emploi que l'a-
nimal en fait. Quel serait à nos yeux le spectacle de
cette nature, si nous ne nous le retracions que d'a-
près la science, si nous ne le composions qu'à l'aide

des faits qu'elle nous fournit aujourd'hui? Un spectacle sans vie, sans mouvement, sans intelligence.
Pour la science, sans doute, chaque individu vit et se
meut; mais pour quel objet, dans quel but, pour quelle
nécessité cette vie et ces mouvements? comment tant
d'êtres différents subsistent-ils? tant de besoins divers parviennent-ils à se satisfaire, tant d'actions ne se
nuisent-elles pas réciproquement? comment, en un
mot, tant d'existences individuelles concourent-elles à
l'existence générale, à l'harmonie universelle? C'est là
qu'est le but de l'histoire naturelle, et c'est à quoi la
science ne peut répondre : envisagée sous ce point de
vue nous n'apercevons qu'un vaste champ où quelques
lueurs éparses ne font que mieux sentir la profonde
obscurité dont il est enveloppé. Il serait temps peut-
être d'abandonner la direction à peu près exclusive
qu'on suit aujourd'hui en histoire naturelle; elle ne
conduit le plus souvent qu'à ajouter des espèces à des
espèces déjà nombreuses, et n'accroît le domaine de
la science que de l'histoire de quelques modifications
dans les teintes ou dans les proportions. Il n'en est
pas de même, lorsque ces espèces présentent quelques changements profonds dans les organes; ces
faits nouveaux nous éclairent sur le système général
de l'organisation; mais qu'apprendrons-nous de quelques nuances nouvelles dans les couleurs? aujour-
d'hui surtout que nous ignorons par quelle opération les couleurs sont produites, et même à quels
organes elles sont dues. Sans doute lorsqu'un genre
ne se compose que d'un petit nombre d'espèces, les
espèces nouvelles qu'on y ajoute peuvent être impor-

tantes, parce qu'en montrant les variations que ses caractères éprouvent, elles donnent une idée plus exacte de ceux-ci ; mais une fois qu'un genre compte vingt espèces, comme celui des musaraignes, il arrive rarement que la connaissance d'une espèce de plus l'éclaire de la moindre lumière. Faisons donc des vœux pour qu'un esprit nouveau vivifie l'histoire naturelle, et donne une autre direction à cet esprit d'analyse auquel toutes les sciences d'observation doivent aujourd'hui leurs richesses et leur gloire.

Nous allons sommairement indiquer les musaraignes que les naturalistes ont fait connaître depuis Buffon, et qui paraissent mériter le plus de fixer l'attention et de devenir le sujet d'observations nouvelles.

LES MUSARAIGNES AQUATIQUES.

Outre la musaraigne d'eau découverte par Daubenton, les naturalistes indiquent plusieurs autres espèces qui vivent près des ruisseaux et des fontaines, faisant leur gîte des légères excavations qui se trouvent sur leurs bords, ou que peut-être elles se forment elles-mêmes.

LA MUSARAIGNE PLARON.

CETTE espèce n'est encore établie que sur sept petites musaraignes trouvées près de Strasbourg dans leur nid par le docteur Gall lorsqu'il faisait ses études dans l'université de cette ville, et remises par lui à Hermann, savant professeur d'histoire naturelle dans cette université. Ces jeunes animaux n'avaient encore aucune dent, et leurs yeux n'étaient pas ouverts; cependant ils étaient revêtus d'un pelage épais, doux et brillant comme celui de la taupe, et partout d'un noir cendré; leur queue était comprimée à la base, ce qui détermina Hermann à leur donner le nom latin de *constrictus*. C'est à la mi-juillet, dans un pré nouvellement fauché et auprès d'un ruisseau, que Gall découvrit ces jeunes musaraignes; elles étaient couchées sur la terre nue et entièrement découvertes; chacune d'elles avait deux pouces de longueur. C'est là tout ce que Hermann dit d'essentiel sur cette espèce, et si l'on ajoute quelque chose à son histoire, ce n'est que conjecturalement. En effet, M. Geoffroi décrit le plaron[1] non plus d'après les jeunes individus de Gall, mais d'après deux individus empaillés, morts pendant leur mue, envoyés l'un d'Abbeville, et l'autre de Chartres, et dans lesquels il crut recon-

1. Ann. du Mus., tom. XVII, p. 178.

naître la musaraigne à queue comprimée du profès-
seur de Strasbourg ; il rapporte, en outre, à cette
espèce la musaraigne mineuse (*sorex cunicularius*) de
Bechstein. On conçoit d'après cela que des doutes
fondés doivent encore environner l'histoire de cette
espèce, et qu'il faudrait de nouvelles recherches pour
assigner ses caractères distinctifs et faire connaître son
naturel.

Trois autres musaraignes indiquées comme espèces
par M. Brehm viennent se ranger auprès de celle-ci,
et ont besoin de lui être comparées, ce sont : la musaraigne amphibie (*S. amphibius*), la musaraigne
nageante (*S. natans*), et la musaraigne des étangs
(*S. stagnalitis*).

LA MUSARAIGNE PYGMÉE.

Cet animal paraît être le plus petit de tous les quadrupèdes; il pèse à peine un demi-gros, et sa longueur ne dépasse pas vingt-deux lignes; sa queue en
a quinze. Laxmann le fit connaître le premier sous
le nom de *sorex minutus*, d'après un individu privé
de queue[1], et c'est sur sa description que Linnæus
en établit l'espèce avec les caractères suivants[2] : *S. minutus, rostro longissimo, cauda nulla*. Jusque là, cette

1. Sibér. Briefe, p. 72. Lettres écrites sur la Sibérie, par Laxmann,
publiées par Schlosser, 1 vol. in-8°. Gœttingue, 1769.

2. Linn. Ed. 13, p. 73.

espèce fondée sur un individu mutilé, restait imparfaite, et induisait même en erreur; lorsqu'enfin Pallas l'ayant découverte dans ses voyages en Sibérie, la fit plus tard connaître intégralement[1]. Mais il arriva que ce savant naturaliste ayant d'abord parlé de l'animal qu'il avait trouvé comme d'une espèce différente de la musaraigne sans queue de Laxmann[2], Gmelin, saisissant ce premier aperçu, en forma sa musaraigne déliée (*S. exilis*), et M. Geoffroi, puisant à la même source, en a aussi parlé sous le nom de *minimus*[3], en la distinguant par méprise, de l'espèce de Gmelin : enfin c'est encore sa musaraigne sans queue que Laxmann a décrite sous le nom de *sorex cœcutiens*[4], comme nous l'apprend Pallas, qui a eu en ses mains cette prétendue musaraigne aveugle, conservée dans la liqueur. Il paraît que l'espèce qui nous occupe vient d'être découverte de nouveau en Silésie par M. Gloger[5] qui, cependant, n'a pu l'observer vivante. D'après ce que ces différents auteurs rapportent, la musaraigne pygmée est remarquable par l'extrême longueur de son museau, comparée à celle de son corps. La couleur de son pelage est brunâtre en dessus, et blanchâtre en dessous; sa queue est épaisse dans sa partie moyenne et très rétrécie à sa racine; des poils durs et courts la revêtent imparfaitement, réunis trois à trois et formant des anneaux au-

1. Zoographia rosso asiatica, t. I, p. 134. 1811.

2. Voyage 1771, traduct. française, t. III, p. 407; éd. orig., t. II, p. 664.

3. Annales du Muséum, t. XVII.

4. Mém. de l'Acad. de Pétersbourg, 1785; pl. 6, p. 285.

5. Nova acta phys. méd. acad. nat. Curios, tom. XIII, 2ᵉ partie, p. 478.

tour d'elle. C'est dans des lieux très humides que
Laxmann la découvrit, cachée dans des nids con-
struits avec des herbes, sous la racine des arbres. Sa
course est rapide, et sa voix ressemble au petit sifflement des chauve-souris; il ajoute qu'elle fouit et fait
des provisions de grains; mais cette dernière circonstance est plus que douteuse. Pallas l'a trouvée fréquemment dans les terres des bords de l'Obi et du Ja-
nissai, ainsi que de leurs affluents, mais principalement
dans le voisinage des sources. Malgré tant de preuves,
cette espèce, jusqu'à M. Gloger, n'avait point été admise par les mammalogistes modernes, et cependant
elle est une des musaraignes les mieux établies et les
plus intéressantes à étudier à cause de l'extrême peti-
tesse de sa taille et pour son genre de vie qui paraît
être analogue à celui de la musaraigne d'eau. La découverte de cette espèce, en Allemagne, fait présumer qu'elle se trouvera en France avec la musaraigne
ordinaire et la musaraigne d'eau qui sont également
très communes dans la première de ces contrées, et
qu'elle pourra devenir un objet de recherche et d'é-
tude dans l'un et l'autre pays.

LA MUSARAIGNE DE L'INDE.

Les grandes espèces de musaraignes, ainsi qu'on l'a
observé, ne se trouvent jusqu'à présent que dans les
parties méridionales de l'Asie et de l'Afrique, comme

les plus petites ne se sont généralement rencontrées'
que dans les parties septentrionales de l'Ancien et du
Nouveau-Monde : c'est un fait que nous rapportons
sans vouloir en tirer de conséquence, mais qui pourra
mener à une induction utile lorsque la nature de ces
animaux sera mieux connue.

Trois ou quatre de ces grandes espèces sont indiquées aujourd'hui dans les ouvrages des naturalistes,
mais c'est à Sonnerat et à Buffon que nous devons
la première qui ait été publiée; l'un la rapporta
de Pondichéri, et l'autre en donna la description [1]
sous le nom de musaraigne musquée de l'Inde.
M. Geoffroi Saint-Hilaire publia ensuite sous le nom
de musaraigne du Cap, la description et la figure
d'une musaraigne rapportée de cette partie de l'Afrique par l'expédition de Baudin [2]. Je donnai moi-
même, sous le nom indien de monjourou [3], la figure
et la description d'une musaraigne nommée ainsi au
Malabar, et que je considérai comme appartenant à
l'espèce de Sonnerat avec laquelle elle avait une
origine commune. Depuis, M. Isidore Geoffroi [4]
a fait connaître une nouvelle musaraigne qu'il a décrite sous le nom de musaraigne blonde, et que Delalande avait rapportée de Cafrerie, et il a également
décrit, autant qu'il était possible de le faire, une
grande musaraigne trouvée à l'état de momie dans

1. Supp., t. VII, in-4°, fig. 71, p. 281. — Édit. Pillot, tom. XV,
p. 191, pl. 40.
. 2. Annales du Mus. d'hist. nat., tom. XVII, pl. 4, fig. 2, p. 124.
1811.
3. Hist. nat. des mamm., art. Monjourou. Avril 1823.
4. Mém. sur quelques espèces nouvelles ou peu connues du genre
musaraigne. Mém. du Mus. d'hist. nat., t. XV. 1826.

les catacombes de Thèbes, après l'avoir débarrassée
de l'enduit et des ligaments qui l'enveloppaient.

Buffon, qui ne connaissait qu'une espèce, n'a point
eu d'examen critique à faire. M. Geoffroi n'a pas ba-
lancé à considérer sa musaraigne de l'Inde comme
identique avec celle de Buffon, et celle du Cap comme
très différente de celle-ci, et j'ai moi-même donné
le monjourou comme un simple individu de l'espèce
de l'Inde. M. Isidore Geoffroi n'est point arrivé aux
mêmes résultats : la musaraigne musquée de l'Inde
de Buffon dont il a changé le nom en celui de musaraigne de Sonnerat, lui paraît ne former qu'une
seule et même espèce avec celle du Cap; et le monjourou, la musaraigne de l'Inde de M. Geoffroi et la
grande musaraigne des Catacombes sont aussi réunies
par lui en une espèce unique, qu'il désigne par le
nom de géante; sa musaraigne blonde reste le type
d'une troisième espèce qu'aucun naturaliste n'avait
encore indiquée.

L'observation que nous avons rappelée plus haut,
des variations du pelage des musaraignes suivant les
saisons, le grave inconvénient de toutes les recherches que nous venons de rapporter, de n'avoir été
faites que sur des dépouilles plus ou moins mal conservées; les remarques très judicieuses de M. Isidore
Geoffroi sur les déformations que peuvent éprouver
ces dépouilles entre les mains de ceux qui les préparent; enfin l'incertitude de quelques uns des faits
principaux qui servent de base à sa critique et à ses
conclusions, ne nous paraissent pas encore permet-
tre de considérer la question des grandes espèces de
musaraignes comme résolue. C'est donc un nouveau

sujet de recherches pour les naturalistes, et sous le
rapport des caractères distinctifs, et sous celui des
mœurs; car tout ce qu'on sait du naturel de ces animaux ne consiste qu'en un très petit nombre de faits
peu propres à nous le faire connaître. Sonnerat nous
apprend par Buffon que sa musaraigne de l'Inde répand une forte odeur de musc et qu'elle habite les
champs dans le voisinage de Pondichéri, mais qu'elle
se trouve aussi dans les maisons; de son côté, M. Geoffroi tenait de Peron que la musaraigne du Cap habite
les caves où elle est fort incommode par les dégâts
qu'elle y cause, et par la forte odeur qu'elle exhale.
Enfin Leschenault rapporte que le monjourou, importun et malfaisant, est commun dans toutes les
maisons de Pondichéri, et que son odeur musquée
est si pénétrante, que s'il passe sur un des vases
employés dans le pays à rafraîchir l'eau, il commu-
nique son odeur à ce liquide; il ajoute que les serpents, au dire des Indiens, fuient les lieux que cette
musaraigne habite, et que sa vie est tout-à-fait noc-
turne.

LES MUSARAIGNES D'AMERIQUE.

Buffon a fait remarquer avec raison dans ses discours sur les espèces de quadrupèdes propres aux
différents continents, que les obstacles qui s'opposent à la migration de ces animaux sont relatifs à leur

force, et que telle barrière qui n'a pas arrêté un grand quadrupède n'a pu être surmontée par un très petit. Ainsi l'élan, le renne, le glouton, etc., ont pu passer du nord de l'Asie au nord de l'Amérique, en franchissant les intervalles glacés qui séparent ces deux mondes et les chaînes de montagnes qui se sont trouvées sur leur passage, ce que n'ont pu faire les petits carnassiers et les petits rongeurs. Tout doit par conséquent nous faire penser que les musaraignes de l'Amérique ne sont point originaires de l'Ancien-Monde, et qu'elles appartiennent à des espèces exclusivement propres au Nouveau.

Si ce n'est que depuis un très petit nombre d'années qu'on a la certitude que l'Amérique nourrit des musaraignes, on pouvait du moins le conjecturer depuis long-temps. Forster[1] parle d'une musaraigne trouvée dans le voisinage de la baie d'Hudson; Hearne[2] dit aussi avoir découvert des musaraignes dans son voyage à l'océan du Nord; il rapporte même ce fait curieux qu'en hiver cet animal s'établit dans les habitations des castors, où il trouve une demeure chaude et d'abondantes provisions. Cependant, des doutes pouvaient subsister sur l'exactitude de ces témoignages, et celui de Forster n'avait point beaucoup gagné à être confirmé par celui de Hearne qui, n'étant point naturaliste, avait pu méconnaître les vrais caractères de l'animal qu'il prenait pour une musaraigne; mais toute incertitude à ce sujet a été dissipée par les recherches savantes de M. Say.

1. Trans. phil., t. LXII, p. 381.
2. Voy. Trad. franç. t. II, p. 221.

Nous-mêmes, nous avions déjà fait connaître [1] que M. Lesueur nous avait envoyé des États-Unis une musaraigne, et que désormais cette partie du Nouveau-Monde devait concourir avec l'ancien à enrichir encore ce genre déjà si nombreux d'insectivores. En effet, depuis nous avons vu M. Harlan [2], dans sa *Faune Américaine*, nous donner la description de quatre musaraignes, deux qu'il croit appartenir à des espèces d'Europe, l'une à la musaraigne musette, l'autre à la musaraigne plaron, et deux qu'il donne comme types de deux nouvelles espèces. C'est là qu'en était la science sur les musaraignes d'Amérique, lorsque M. Isidore Geoffroi en décrivit une espèce nouvelle sous le nom de musaraigne masquée (*sorex personatus*) [3] d'après un individu envoyé au Muséum par M. Milbert; espèce qui pourrait bien être celle que M. Harlan confond avec la Musette; car il est peu vraisemblable, ainsi que le fait remarquer M. Isidore Geoffroi, que des musaraignes américaines se trouvent être en tout spécifiquement semblables à des musaraignes d'Europe.

Les deux musaraignes que M. Harlan regarde comme semblables à celles d'Europe paraissent avoir été découvertes dans le voisinage de Philadelphie, et comme cet auteur n'en donne point une description originale, nous n'en parlerons pas. Nous nous bornerons à faire connaître les traits caractéristiques des deux autres, de la musaraigne petite (*S. parvus*) et de la musaraigne à queue courte (*S. brevicauda-*

1. Hist. nat. des Mamm., article du Monjouron. Avril 1823.
2. Faune américaine, p. 24 et suiv.
3. Mém. du Mus. d'Hist. nat., t. XV.

tus) de M. Say, et ceux de la musaraigne à masque de M. Isidore Geoffroi; mais on ne doit pas oublier que les traits distinctifs de ces animaux n'ont point été pris sur des individus vivants, que souvent un seul individu les a fournis, et que la couleur des musaraignes varie suivant les saisons.

LA MUSARAIGNE PETITE[1].

ELLE a été découverte dans l'expédition aux montagnes rocheuses, dirigée par M. le major Long, et ordonnée par le gouvernement des États-Unis; elle a été trouvée dans la vallée du Missouri. Sa longueur du bout du museau à l'origine de la queue, est de vingt à vingt-deux lignes, et celle de sa queue est de huit à neuf lignes. Son pelage, dans toutes les parties supérieures du corps, est d'un brun cendré, et il est entièrement cendré aux parties inférieures; la queue est blanche en dessous; la surface des dents est noirâtre.

1. *Sorex parvus.* Say.

La Musaraigne blonde, 2 – La Musaraigne musquée, toutes deux de grandeur naturelle.

LA MUSARAIGNE

A COURTE QUEUE[1].

Elle a été découverte dans la même expédition que la précédente et dans les mêmes lieux. Sa longueur est de trois pouces environ sans la queue qui en a moins d'un. Sa couleur est d'un noir plombé aux parties supérieures, et cette couleur pâlit aux parties inférieures. Les oreilles sont blanches.

LA MUSARAIGNE MASQUÉE[2].

Cette espèce ressemble beaucoup par la taille et les couleurs à la musaraigne commune; mais ce qui l'en distingue, c'est que toute la portion antérieure de son museau est d'un brun noirâtre, et que ses dents sont noirâtres. Elle se distingue aussi des deux espèces précédentes.

1. *Sorex brevi caudatus.* Say.
2. Pl. 8, fig. 2. *Sorex personatus.* Isid. Geoff.

L'HYÉNOPODE[1].

La découverte de cet animal est l'une des plus curieuses que l'on ait faite depuis Buffon dans l'histoire
naturelle des quadrupèdes. Il n'est pas très rare de
découvrir, surtout dans les contrées nouvelles, des
combinaisans tout-à-fait inconnues d'organes de l'ordre le plus élevé : ainsi, la Nouvelle-Hollande en a
offert de telles en grand nombre ; mais une fois ces
combinaisons formées, on ne voit que très rarement
se modifier les organes secondaires, abstraction faite
des téguments. Tous les chats, dont la famille est si
nombreuse, se ressemblent, excepté que quelques
uns ont la pupille allongée comme le chat domestique, au lieu de l'avoir circulaire, et que dans une
seule espèce les ongles ne sont pas rétractiles. Les
loups et les renards ne diffèrent également d'une manière bien sensible que par la forme de la pupille ; par
tous les autres sens, par les dents et par les organes du
mouvement, toutes les espèces de cette famille avaient
entre elles la plus entière ressemblance. L'hyénopode
vient changer cet état de choses ; il nous présente une
modification nouvelle des organes du mouvement. Les
loups et les renards que les naturalistes réunissent sous
le nom commun de chien, ont cinq doigts aux pieds
de devant et quatre à ceux de derrière ; l'hyénopode

1. Pl. 7, fig. 1.

n'a que quatre doigts à tous les pieds; du reste, il appartient à la famille des chiens; il en a les dents sans exception, et ses yeux sont semblables à ceux des loups; mais à cette simple modification des membres antérieurs paraît se rattacher un système particulier de coloration pour le pelage. La couleur du plus grand nombre des loups et des renards est formée d'un mélange de jaune plus ou moins fauve, et de gris plus ou moins foncé, distribué avec plus ou moins d'uniformité, de manière que les teintes se fondent les unes avec les autres sans former de taches. L'hyénopode se fait remarquer au contraire par la distribution irrégulière de ses couleurs, et quelquefois par leur opposition.

Il est très probable que cet animal avait fait l'objet des observations de M. Barrow long-temps avant qu'on en eût reconnu les véritables caractères, du moins c'est à cette espèce seule jusqu'à ce jour, que convient ce qu'il dit d'un loup du cap de Bonne-Espérance, qui a la taille d'un chien de Terre-Neuve, le fond du pelage pâle, le poil du cou et du dos long et frisé, la queue courte et droite, les cuisses et les jambes marquées de grandes taches irrégulières, et quatre doigts seulement aux pieds de devant[1]. Quoi qu'il en soit, on n'a de justes idées sur cet animal que depuis que M. Brooks[2] en a fait connaître les caractères et les rapports; auparavant M. Temminck en avait donné une figure[3], mais n'ayant eu égard

---

1. Premier voyage dans la partie méridionale de l'Afrique, trad. franç., t. I, p. 381.
2. Voyage au cap de Bonne-Espérance.
3. Annales générales des sciences physiques, Bruxelles, t. III.

qu'au nombre des doigts, il en fit une hyène, et méconnut par là l'importance de l'espèce qu'il avait l'avantage de posséder et de décrire le premier. Depuis, en 1820, Delalande ayant rapporté cet animal de son voyage au Cap, on a pu répéter les observations de M. Brooks, et confirmer l'exactitude de ses vues.

En effet, cette espèce nouvelle a, comme nous venons de le dire, des dents absolument semblables à celles des chiens, et ne diffère des loups que parce que ses pieds de devant n'ont extérieurement que quatre doigts; car le tarse se compose des mêmes os que les pieds qui en ont cinq. Le fond de sa couleur est un mélange de fauve et de gris brun varié de taches irrégulières; il paraît que ces taches n'ont point de fixité, que souvent elles sont accidentelles; car l'individu rapporté par Delalande n'est point semblable à celui qu'a fait représenter M. Temminck.

Le premier, dont nous avons déjà donné une description [1], a la tête noire, le front, la calotte, le derrière des yeux et le dessus du cou jaune roussâtre; les côtés du cou sont d'un brun noirâtre, et le dessus est gris brun, avec un large demi-collier blanc vers le bas; les épaules, le dos, les flancs et le ventre sont noirs; une large tache rousse se trouve derrière le haut de l'épaule; et les côtés du corps sont variés de cette couleur; deux taches blanches sont sur le devant de l'épaule, et les jambes de devant sont blanches avec une tache rousse derrière le coude, bordée d'une ligne noire, qui se

1. Article Hyène, du Dictionn. des Sciences naturelles, t. XXII, p. 299.

termine en bas, vers une tache de même couleur, dont le centre est roux; celle-ci est suivie d'une tache semblable, au dessous de laquelle se trouve une autre tache noire, mais pleine; vers le haut du devant de la jambe se trouve une autre tache noire et à centre roux, suivie de deux autres petites taches pleines; les doigts sont d'un brun noir; la croupe est variée de roux et de brun; la cuisse et le haut de la jambe sont de cette dernière couleur, avec deux fortes taches blanches, l'une au milieu de la cuisse, et l'autre à la partie postérieure du genou; le bas de la jambe et la partie antérieure de la cuisse sont roux avec quelques taches noires; le talon a un anneau noir qui se termine, vers le bas, par une tache à centre roux. Le tarse est blanc, et les doigts sont noirs, ainsi que quelques taches sur le côté du tarse; la queue est rousse à l'origine, puis blanche, ensuite noire, et enfin la pointe blanche; le dessous du corps est noirâtre; le dedans des jambes de devant est blanc, avec quelques taches et quelques lignes noires; celui des postérieures est roux pâle sur la jambe, avec quelques ondes noires, obliques vers le haut; le tarse est blanchâtre, et il se trouve vers le talon une tache noire, à centre roussâtre. Les oreilles sont grandes, ovales, velues, noires, avec de petites taches roussâtres. Le poil est peu long, excepté sur la queue qui est touffue vers le bout, et descend jusqu'au talon.

L'hyénopode vit et chasse en troupes comme plusieurs espèces de loups et de renards dont il paraît d'ailleurs avoir le naturel : un individu rapporté vivant en Angleterre par M. Burchell, décela d'abord

un naturel très sauvage et presque féroce, car il ne
s'adoucissait pas même pour le gardien qui le nourrissait ; mais petit à petit il se familiarisa avec les
êtres qu'il voyait habituellement, et il finit par vivre
affectueusement avec les chiens et à jouer avec eux.
L'on aurait pu hâter ce changement si l'on eût su que
les animaux qui vivent en troupes, sont de tous les
plus faciles à apprivoiser par de bons traitements.

LE CARCAJOU,

OU BLAIREAU AMÉRICAIN.

TOUT ce qui pouvait être connu de Buffon, relativement à cet animal, avant la publication de ses suppléments, est rapporté par lui au glouton avec lequel il le confondait en une seule et même espèce[1]. Il n'a été conduit à les envisager d'une manière distincte qu'après avoir vu une peau bourrée envoyée de l'Amérique septentrionale au curé de Saint-Louis, sous le nom de *carcajou*[2], encore pensa-t-il que ce nom était mal appliqué, et que cette peau pourrait bien être celle du blaireau, privé par accident d'un ongle aux pieds de devant; car elle ne différait à ses yeux de la peau du blaireau d'Europe que par un pelage plus doux et plus fin.

Depuis Buffon cette espèce a été tantôt admise, tantôt rejetée de la science, parce qu'elle n'y avait jamais été introduite légitimement. D'après les rapports de La Houtan[3], de Sarrazin[4], et de Buffon, et par mes propres observations[5], on ne pouvait nier l'existence, dans l'Amérique du Nord, d'un animal semblable au

1. Tom. XIII, in-4°, p. 278.—Édit. Pillot, t. XVII, p. 497.
2. Supp. III, in-4°, p. 242, pl. 49.—Édit. Pillot, t. XVII, p. 505.
3. Voyage au Canada.
4. Mémoires de l'Académie des Sciences, année 1713.
5. Dictionnaire des Sciences naturelles, article Carcajou, t. VII, p. 64.

blaireau à beaucoup d'égards ; mais ces rapports ne
donnant point les moyens d'en comparer les caractères avec ceux du blaireau d'Europe, les uns l'a-
vaient considéré comme appartenant à cette espèce,
tandis que les autres, se fondant sans doute sur la différence des contrées où ces animaux se rencontrent,
envisageaient le blaireau et le carcajou comme les
types de deux espèces distinctes, avec la confiance
que quelque jour cette séparation des deux animaux
serait justifiée par la découverte des caractères qui
sont exclusivement propres au dernier. Quoi qu'il en
soit, cette supposition a été justifiée : la description
qu'a donnée M. Say du blaireau américain trouvé
par le capitaine Franklin dans son voyage à la mer
Polaire, la figure que nous en avons reçue de M. Milbert, et enfin la peau qui se trouve aujourd'hui dans
le muséum d'histoire naturelle, ont permis de caractériser cette espèce et nous ont appris qu'elle a, en
effet, tous les caractères génériques du blaireau, et
n'en diffère pas considérablement par les caractères
spécifiques ; nous avons déjà fait connaître ces détails
d'organisation en les accompagnant d'une figure de
l'animal, dans notre *Histoire naturelle des Mammifères* [1].

Tout ce qu'on a rapporté des mœurs du carcajou
d'Amérique annonce qu'à cet égard il ressemble encore au blaireau d'Europe. C'est un animal très solitaire et très circonspect, qui vit dans des terriers d'où
il ne s'éloigne qu'avec prudence, dont la force égale
la timidité, et qui, dans le danger, devient furieux et

---

1. Novembre 1824, livraison 45.

déchire les chiens avec lesquels il se bat. Ses mouvements sont lourds ; il ne s'attaque point aux animaux
légers qui lui échapperaient sans peine ; mais il poursuit le castor qui est aussi pesant que lui, et qui ne
parvient à lui échapper que lorsqu'il peut fuir sous la
glace ; car le carcajou le cherche et l'atteint jusque
dans ses habitations, qu'il détruit avec ses ongles.

La première différence que présente cet animal,
comparé dans son ensemble au blaireau, consiste
dans sa teinte générale qui est brune au lieu d'être
grise ; c'est-à-dire que ce qui est noir chez l'un est
brun chez l'autre. La nature du pelage paraît être plus
fine chez le carcajou, mais c'est la même distribution
de couleurs ; les seuls caractères notables qu'on remarque, en ce dernier point, chez le carcajou, c'est
que les grandes taches latérales sur le fond blanc de
la tête, au lieu de former, comme chez le blaireau,
deux plaques naissant de la base de chaque oreille,
embrassant l'œil dans leur milieu et venant se terminer, sans se mêler, en arrière du groin, naissent du
dessous du cou où elles se fondent avec le pelage de
cette partie, passent sur l'œil et ne l'embrassent
qu'en détachant autour de lui une ligne circulaire, et
viennent se confondre au dessus du groin, avec la
couleur duquel elles se mélangent. On voit de plus
sur chaque joue une forte tache isolée qui ne se trouve
point chez le blaireau, et le dessous de la gorge que
celui-ci a noir est blanc chez le carcajou. La ligne
blanche qui sépare, sur la partie moyenne de la tête,
les deux grandes taches où sont les yeux, s'arrête
chez le blaireau vers l'occiput, tandis qu'elle s'étend
chez le carcajou jusqu'au dessus des épaules, et la

partie blanche des côtés des joues au lieu de s'abaisser au dessous des oreilles, embrasse entièrement celles-ci, qui sont blanches. Le ventré est blanc chez le carcajou, et l'on sait qu'il est noir chez le blaireau.

Ce sont là, autant que je puis en juger par l'individu que j'ai sous les yeux, les seuls traits distinctifs de ces deux animaux, qui paraissent se ressembler aussi par la taille. Sarrazin donne au carcajou deux pieds du bout du museau à l'origine de la queue; ce sont les dimensions que Buffon a trouvées à l'individu qu'il a décrit; et c'est également la mesure de celui qui m'occupe aujourd'hui. M. Say, dans le *Voyage de Franklin*, donne cinq pouces de plus de longueur au carcajou. La queue de cet animal a quatre pouces.

Les auteurs systématiques qui avaient admis cette espèce, lui donnaient le nom latin de *Labradorius*.

LES ÉCUREUILS.

Le nombre d'écureuils décrits par Buffon est déjà grand, il est de quinze environ ; aujourd'hui on en connaît peut-être vingt-cinq de plus. Parmi les premiers, sept ou huit sont d'Amérique, deux d'Afrique, deux d'Asie et deux d'Europe ; parmi les seconds douze ou quinze sont d'Amérique, six d'Afrique, six ou sept d'Asie et un est d'Europe ; c'est principalement aux voyages faits par les naturalistes que nous devons ce nombre d'espèces nouvelles d'écureuils. Ce genre est, comme on le voit, répandu sur toute la surface du globe ; car si le petit-gris habite les régions polaires de l'Ancien-Monde, l'écureuil fossoyeur se trouve au Sénégal, et l'écureuil de Gingy, l'écureuil allié vivent à Java et à Sumatra. D'un autre côté, le Canada en nourrit plusieurs espèces ainsi que le Brésil ; et c'est une circonstance importante à remarquer, que la facilité qu'ont ces animaux de se conformer à des conditions d'existence si différentes, que l'aptitude de leur système organique à se prêter à des influences si diverses. Il serait curieux de rechercher quelles ont été les vues et les ressources de la nature pour avoir ainsi rendu cosmopolite un genre de quadrupèdes, dont l'influence dans son économie paraît assez bornée, tandis qu'elle a restreint dans d'étroites limites un si grand nombre d'autres genres non moins importants pour elle que les écureuils. Quoi qu'il en soit, il était difficile qu'un système d'organes doué de la capacité de subsister sous tous les climats de la terre, n'eût pas la faculté de subir dans quelques unes de ses parties des modifications plus ou moins profondes, et c'est en effet une faculté qu'il a reçue; aussi ces modifications ont donné le moyen de bien caractériser les subdivisions de ce genre. Au reste, cette faculté s'est étendue jusqu'aux organes qui servent à distinguer les espèces; et il n'est peut-être aucun genre de quadrupèdes où celles-ci présentent plus de variétés; l'écureuil fauve devient gris et peut-être brun; l'écureuil capistrate est tantôt gris et tantôt noir; le roux domine plus ou moins sur le gris dans celui de la Caroline, etc., etc.

Les mœurs paraissent suivre assez exactement les modifications des organes. Les guerlinguets, qui ont la queue ronde, sont moins agiles et vivent moins sur les arbres, dans les trous desquels ils font leurs nids, que les écureuils proprement dits, dont la queue est distique et susceptible de s'élargir par l'écartement des poils, et qui construisent leurs nids entre les branches des arbres comme les oiseaux. Les tamias qui seuls parmi les écureuils ont des abajoues, et qui ne sont peut-être que des spermophiles, habitent des terriers; aussi n'en parlerons-nous qu'en traitant de ces derniers animaux.

GUERLINGUETS. Buffon en a décrit deux espèces qui toutes deux sont de la Guiane. Il les distinguait déjà des écureuils qu'il croyait ne pouvoir se trouver que dans le nord ou dans les climats tempérés; et depuis c'est encore dans les contrées les plus chaudes, à Java et à Sumatra, que deux ou trois autres espèces ont été découvertes. Nous allons en donner les principaux caractères.

LE TOUPAYE[1].

M. Duvaucel qui le premier nous a fait connaître cet animal, nous apprend que les malais l'appellent toupe ou toupaye, nom qui est aussi pour eux générique, et sous lequel ils réunissent d'autres animaux qui vivent sur les arbres, mais qui sont plus voisins des musaraignes que des écureuils. Au contraire, le toupaye a tous les caractères principaux des écureuils proprement dits, dont le type nous est donné par l'écureuil commun, seulement, sa queue au lieu d'être distique est uniformément recouverte de ses poils ; sa capacité cérébrale est grande, son museau court, ses oreilles sont nues et très arrondies, et les testicules du mâle sont remarquables par leur volume. Il surpasse un peu notre écureuil commun par la taille : son corps a six pouces de longueur du bout du museau à l'origine de la queue, la tête en a deux et la queue six. Ses couleurs sont variées et donnent un aspect agréable à son pelage. Toutes les parties supérieures sont tiquetées de blanc jaunâtre sur un fond d'un brun noir, qui prend une teinte plus pâle

1. *Macroxus villatus.*

à la face externe des membres, sur les côtés et le
dessous de la tête. La disposition des couleurs résulte
d'anneaux qui sur chaque poil sont alternativement
noirs et fauve clair; ces anneaux sont plus larges sur
la queue que sur les parties voisines, et les anneaux
fauves sont plus nombreux sur les membres et sur
les côtés de la tête que les noirs. Toutes les parties
inférieures, la face interne des membres et l'extrémité de la queue sont d'un roux brillant, et sur les
flancs se trouvent deux lignes, une blanche et une
noire, qui séparent les couleurs des parties supérieures
de celles des parties inférieures.

Cet écureuil recherche surtout les palmiers dont
il perce les noix, afin de boire le liquide laiteux
qu'elles renferment, et dont il est très avide.

Cette espèce a été découverte pour la première
fois à Sumatra. On en trouve une description par
M. Raffles, sous le nom malais de toupaï, et sous le
nom latin de *vittatus,* dans les *Transactions linnéennes*[1]. J'en ai aussi donné une figure[2] et une description.

LE LARY[3].

C'est encore à M. Duvaucel que nous devons la
connaissance de ce guerlinguet. Il ressemble beaucoup au toupaye, excepté par les couleurs qui,

1. Tom. XIII, p. 259.
2. Hist. nat. des Mamm., liv. 33.
3. *Macroxus insignis.* Pl. 19, fig. 1.

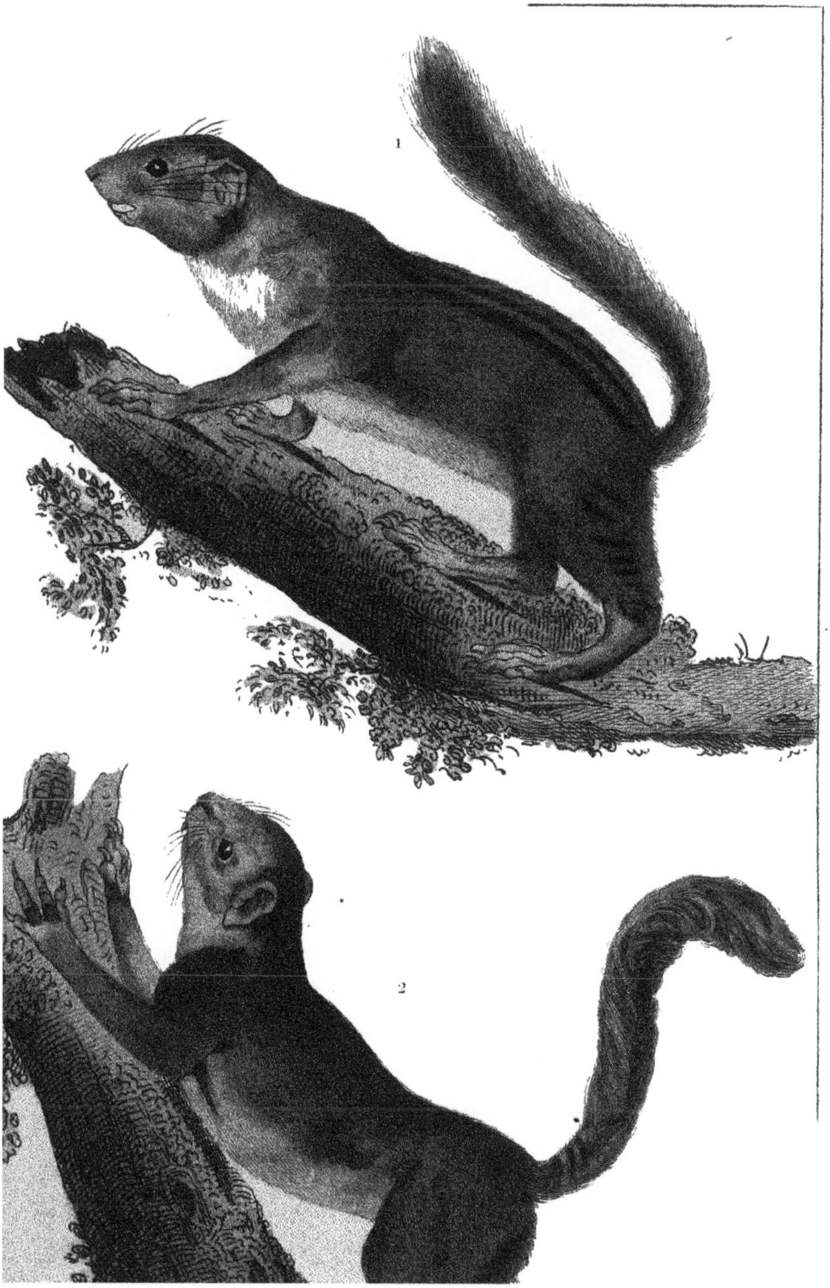
1
2

en général, sont fauves aux parties supérieures du corps, blanches aux parties inférieures, avec trois raies noires séparées par deux grises roussâtres le long du dos. Toute la tête jusqu'à la mâchoire inférieure est d'un brun gris formé par les anneaux noirs, blancs ou jaunâtres des poils; la mâchoire inférieure, blanche, est séparée des parties supérieures de la tête par une bande fauve étroite qui s'étend de la commissure des lèvres jusqu'au cou. Les côtés du cou, le haut des épaules, les bras, les flancs, les cuisses et les jambes sont d'un roux mélangé de noir, l'extrémité des poils étant de cette dernière couleur, tandis qu'ils sont roux dans tout le reste de leur longueur. La queue glacée de blanc sur un fond noir et fauve, est garnie de très long poils qui, après un large anneau roux et un noir aussi très large, se terminent par une pointe blanche. Le dessous du cou, la poitrine et le ventre, sont comme la mâchoire inférieure d'un blanc pur. La face interne des membres antérieurs est d'un gris fauve; celle des membres postérieurs d'un fauve clair, et les pieds sont du gris brun de la tête. Mais ce qui caractérise surtout le pelage de cet animal, ce sont les trois rubans noirs qui naissent au bas de son cou et s'étendent parallèlement l'un à l'autre jusqu'à sa croupe. Leur largeur est de trois lignes et la moyenne suit l'épine du dos dans toute sa longueur.

Ces deux guerlinguets n'ont que des poils longs et soyeux, et ils sont privés des poils laineux, de ce duvet qui garnit immédiatement la peau des écureuils des pays froids, caractère qu'ils partagent avec tous les animaux des pays très chauds. On observe de plus une mèche de longs poils soyeux de la nature de ceux qui forment les moustaches, à la face postérieure des jambes de devant au dessus du carpe.

M. Horsfield a donné une figure de cet animal[1] qu'il a découvert à Java, et que les Javanais nomment Bokkol, et j'en avais précédemment donné une avec le nom latin de *insignis*[2]. Nous reproduisons la première.

M. Horsfield donne encore sous le nom de *plantani* la description et la figure d'un écureuil qui paraît être un guerlinguet[3], et que nous donnons à côté de la précédente[4].

Le lary est originaire de Sumatra et de Java.

ÉCUREUILS PROPREMENT DITS. Nous diviserons les espèces dont nous avons à parler, d'après les contrées que ces animaux habitent. Ce rapprochement n'est pas sans doute celui qui résulterait de la considération de leurs modifications organiques; mais, outre que celles-ci sont généralement peu importantes, puisqu'elles ne consistent guère que dans la taille ou les couleurs, il n'est pas sans intérêt de voir les rapports de ces animaux avec le climat; car, son influence est nécessairement fort étendue, et les diversités de couleurs de plusieurs espèces n'ont même peut-être pas d'autres causes.

La direction que l'histoire naturelle a prise aujourd'hui sous l'influence de l'anatomie comparée, toute heureuse qu'a été cette influence, la porte peut-être

1. Recherch. zoolog. sur Java, 5ᵉ cahier.
2. Hist. nat. des Mamm., liv. 24.
5. Recherch. zoolog. sur Java, 7ᵉ cah.
4. Pl. 19, fig. 2.

trop à négliger tous autres rapports entre les animaux
que ceux des organes. Sans doute la connaissance de
ces rapports est essentielle; sans elle aucun autre ne
pourrait être exactement apprécié; mais le but de
l'existence d'un animal n'est pas exclusivement l'individu; il fait plus que d'occuper une place dans la
nature, il s'y meut, il y agit poussé par des besoins,
des passions, une volonté, et toute la nature réagit
sur lui et tend à le modifier, comme il tend à la modifier elle-même. Ce sont ces influences mutuelles
qui animent tout, qui font que tout subsiste, et qui
soutiennent la pensée par l'élévation où elles la portent; car l'économie générale de la nature n'est pas
moins admirable que l'économie particulière de ses
êtres.

Asie. Buffon a parlé de deux écureuils d'Asie, du palmiste, et du grand écureuil de Malabar; mais il croyait
le premier originaire d'Afrique. Depuis, son origine
africaine est devenue douteuse, car M. Leschenault
l'a trouvé dans la presqu'île de l'Inde, et M. Leach
qui, le croyant une espèce nouvelle, l'a décrit sous
le nom de *pennicilatus*, l'avait reçu de la même contrée. Ce joli petit animal, nous dit M. Leschenault,
est commun à Pondichéry; il aime le voisinage des
habitations, et court avec une extrême légèreté sur
les toits, les arbres, etc. La femelle, dont la portée est
de trois ou quatre petits, met bas dans les trous des
vieilles murailles, où elle prépare auparavant un nid
de coton et de feuilles. Cet animal, qui s'apprivoise
facilement, devient même familier à l'état sauvage;
il pénètre alors jusque dans les appartements et vient

aux heures des repas ramasser les miettes qui tombent
de la table. Quoiqu'il fasse beaucoup de tort aux
fruits, les Indiens regardent comme un grand pé-
ché de le tuer. Son cri aigre et prolongé est souvent
importun; il peut se rendre par la syllabe *tuit*, exprimée d'une manière aiguë et sonore, et qu'il ré-
pète quelquefois pendant un quart d'heure sans in-
terruption.

Quant au grand écureuil de Malabar, son histoire
ne s'est pas augmentée, à proprement parler, depuis
Buffon; seulement les collections s'étant enrichies
de ses dépouilles, on a constaté la singulière association de ses couleurs, et l'on a reconnu qu'il se
trouvait non seulement sur le continent de l'Inde,
mais encore dans plusieurs des îles qui l'avoisinent.

Les écureuils, découverts depuis Buffon dans cette
partie de l'Ancien-Monde, et considérés comme des
espèces, sont au nombre de dix ou quinze. Nous
donnerons les caractères de ceux dont on a parlé le
plus clairement, et des espèces qui pourraient nous
offrir dans leur histoire quelques particularités utiles
à la science.

Nous commencerons par des écureuils qui ont tous
une origine commune, les îles de Java ou de Sumatra, et dont les caractères distinctifs ont encore assez
de rapport pour qué dans un genre où les variétés
paraissent être si nombreuses, on puisse élever des
doutes sur leur nature, et se demander si en effet
leurs différences sont suffisantes pour constituer des
caractères spécifiques; car il est à remarquer que
leurs couleurs ne diffèrent aux parties supérieures
du corps que du brun foncé au gris jaunâtre, en pas-

sant par les nuances intermédiaires. En dessous, le plus grand nombre est roux, un est blanc, et un autre est gris.

L'ÉCUREUIL DE GINGY[1].

SONNERAT a publié, sous le nom de *Gingy*, un écureuil qui a été admis dans les catalogues méthodiques sous le nom latinisé de *dschinschicus* par Gmelin. Or, Gingy est une ville et un petit état de la presqu'île de l'Inde, et la figure de cet écureuil de Gingy, faite par Sonnerat, et que j'ai sous les yeux, porte écrit de sa main l'*écureuil de Java*.

J'ai dû faire remarquer l'opposition qui existe entre l'origine probable de cet écureuil et le nom que lui a donné Sonnerat, afin d'amener les naturalistes ou les voyageurs à faire les recherches nécessaires pour éclaircir les incertitudes qui naissent de cette opposition. Malheureusement Sonnerat, un des premiers naturalistes français qui ait voyagé dans l'Inde, n'a guère été utile à l'histoire naturelle des quadrupèdes qu'en en exerçant la critique; ses notes paraissent avoir été très superficielles, et ses dessins ne consistent qu'en des traits grossiers recouverts plus grossièrement encore par des teintes plates de couleurs épais-

1. Cette espèce a été désignée par M. Geoffroi Saint-Hilaire, sous le nom d'*erythropus*, nom qu'elle a depuis laissé à l'écureuil fossoyeur avec lequel on la confondait, pour prendre celui de *bilineatus*.

ses qui n'indiquent que vaguement les teintes des
animaux. Aussi ne sont-ce point ses propres dessins
qu'il publia ; il en fit paraître de nouveaux, exécutés
d'après les siens, corrigés à l'aide de ses notes ou de
ses souvenirs par un dessinateur qui n'était rien moins
que naturaliste, et il est entré tant d'arbitraire dans
ces dessins ainsi refaits qu'on n'a pu établir que quelques conjectures sur les rapports des animaux qui
en font l'objet, avec ceux qui ont été découverts depuis dans les mêmes contrées.

La note de Sonnerat sur son écureuil de Gingy ne
renferme que ce peu de mots : « Tout l'animal, dit-
il, est d'un gris terreux plus clair sur le ventre, les
jambes et les pieds. Il a sur le ventre, de chaque côté,
une bande blanche qui prend de la cuisse de devant
à celle de derrière. Les yeux sont entourés d'une
bande blanche circulaire. La queue paraît toute noire
quoiqu'elle soit parsemée de poils blancs. » Cette description est assez conforme à la figure originale de
cette espèce que je possède : je pourrais seulement
ajouter que le gris du côté du cou et des cuisses est
un peu plus jaunâtre que celui du dos, que les bandes blanches sont sur les flancs et non sur le ventre,
et qu'à en juger par quelques indications de la direction des poils, la queue était distique.

C'est sans doute à cet écureuil qu'il faut rapporter
une espèce découverte par Leschenault à Java, et qui
a été décrite par M. Desmarest [1], mais non figurée.
L'individu qui a fourni la description à M. Desmarest,
a le dos et les côtés du corps d'un brun gris résultant

1. Mammalogie. p. 336.

d'un pelage tiqueté de noir et de jaunâtre; le ventre
et la face interne des membres sont jaunâtres; une
bande blanche sur les côtés du corps sépare le brun
gris du dos du jaunâtre du ventre; la taille est celle
de l'écureuil commun. L'individu sur lequel cette espèce a été fondée se trouve dans les galeries du Muséum; et l'on peut difficilement se défendre de lui
réunir l'écureuil. du bananier de M. Horsfield, qui,
dit-il, est gris en dessus, jaunâtre en dessous avec une
ligne blanche le long de chaque flanc.

Une autre espèce qui a la taille de l'écureuil bicolor, et qui, comme lui, se trouve à Sumatra, a été
publiée par M. Raffles sous le nom de *sciurus affi-
nis*, sans qu'il en ait donné de figure. Sa couleur est
d'un gris cendré brunâtre aux parties supérieures du
corps, ainsi qu'à la queue, et entièrement blanche
aux parties inférieures, ainsi qu'à la face interne des
membres; une raie d'un brun rougeâtre sert de tran-
sition entre les parties grises et les parties blanches
sur les côtés du corps, depuis les membres antérieurs
jusqu'aux postérieurs. Ces couleurs sont toutefois su-
jettes à des variations sensibles; ainsi le gris peut se
changer en un brun clair, ou en un jaunâtre obscur.

Après ces quatre ou cinq espèces publiées dans
l'intervalle de quelques années, M. Isidore Geoffroi
en a publié cinq autres dans le *Voyage de M. Bellanger aux Indes orientales*[1]. Les quatre premières ont

1. Partie zoologique.

des rapports sensibles avec celles qui avaient été publiées auparavant, ce sont :

L'ÉCUREUIL A VENTRE ROUX[1]. Qu'il reconnaît avoir
de grands rapports avec le *bilineatus ;* cet écureuil,
aux parties supérieures du corps et à la face externe
des membres, est d'un brun tiqueté de fauve. Aux
parties inférieures, à la face interne des membres
et dans toutes les parties voisines de l'anus, il est
d'un roux vif; mais ces deux couleurs ne sont séparées sur les flancs par aucune raie; le menton est
blanchâtre, et les joues d'un fauve roussâtre ; le
dessus du museau est fauve tiqueté de noir; les
mains et les pieds sont d'un brun noirâtre ; les poils
de la queue sont couverts d'anneaux fauves et noirs
qui font paraître la queue comme annelée elle-
même. Cet écureuil a été découvert au Pegou par
M. Bellanger.

L'ÉCUREUIL A VENTRE GRIS[2], qui a été envoyé de
Java au Muséum par M. Diard. Son pelage, dit
M. Isidore Geoffroi, est en dessus, et à la face extérieure des membres, brun tiqueté de fauve ; les côtés
de la tête, le devant de l'épaule, la gorge, sont d'un
roux fauve ou d'un roux foncé. La queue, formée de
poils annelés de noir et de fauve, semble être aussi
couverte d'anneaux, excepté son extrémité, qui est
noire. La poitrine, le ventre et la face interne des

1. *Sciurus pygerythrus,* p. 145, pl. 7. — Édition Pillot, pl. 21,
fig. 1.
2. *Sciurus grisei venter,* p. 147.

L'Écureuil à ventre roux.

membres sont d'un gris foneé ; et deux bandes con-
tiguës, l'une noire en dessus, et l'autre rousse en
dessous, s'étendent entre les membres le long des
flancs. Sa taille est comme celle de l'espèce précédente, semblable à la taille de l'écureuil commun.

L'Écureuil a mains jaunes[1], qui a, comme
le reconnaît M. Isidore Geòffroi, de grands rapports
avec le précédent ; il est d'un brun tiqueté de roussâtre en dessus et à la face externe des membres.
Les parties inférieures de son corps sont d'un beau
roux marron ; sa queue semble annelée comme ses
poils de brun et de fauve, et c'est un anneau fauve
qui le termine. Enfin, ce qui caractérise cet écureuil, c'est que la face dorsale de son pied, celle
de sa main, les régions externes et antérieures de
l'avant-bras, et le dessus du museau sont fauves.
L'origine de cette espèce ne peut pas être fixée d'une
manière bien précise ; mais M. Isidore Geoffroi pense
qu'elle vient de Ceylan ou de la Cochinchine.

L'Écureuil a queue de cheval[2]. Il a, comme
les précédents, été envoyé de Java au Muséum par
M. Diard. Il est roux tiqueté de noir en dessus ; la
face externe de ses membres, les côtés de son cou
et sa tête sont d'un gris foncé tiqueté de blanc ; son
ventre et la face interne des membres sont d'un
beau roux marron ; sa queue est entièrement noire.

1. *Sciurus flavi manus*, p. 148.
2. *Sciurus hippurus*, p. 149.

Sa longueur, du bout du museau à l'origine de la queue, est de neuf pouces. Celle-ci a la longueur du corps.

Les écureuils suivants paraissent appartenir à des espèces mieux distinctes, quoique l'une d'entre elles présente encore dans ses couleurs des variations sous lesquelles se déguisent les véritables caractères de son pelage.

L'ÉCUREUIL A VENTRE DORÉ[1]

QUE le Muséum doit encore au zèle de M. Diard, et qui a été envoyé de Java, est d'un fauve tiqueté de blanc qui résulte de poils bruns à leur base, fauves à leur partie moyenne et blancs à leur extrémité. Le dessous du corps, les flancs et la face interne des membres sont d'un beau roux doré; une bande blanchâtre, irrégulière, couvre une partie de la cuisse; la queue, brune dans sa partie moyenne, est fauve sur ses parties latérales; la tête est d'un fauve foncé, à l'exception des côtés du nez qui sont blancs; les oreilles sont brunes. Cette espèce, très grande. a onze pouces, du bout du museau à l'origine de la queue, et celle-ci en a plus de dix-huit.

1. *Sciurus rufi venter*, p. 150.

L'ÉCUREUIL BRUN[1].

C'est une des espèces les plus remarquables par la beauté et l'intensité de sa couleur; il surpasse en grandeur l'écureuil commun : la longueur de son corps est de huit pouces, et celle de la queue est de sept. Son pelage est généralement d'un brun marron très brillant. Seulement les parties inférieures du corps sont un peu plus pâles que les supérieures. Les moustaches et les poils qui recouvrent les doigts sont noirs, et si, chez quelques individus, le bout de la queue est blanc, chez d'autres il est du brun marron des autres parties. Les oreilles n'ont point le pinceau de poils qui couronne celles de l'écureuil commun.

Nous avons dû la connaissance de cette belle espèce d'écureuil à M. Duvaucel, et il a aussi été découvert dans l'Inde par MM. Reynaud et Bellanger. M. Lesson l'a publiée une seconde fois dans ses *Centuries zoologiques* en lui donnant un nom nouveau, celui de l'écureuil de Keraudren (*sciurus Keraudenii*. Reyn.).

1. *Sciurus ferrugineus.*

L'ÉCUREUIL BICOLOR[1].

Il fut découvert à Java par Sparmann[2] qui le décrivit sous ce nom de *bicolor*, et en publia une figure que Schreber[3] reproduisit sous le nom de *Javanicus*. Sparmann nous apprend que cet écureuil avait la partie supérieure de la tête, le dos et la face externe des membres d'un brun noirâtre, que les parties inférieures du corps, depuis la mâchoire inférieure jusqu'à l'extrémité du ventre, étaient d'un beau fauve ; que la queue, brune en dessus, était fauve en dessous, et que le corps et la queue avaient chacun environ un pied de longueur.

Depuis, les galeries du Muséum ayant reçu de Java un écureuil envoyé par Leschenault, M. Geoffroi l'envisagea comme une espèce nouvelle et le nomma *albiceps*[4]. En effet, cet écureuil avait toutes les parties supérieures du corps d'un brun jaunâtre, tandis que sa tête, sa gorge, son ventre et la partie antérieure et interne de ses jambes de devant étaient d'un blanc jaunâtre : ses jambes de derrière, ainsi que la partie externe de celles de devant, étaient brunes. La queue en dessus était également brune ; en dessous elle était jaunâtre.

1. *Sciurus bicolor.*
2. Act. soc. Goth.
3. Tab. 216.
4. Étiquettes des Collections du Mus. d'Hist. nat.

C'est ce même écureuil, avec une de ses variétés beaucoup plus brune, et dont la tête n'avait qu'une teinte un peu plus pâle que celle du corps, qui devint le *sciurus Leschenaultii* de M. Desmarest[1], lequel, à cause de cette variété à tête brune, pensa ne devoir point conserver le nom d'*albifrons*. Enfin M. Horsfield, qui ne s'est point borné à toucher à Java en passant, et qui n'a point été condamné à n'en étudier les animaux que dans des cabinets; mais qui y a séjourné et qui a pu suivre les animaux dans leurs divers changements, a publié une histoire du *sciurus bicolor* dans laquelle on reconnaît celui de Sparmann, l'*albiceps* de M. Geoffroi, et le *Leschenaultii* de M. Desmarest; nouvelle preuve des variations infinies auxquelles les écureuils sont sujets, et de la prudence qui est nécessaire pour en établir les espèces.

Nous rapporterons ici ce que M. Horsfield nous apprend sur cet écureuil bicolor, un des plus grands qu'on connaisse.

L'individu qu'il a fait figurer est celui qu'on trouve communément dans les parties orientales de Java, et qui appartient à la variété à tête blanche. « Sur le continent de l'Inde et dans la Cochinchine, dit-il, on le trouve presque uniformément noir à ses parties supérieures, et d'un jaune doré aux inférieures. Tels étaient aussi les caractères de l'individu d'après lequel cette espèce fut, pour la première fois, décrite par Sparmann, et qui avait été pris à Java, probablement dans les districts de l'Ouest. La différence qu'offre la robe du sciurus bicolor à l'est de Java,

---

1. Mammalogie, p. 555.

où je l'ai surtout observé, établit une variété de cette espèce, à teintes fort irrégulières, et que je décrirai particulièrement.

» Quant à la description de Sparmann elle paraît avoir été faite d'après un jeune animal ; il donne douze pouces pour la longueur du corps, et autant pour la queue ; l'animal adulte est beaucoup plus grand. Deux écureuils du Muséum de la compagnie pourraient être pris comme appartenant à une espèce distincte, si ce sujet difficile ne se trouvait éclairé par une observation de sir St. Raffles, qui dit qu'un jeune mâle du sciurus bicolor, provenant du détroit de la Sonde, avait toute la queue de la même couleur fauve que le ventre, tandis que, dans les adultes, elle est tout-à-fait noire. » D'un autre côté j'ai trouvé dans la bibliothèque de la Compagnie, une description très concise et très exacte de cet animal, faite par le docteur Fr. Hamilton. J'ai vu, dit-il, un écureuil bicolor vivant pris dernièrement dans les bois ; sa longueur totale est d'environ un *yard*, dont la queue forme les trois cinquièmes. Le dessus du corps et toute la queue sont noirs, avec des poils longs, rudes et épais. Aux lombes, l'extrémité des poils est d'un châtain rougeâtre ; la gorge, la poitrine, le ventre, le dedans des cuisses et des jambes de devant sont couleur de tan, et offrent des poils plus doux : les pieds de devant sont noirs avec un pouce très court ; les jambes et les pieds de derrière sont également noirs ; la queue est comprimée, c'est-à-dire, que les poils se dirigent sur les côtés ; les oreilles sont courtes, velues, arrondies à leur extrémité, avec un bord mince. » Cette description s'accorde entièrement avec plusieurs individus du

Muséum de la compagnie, provenant de la collection du docteur Finlayson.

Voici maintenant ce que dit M. Horsfield de la variété qu'il a observée par lui-même : « La longueur totale de l'écureuil bicolor de Java, depuis l'extrémité du nez jusqu'à celle de la queue, est de trois pieds, dans lesquels la queue, à elle seule, entre pour plus de la moitié. Ce sont aussi les dimensions de l'espèce dans l'Inde et dans la Cochinchine. Dans les individus que j'ai recueillis à l'est de Java, les parties supérieures de la tête et du cou, le dos tout entier, les côtés du corps et les membres sont d'une teinte foncée, mais cette teinte varie d'un brun intense à un brun plus clair, et passe souvent au gris jaunâtre. Les poils sont, ou bien uniformément foncés, ou bien bruns à leur base, et jaunâtres à leur extrémité. C'est de la distribution de ces poils que la robe de notre animal tire son caractère ; tantôt la surface est uniformément brune, tantôt elle est, en plusieurs points, marquée de taches irrégulières brunâtres, d'intensité variée, et qui paraissent sous la forme de larges bandes transversales ou de plaques de différente étendue. Dans la plupart des individus, la robe est foncée et uniforme sur les côtés du cou, les épaules, le dessus des jambes et des pieds, l'extrémité du nez et l'origine de la queue ; mais elle varie dans d'autres individus du brun noirâtre très foncé au châtain et au brun rougeâtre. Un anneau de la même teinte entoure aussi les yeux. Entre les yeux et les oreilles naît une bande d'une teinte plus pâle qui, dans beaucoup de cas, s'étend sur la tête, et, se répandant sur le vertex et sur la partie antérieure

du cou, produit l'apparence d'un animal à tête blanche. Cette pâleur de coloration n'est toutefois pas
invariable : on l'observe principalement chez les individus de couleur brun de tan, et quelquefois elle
n'occupe qu'un petit espace entre les oreilles et la
partie voisine du front.

» Les parties inférieures, dans notre variété d'écureuil bicolor, sont, en général, jaunâtres; mais cette
teinte varie du fauve doré à un jaune de soufre clair
qui passe souvent à l'isabelle; une ligne d'une teinte
plus forte sépare la couleur foncée des parties supérieures de la teinte plus claire des inférieures, et
semble rapprocher cette espèce de celle où les côtés
du corps sont rayés. La couleur claire des parties inférieures commence à l'extrémité de la mâchoire inférieure, enveloppe la gorge, remonte sur les côtés
de manière à embrasser les joues, rencontre les yeux,
et se confond avec la large bande qui occupe transversalement la tête; elle passe ensuite sur les côtés
du corps, et occupe la face interne des jambes de
devant, où elle est séparée des parties foncées par une
ligne bien tranchée, mais qui ne l'est pas autant aux
membres postérieurs : la queue est foncée à sa base
seulement. Dans le reste de son étendue, sa couleur
est celle des parties inférieures.

» Dans un petit nombre de cas, la couleur des parties supérieures est d'un jaune isabelle avec une teinte
grisâtre; tandis que les inférieures sont d'un jaune
pâle, de sorte qu'il y a à peine une différence de coloration entre le dessus et le dessous du corps. Ces individus diffèrent beaucoup du *sciurus bicolor* décrit
par Sparmann, et, sans ce que m'ont appris une

nombreuse série de ces animaux, on pourrait les regarder comme une espèce distincte.

» Les oreilles sont aiguës, de grandeur moyenne,
couvertes de poils doux et sans pinceaux. Les moustaches consistent en des poils nombreux, longs,
roides, naissant des côtés du nez et de la lèvre supérieure; un petit pinceau séparé de poils courts et
forts, dirigés en arrière, naît de la joue au milieu de
l'espace entre l'angle de la bouche et les oreilles. Les
dents de devant sont d'un jaune approchant de l'o-
rangé; la lèvre supérieure est profondément divisée.
Dans sa forme générale, aussi bien que dans celle de
la tête et dans les proportions du cou et des membres,
le bicolor se rapproche des autres grands écureuils
de l'Inde, et, comme eux aussi, il a sur le pouce un
ongle large, court et obtus, que l'on a comparé avec
raison à celui de plusieurs singes. Le pouce lui-même
n'est ni allongé ni séparé des autres doigts; mais il
consiste dans un épais tubercule charnu qui supporte
l'ongle. Les ongles des autres doigts des pieds de devant, et tous ceux des pieds de derrière, sont aigus et
très comprimés, comme dans les autres écureuils. La
fourrure des parties supérieures est rude; à leur base
les poils soyeux sont garnis de duvet; mais ils sont
roides, et ne sont pas régulièrement appliqués sur la
peau : sur la poitrine et l'abdomen, la fourrure a une
texture plus douce, et les bras et les mains sont bor-
dés d'une belle ligne de poils dont la teinte est, en
général, d'un fauve foncé, et qui s'étend sur les côtés,
depuis les épaules jusqu'aux oreilles. La séparation
entre les poils soyeux des parties supérieures et la
fourrure plus douce des inférieures, est fortement in-

diquée par une ligne que produit la brusque terminaison des poils rudes sur les côtés du corps.

» La robe la plus commune de l'écureuil bicolor est
noirâtre en dessus, et jaune en dessous. L'individu,
décrit dans cet article, constitue une variété bien caractérisée qui, dans quelques points, ressemble au
sciurus Leschenaultii, mais qui s'en distingue suffisamment par la couleur jaune brillante de ses parties
inférieures.

» Les mœurs de l'écureuil bicolor n'offrent rien de
particulier ; il est assez répandu dans plusieurs parties
de Java ; mais il est beaucoup moins fécond que le
sciurus Plantani. Rarement le voit-on près des villages
et des plantations, et les cacaotiers souffrent très peu
de ses atteintes. Il habite le plus épais des forêts, où
les fruits sauvages de différente espèce lui offrent une
nourriture abondante. Je l'ai observé d'abord dans
les districts les plus orientaux de l'île, et ensuite
dans mon voyage à travers le pays, depuis Banyumas
jusqu'à Kediri ; mais, dans tous ces lieux, je n'ai jamais rencontré le sciurus bicolor tel qu'il est décrit
par Sparmann et Hamilton. Les naturels tiennent cet
animal en une sorte de domesticité dans leurs maisons, et quelquefois ils en mangent la chair. »

Je regrette de ne pouvoir ajouter ici la description
d'un écureuil de Syrie que M. Ehrenberg a fait représenter[1], mais qu'il n'a, je crois, point encore décrit. C'est la seule espèce de cette partie de l'Asie dont
il ait encore été question. Si l'on en juge par la plan-

___
1. Symbolæ physicæ, pl. 8.

che enluminée, cette espèce était brune sur le dos, et orangée aux parties inférieures.

AFRIQUE. Un seul écureuil était connu de Buffon, en Afrique, c'était le barbaresque[1]; encore ne l'était-il que par une peau empaillée et par ce qu'en avaient dit Caïus[2], et surtout Edwards[3] qui en avait donné une figure dessinée d'après un animal vivant. Depuis, cette belle espèce d'écureuil n'a fait le sujet d'aucune observation nouvelle, et cependant tout porte à penser qu'elle en offrirait d'importantes, à en juger, du moins, par ce qu'on connaît de son organisation et de ses rapports avec le palmiste, qui aurait lui-même besoin d'être étudié de nouveau pour qu'on pût apprécier exactement ses rapports.

L'ÉCUREUIL FOSSOYEUR[4].

LE premier écureuil d'Afrique, découvert après le barbaresque, mais dont on ne connut pas d'abord l'origine, est l'écureuil fossoyeur, nommé ainsi par M. Geoffroi Saint-Hilaire, d'après un individu remarquable par l'extrême longueur de ses ongles. Cet in-

1. Tom. X, in-4°, p. 126, pl. 26. — Édit. Pillot, t. XVI, p. 197, pl. 62.
2. Gesner, Hist. quad., p. 187.
3. Edwards hist. of bird., p. 198.
4. *Sciurus erythropus*, Geoff.

dividu, conservé dans l'esprit-de-vin et provenant des
collections du Stathouder de Hollande, avait probablement vécu long-temps en esclavage ; c'est à cette
circonstance qu'on doit attribuer le caractère accidentel que ses ongles présentaient; aussi faut-il se
garder d'en conclure que cet animal fût fouisseur,
et d'attribuer au nom qui lui a été donné d'autre
sens que celui d'ongles longs et crochus. En effet,
ce n'est que de l'année dernière qu'on a pu connaître
la nature de cette espèce et son origine; deux individus, l'un et l'autre mâle, m'ayant été envoyés du
Sénégal.

Quelques traits particuliers distinguent cette espèce
d'écureuil de toutes les autres; sa tête d'abord est
remarquable par sa longueur comparée à sa hauteur,
et par la courbure longue et uniforme de son chanfrein; ensuite ses oreilles ont une forme qui leur est
exclusivement propre : elles sont courtes, arrondies,
et ne dépassent point le sommet de la tête, comme
les oreilles des autres écureuils; enfin, son pelage est
formé de poils secs et durs, qui contrastent fortement
avec celui qui forme la fourrure si douce des autres
espèces de ce genre. L'écureuil fossoyeur est sensiblement plus grand que l'écureuil commun. La longueur
de son corps est d'environ sept pouces et demi, et celle
de sa queue, de six pouces. Toutes les parties supérieures de son corps, c'est-à-dire le dessus et les côtés
de la tête, le dessus et les côtés du cou, les épaules, le
dos, les flancs, la croupe, les cuisses et la face externe
des membres, sont d'un fauve plus ou moins verdâtre.
La teinte du dos est d'un brun verdâtre; celle des
côtés du corps et du dessus des cuisses, d'un verdâtre

plus pur, et la face externe des membres est fauve.
Toutes les parties inférieures sont blanches ; un ruban blanc, qui commence à l'épaule et finit à la
cuisse, sépare les parties verdâtres du côté du corps
des parties blanches, et un cercle blanc entoure les
yeux. La queue, grise en dessus, est fauve en dessous. Le mufle est violâtre ; l'oreille est nue et couleur de chair. Tous les poils des parties vertes sont
annelés de fauve et de noir ; les anneaux noirs dominent sur le dos, et les fauves sur les membres. Les
longs poils de la queue, fauves à leur moitié inférieure, sont couverts de larges anneaux noirs et blancs
dans le reste de leur longueur.

Cette espèce paraît avoir toutes les mœurs des
écureuils proprement dits. Les deux individus que
j'ai pu observer aimaient à se cacher dans le foin dont
on avait composé leur lit ; pour cet effet, ils en formaient un tas épais, et s'introduisaient au milieu dans
le danger. Au moindre bruit, ils sortaient la tête de
leur nid, et ils accouraient si l'on avait des gourman-
dises à leur offrir ; aussi, connaissaient-ils fort bien le
bruit d'une noix ou d'une amande que l'on brise, et
le distinguaient beaucoup mieux que le nom par lequel
on avait l'habitude de les appeler. Cependant, quoiqu'à ces différents égards ils ressemblassent tout-à-
fait aux écureuils, ils ne m'ont point paru en avoir
la pétulance et la vivacité. Leurs mouvements, comparés à ceux de l'écureuil vulgaire, avaient une certaine lenteur, annonçaient une sorte de circonspec-
tion qui frappaient d'abord, et qui, joints aux
particularités organiques que je viens d'indiquer, me
confirment encore dans ma conjecture sur la nature

des rapports de cette espèce avec les autres écureuils.

M. Ehrenberg, qui a voyagé en Afrique comme en Asie, et dont nous avons parlé plus haut à propos de l'écureuil de Syrie, a fait représenter un écureuil d'Abyssinie, sous le nom de *courtes oreilles*[1] (*brachyotus*), qui nous paraît ressembler par tous ses caractères principaux à l'écureuil fossoyeur ; mais il en diffère, en ce qu'il n'a point la ligne blanche des flancs, si remarquable chez ce dernier. Je ne connais point la description que M. Ehrenberg aurait pu donner de cette espèce ; à en juger par la figure que nous reproduisons[2], son pelage serait tiqueté de fauve et de noir en dessus, et de blanchâtre en dessous.

AMÉRIQUE. Les écureuils d'Amérique connus de Buffon sont celui de la Caroline, et le coqualin ou capistrate ; encore introduit-il de la confusion dans l'histoire du premier en le confondant avec le petit-gris, qui paraît être exclusivement propre au nord de l'Europe et de l'Asie. C'est sous ce nom de *petit-gris* qu'il parle de l'écureuil de la Caroline, et on ne reconnaît cet animal qu'à la description qu'en donne Daubenton ; car Buffon s'attache presque exclusivement, dans son article[3], à combattre l'idée que les écureuils gris d'Amérique diffèrent du petit-gris, et celle que le petit-gris n'est lui-même que notre écureuil fauve dont les couleurs ont changé par l'influence du froid. Depuis, il a été bien éta-

1. Symbolæ physicæ. pl. 9.
2. Pl. 21, fig. 2.
3. Tom. X, in-4°, p. 116. — Édit. Poillt, t. XVI, p. 190.

bli que les écureuils gris de l'Amérique septentrionale constituent des espèces différentes de celle
de l'écureuil désigné dans le commerce et par les
naturalistes sous le nom de *petit-gris*.

Les espèces d'écureuils originaires d'Amérique et aujourd'hui connues sont au nombre de sept ou de huit,
sans compter les deux dont Buffon a parlé, et, dans
ce nombre, l'Amérique méridionale n'en compte
qu'une. Toutes n'ont pas pu être observées avec le
même soin, aussi nous bornerons-nous à parler de
celles dont l'existence est la moins douteuse, et sur
l'histoire desquelles on s'est le plus étendu.

L'ÉCUREUIL A LONGUE QUEUE[1].

J'AI fait connaître cette espèce par une figure dans
mon *Histoire naturelle des Mammifères*[2]. Jusque là,
on s'était borné à en indiquer les principaux caractères; M. le major Long l'avait découverte dans son
expédition aux montagnes rocheuses, et M. Say l'a-
vait décrite dans l'histoire de cette expédition[3], sous
le nom de *macroura*. M. Harlan, en reproduisant la
description de cette espèce dans sa *Faune américaine,*
change le nom de *macroura* en celui de *magni sauda-
tus;* le premier ayant déjà été donné à un écureuil
de Ceylan. Voici la description de l'individu que j'ai
possédé.

1. *Sciurus macrourus,* pl. 20, fig. 1.
2. Liv. LV. 1826.
3. Exped. to the Rocky Mount., v. 1, p. 115.

Le bout du museau était blanc; le dessus de la tête, à partir du milieu du chanfrein, et le cou en dessus jusqu'aux épaules, étaient noirs; les côtés de la tête jusque derrière les oreilles d'un gris noir teint de jaunâtre; les oreilles blanches dans la plus grande partie de leur longueur, et jaunes à leur base. La mâchoire inférieure, son extrémité exceptée, le cou, les jambes de devant, la poitrine, le ventre, et la face interne des jambes de derrière étaient blancs, légèrement teints d'un gris léger sur plusieurs points; le bas des pattes de derrière, à la base des doigts, présentait une ligne noire bordée de poils jaunâtres; les épaules, le dos, les flancs, la partie postérieure des cuisses, ainsi que la croupe et tout le dessous de la queue, étaient gris; mais cette couleur était plus pure sur les épaules que sur les flancs, où elle était teinte de jaunâtre; et elle était plus foncée sur le dos que sur les autres parties. Les poils de la queue étaient jaunes dans presque toute leur longueur, leur extrémité seule était grise, d'où il résultait que cet organe, vu en dessous, paraissait jaune; et, comme la partie grise des poils était produite par des anneaux noirs et blancs, et que les anneaux noirs de la dernière rangée de poils n'étaient point cachés par d'autres poils, ils restaient visibles et formaient tout le long de la queue une ligne qui séparait la partie supérieure de l'inférieure. Tous les poils gris de ce pelage étaient formés d'anneaux noirs, blancs et jaunes; et c'est de la prédominance de l'une et de l'autre de ces couleurs que résultent les teintes diverses qui parent le vêtement de cette espèce.

Sa taille était fort grande : du bout du nez à l'origine de la queue il avait quinze pouces, et sa queue en avait au moins dix-huit.

La description que donne M. Say de son *sciurus macroura*, diffère à quelques égards de la nôtre. Mais on en sera peu surpris d'après ce que nous avons déjà dit sur les changements de couleur des écureuils.

« Le corps de cet animal, dit M. Say, en dessus et sur les côtés, est coloré par un mélange de gris et de noir, les poils étant couverts d'anneaux noirs, jaunes et blancs, et se terminant par un anneau noir; les oreilles ont une teinte ferrugineuse plus brillante à leur face externe qu'à leur face interne. Les côtés de la tête et les orbites ont cette même teinte, mais pâle, et qui passe au brun sur les joues. Le dessous du cou, la face interne des membres, le ventre sont d'un jaune orangé; les doigts sont noirs. La queue en dessous est d'un ferrugineux brillant, en dessus le noir se mêle au ferrugineux. Les incisives sont jaunes; et en hiver les poils des oreilles s'allongent et en dépassent de beaucoup les bords. »

C'est l'espèce d'écureuil la plus commune sur les bords du Missouri; son pelage d'hiver est considérablement plus fourni, plus épais que celui d'été; mais les couleurs sont les mêmes dans les deux saisons. Elle a servi souvent à la nourriture de l'expédition; et l'on pouvait toujours, dit M. Say, en reconnaître les os à leur couleur rouge.

L'ÉCUREUIL DE LA CALIFORNIE[1].

CETTE espèce, qui n'est connue que depuis deux ans, a des rapports de couleurs avec la précédente, et avec l'écureuil de la Caroline ; c'est-à-dire que son pelage présente aussi un mélange de gris et d'orangé, mais la distribution différente de ces couleurs ne laisserait à elle seule aucun doute sur la distinction spécifique de ces animaux, si d'ailleurs ils ne se distinguaient par des caractères d'un ordre encore plus élevé.

Cet écureuil paraît appartenir exclusivement aux régions occidentales de l'Amérique du nord, et surtout au Mexique et à la Californie ; et si par les couleurs il rappelle ceux des régions orientales du même continent, il rappelle l'écureuil d'Europe par les formes de sa tête. En effet, l'écureuil capistrate, celui de la Caroline, et celui que nous venons de décrire, sont remarquables par leur tête plus large comparativement à la longueur, que celle de l'écureuil commun, et cette largeur se fait surtout remarquer dans la boîte cérébrale ; or, l'écureuil de la Californie ne présente point ce caractère qui jusqu'à présent semblait appartenir exclusivement aux écureuils d'Amérique ; à cet égard il est semblable à celui d'Europe, et rompt ainsi les rapports qu'on pou-

1. *Sciurus leucogaster*. Hist. nat. des Mamm., liv. LIX. 1829.

vait croire exister entre les formes de la tête des
écureuils et les continents qu'ils habitent; du moins
quant à ce qui concerne ceux d'Europe, et ceux du
nord du Nouveau-Monde.

L'écureuil de la Californie à toutes les parties supérieures du corps d'un gris un peu foncé, et toutes
les parties inférieures sont d'un roux orangé très brillant. Les parties grises, formées de poils noirs à
leur base et à leur pointe, et blancs à leur partie
moyenne, sont, la tête, le bout de la mâchoire inférieure, le dos, les flancs, la face interne des cuisses, le tarse et le carpe. Une teinte fauve colore
le tour des oreilles, les épaules et la nuque, la partie blanche des poils du dos ayant ici pris cette
teinte. La queue grise avec quelque marque de
fauve, est formée de poils noirs à leur moitié inférieure, et blancs à leur moitié supérieure, à l'exception de quelques uns qui ont du fauve au lieu de
blanc. La gorge, la poitrine, le ventre, les jambes
de devant jusqu'aux poignets, la face interne des
cuisses et des jambes de derrière, sont d'un fauve
orangé brillant; seulement des poils gris entourent
les parties génitales, chez les mâles comme chez les
femelles. Les oreilles ne sont point couronnées par
un pinceau de poils.

La longueur de cette espèce est de dix pouces du
bout du museau à l'origine de la queue; celle-ci en
a huit.

L'ÉCUREUIL NOIR[1].

PLUSIEURS voyageurs et les plus anciens ont parlé
d'écureuils uniformément noirs, ou noirs avec le museau, les oreilles ou le collier blanc. Buffon connaissait ce qui avait été rapporté sur ces animaux, et il
le rappelle indirectement, mais n'insiste pas sur la
nature de ces différences; car à l'époque où il écrivait, rien d'exact ne pouvait être tiré des divers récits qui avaient été publiés sur les écureuils à pelage
noir. Ce n'est que depuis ces dernières années que
quelque lumière a été répandue sur l'histoire de ces
animaux. Ainsi on a appris que le coqualin de Buffon que M. Bosc a appelé capistrate [2] varie du gris au
noir, en conservant seulement son museau et ses
oreilles blanches.

On aurait besoin de quelques notions nouvelles sur
les écureuils entièrement noirs de l'Amérique : peu
d'auteurs en ont parlé avec assez de détails pour qu'on
puisse tirer de leurs paroles les caractères de ces animaux. Hernandez [3] parle vaguement sous le nom de
sciurus mexicanus et en en donnant une grossière
figure, d'un écureuil assez semblable à notre écureil
commun, quoiqu'un peu plus grand, et d'un noir
fuligineux. Buffon parle aussi d'un écureuil entiè-

1. *Sciurus niger.*
2. Ann. du Mus. d'Hist. nat., t. I, p. 281.
3. Hist. nat., Mex., p. 582.

1. L'Écureuil d'Hudson
2. Le Spermophile à quatre bandes

rement noir qui venait de la Martinique[1], et Bartram,
dans son voyage dans l'Amérique septentrionale,
nous apprend qu'il a trouvé un écureuil dont le pelage était entièrement d'un noir très pur[2]. J'ai aussi
possédé un écureuil entièrement noir qui venait de
l'Amérique septentrionale ; mais j'ignore de quelle
partie, et conséquemment s'il se rapprochait plus de
celui des contrées occidentales, dont parle Hernandez, que de celui des contrées orientales, dont parle
Bartram. Sa longueur, du bout du museau à l'origine
de la queue, était de huit à neuf pouces, et sa queue
en avait six à sept. Sa physionomie rappelait celle de
l'écureuil commun, mais sa tête était plus grosse.
Toutes ses parties nues avaient une teinte violâtre,
et à l'exception de quelques poils annelés de blanc
entre les yeux, son pelage était entièrement d'un
noir très foncé et très pur. .

Cet écureuil avait le même naturel, le même instinct que l'écureuil commun ; comme lui il se formait
un nid au milieu du foin qu'on plaçait dans sa cage,
et s'y cachait de manière qu'il n'était plus possible de
l'apercevoir.

L'ÉCUREUIL D'HUDSON[3].

Il paraît certain que plusieurs auteurs ont confondu cet écureuil avec l'écureuil fauve d'Europe, et

1. Supp. IV, in-4°, p. 62. — Édit. Pillot, t. XV, p. 164.
2. Tom. II, p. 31, de la trad. franç.
3. *Sciurus Hudsonius.*

cependant il y a quelques probabilités que l'Amérique du nord nourrit une espèce particulière d'écureuil, qui a plus de rapport avec le nôtre que celui qu'on rencontre dans les contrées voisines de
la baie d'Hudson. Quoi qu'il en soit, ce dernier est
une des espèces les plus remarquables du genre, et
par ses couleurs et par son naturel, quoique cette
dernière partie de son histoire soit encore bornée à
un petit nombre de faits.

Pendant fort long-temps il ne fut connu que par ce
qu'en ont dit quelques voyageurs, tels que Forster[1],
Hearne[2], ou par les descriptions que quelques naturalistes tirèrent des dépouilles qu'ils possédaient.
Pennant[3], Schreber[4] sont les premiers qui en donnèrent des figures, et celle du dernier est bien pré-
férable à celle de son prédécesseur. J'en ai possédé
un mâle vivant, dont j'ai publié la figure et la description[5]; et comme cet animal était fort beau, c'est
la description que j'en ai faite, que je vais rapporter
ici.

L'écureuil d'Hudson est sensiblement plus petit
que notre écureuil commun. Toutes les parties supérieures de son corps sont d'une teinte verdâtre qui
résulte de ce que ses poils sont alternativement annelés de noir et de jaune. Ses oreilles, ses pieds de
devant et ses pieds de derrière sont d'un roux brillant, et il en est de même de sa queue en dessus;

1. Act. angl., t. LXII, p. 378.
2. Voy. à l'occ. du Nord, trad. franç., t. II, p. 219.
3. Hist. of. quadrup., p. 412, pl. 43.
4. Tab. 214.
5. Hist. nat. des Mamm., liv. XLVI. 1824.

celle-ci a de plus une bande noire transversale vers
son extrémité qui est rousse; une ligne légère de
poils noirs la borde sur les côtés; en dessous elle est
d'un gris fauve. Toutes les parties inférieures du corps
depuis l'extrémité de la mâchoire inférieure jusqu'à
l'anus sont blanches. Les joues et les paupières inférieures et supérieures sont également blanches;
et la partie blanche du ventre est séparée de la
partie verte des flancs par un ruban noir; une tache
longitudinale de cette couleur se trouve à l'extrémité du museau sur le nez. Les oreilles sont sans
pinceau, mais les moustaches sont longues et noires
sur les joues et sur les yeux.

Les collections du Muséum possèdent plusieurs individus empaillés de cette espèce; ils offrent quelques différences comparés à celui dont nous venons
de donner les caractères, et nous devons faire connaître ces différences comme nous nous sommes appliqués à faire connaître celles des espèces dont nous
avons déjà parlé. Ces individus sont au nombre de
cinq : deux se font remarquer par la teinte brune de
leurs parties supérieures. C'est au contraire le roux
qui domine le long du dos sur le pelage des deux
autres; et le cinquième, brun comme les premiers,
n'a point leurs membres roux, et la bande noire des
flancs est à peine visible, ce qui s'observe également
sur un des individus à dos roux.

M. Richardson, qui a accompagné le capitaine
Franklin dans son voyage aux bords de la mer Polaire, entre sur cette espèce dans quelques détails
intéressants que nous allons rapporter.

Cet écureuil habite les forêts de pins qui couvrent une grande partie des terres où se fait la chasse des animaux à fourrures. On ignore jusqu'où son espèce descend du côté du Midi; au Nord elle s'étend autant que les forêts de pins, c'est-à-dire jusque entre le 68ᵉ et le 69ᵉ degré de latitude; et c'est un des animaux qu'on rencontre le plus fréquemment dans ces contrées. Il se creuse des terriers entre les racines des plus grands arbres, et y pratique quatre ou cinq entrées qu'on reconnaît parce que le temps y accumule des débris des cônes de pins dont cet animal mange les graines. Lorsque le vent est froid et le ciel couvert il ne sort pas de son terrier; mais dès que le soleil se montre, même en hiver, on le voit se jouant dans les branches de l'arbre au pied duquel il a choisi sa retraite. A la vue d'un objet étranger qui lui inspire de la crainte, il se cache derrière quelque grosse branche; mais il se décèle par le bruit qu'il ne tarde pas à faire entendre, et qui approche de celui d'une crecerelle, ce qui lui a fait donner par les naturels le nom de *tchikerie.* Quand il est poursuivi, il cherche à s'échapper en sautant avec une grande vélocité d'arbre en arbre, mais il tente de revenir à son terrier dès qu'il croit le danger passé, car, hors du temps de l'amour, c'est-à-dire au printemps, il ne quitte point l'arbre qu'il s'est en quelque sorte approprié et qui fournit abondamment à sa nourriture par ses graines et ses bourgeons. Quand l'hiver approche, il traîne les cônes de pin près des issues de son terrier, et sait les retrouver sous la neige; on dit même que quand ses provisions sont

abondantes, c'est le présage d'un hiver rigoureux.
La chair des femelles est mangeable, mais celle des
mâles conserve une odeur désagréable de souris. Les
jeunes Indiens s'amusent à les tuer à coups de flè-
ches, ou à les prendre dans des piéges. Cependant
la peau de ces écureuils n'est d'aucune utilité pour
eux; ils ne l'emploient point à leur usage, et elle
n'est point un objet de commerce.

L'ÉCUREUIL DU BRÉSIL.

Jusqu'a présent on n'avait trouvé dans l'Amérique
méridionale que des guerlinguets, et par une exception singulière cette partie du Nouveau-Monde semblait être sans écureuils, tandis que ces animaux se
rencontrent sur presque toute la terre; car la Nouvelle-Hollande est la seule partie de l'ancien hémisphère qui n'en nourrisse pas.

Cette exception n'existe plus aujourd'hui; le Brésil
possède un écureuil; les collections du Muséum ont
reçu un individu de cette contrée qui appartient incontestablement à une espèce de ce genre.

Marcgrave avait déjà parlé d'un écureuil de ce pays[1],
mais quoique Brisson eût admis cette espèce, son exemple n'avait pas été suivi. Il serait difficile néanmoins de
supposer que le premier a commis une erreur, en don-

1. Hist. Bras., p. 23o.

nant comme écureuil, l'animal qu'il décrivait ; et en admettant, comme toutes les vraisemblances y autorisent, que cette espèce soit aussi variable dans ses couleurs que toutes les autres, on reconnaîtra sans peine l'écureuil de Marcgrave dans celui que nous avons sous les yeux.

Marcgrave nous dit que son animal ressemble pour la figure et pour la taille à l'écureuil commun ; que sa queue aussi longue que son corps peut le recouvrir entièrement ; qu'il a quatre doigts aux pieds de devant avec un ongle qui marque la place du pouce, et cinq à ceux de derrière, tous armés d'ongles crochus ; que les oreilles sont courtes et arrondies ; que ses couleurs sont aux parties supérieures formées d'un mélange de jaune pâle et de brun ; que les parties inférieures sont entièrement blanches ; que sur chaque côté se trouve une bande longitudinale blanche, et qu'enfin la queue est revêtue de longs poils noirs et blancs.

L'individu qui nous a donné les caractères de l'écureuil du Brésil, et que possèdent les collections du Muséum, est, comme celui de Marcgrave, de la grandeur de l'écureuil commun. Son pelage, aux parties supérieures du corps, a une teinte brune tiquetée, formée de poils annelés de noir à leur base, et de fauve dans le reste de leur longueur, de telle manière que le fauve et le noir se mélangent. Le fauve domine sur les cuisses, et le gris sur les membres antérieurs et sur le dessus de la queue, parce que la partie supérieure des poils y est blanche. En dessous, la queue est d'un fauve brillant. La gorge, la poitrine, le ven-

1

2

tre, sont d'un blanc grisâtre avec une bande étroite
de fauve clair depuis la poitrine jusqu'aux parties génitales.

EUROPE. Nous terminons ce qui nous reste à dire
de plus important sur les écureuils par la description
de l'espèce que nous avons nommée écureuil des
Pyrénées[1].

· L'ÉCUREUIL DES PYRÉNÉES[2].

PARTAGEANT les idées généralement reçues, j'ai cru
pendant long-temps que l'espèce de l'écureuil commun était la seule qu'on rencontrât dans les parties
septentrionales de l'Ancien-Monde, et cette sorte d'i-
solement dans un genre où les espèces sont si variables,
au milieu de contrées où les climats sont si différents,
était propre à étonner : la nature est si riche, si pro-
digue de sa puissance, si infinie dans ses moyens,
nous sommes tellement habitués à la voir varier les
espèces dans le rapport des circonstances propres à
agir sur les organes, que nous devons être surpris de
ne rencontrer qu'un petit nombre d'espèces d'écureuils dans des régions si différentes et si étendues,
où il semble qu'il existe des causes assez actives et assez puissantes pour les modifier dans leurs caractères
spécifiques, dans les couleurs de leur pelage ; d'ail-

1. Hist. nat. des Mamm., liv. XXIV. 1821.
2. *Sciurus alpinus*, pl. 20, fig. 2.

leurs ne trouvons-nous pas dans le Nouveau-Monde et sous les mêmes parallèles un nombre comparativement très grand d'espèces de ce genre. Mais quand nous croyons que la nature manque à ses lois, à cette harmonie qui fait son essence, c'est presque toujours nous qui manquons d'observations; et alors il serait aussi naturel et plus sûr de chercher à détruire les anomalies par des observations nouvelles, que de vouloir les expliquer par des hypothèses.

L'écureuil des Pyrénées commence donc à remplir une lacune dont il était difficile de rendre raison. Sa couleur est d'un brun très foncé, tiqueté de blanc jaunâtre sur toutes les parties supérieures du corps, et d'un blanc très pur à toutes les parties inférieures. La face interne des membres est grise ; les côtés de la bouche sont fauve clair, et le bord des lèvres est blanc : les quatre pieds sont d'un fauve assez pur ; et l'on voit une bande de cette couleur séparer la partie blanche du cou et de la poitrine, ainsi que la partie grise des membres, des parties supérieures brunes ; quelques poils fauves se montrent aussi le long du bord antérieur de la jambe et de la cuisse. La queue, vue de profil, paraît noire, parce que les poils qui la composent sont noirs dans toute leur partie visible ; mais ils sont annelés de noir et de fauve clair dans leur moitié inférieure, c'est-à-dire, dans leur partie cachée ; ces poils très longs s'étalent en divergeant comme ceux de l'écureuil commun. Les poils soyeux des parties brunes sont d'un beau gris d'ardoise à leur base, puis annelés de fauve et de noir ; ceux des parties blanches sont entièrement blancs. Les poils laineux, qui sont très abondants, sont gris d'ardoise dans presque toute leur longueur; seulement, ils ont pour la plupart une petite pointe fauve. Les moustaches qui se trouvent au dessus des yeux et au dessus des lèvres supérieures sont noires : les oreilles sont garnies de poils longs, comme celles de l'écureuil commun auquel il ressemble encore par sa taille et par ses proportions. Cet écureuil a long-temps vécu à notre ménagerie; nous en avons possédé le mâle et la femelle : leur mue a eu lieu plusieurs fois sous nos yeux, et jamais nous n'avons vu leur pelage changer essentiellement de couleur; seulement pendant l'été, les parties brunes étaient plus noirâtres que pendant l'hiver; dans cette dernière saison, il se mêlait à la couleur brune une légère teinte grise. Ces animaux nous avaient été envoyés des Pyrénées; mais nous en avons vu de tout semblables venant des Alpes, ce qui permet de conjecturer qu'ils appartiennent aux régions élevées plus spécialement que notre écureuil commun dont ils seraient une variété constante et occasionée par les influences qui s'exerceraient sur eux dans ces régions; le doute à cet égard se changerait en certitude si des observations directes venaient à montrer qu'en effet la couleur fauve qui couvre uniformément les parties visibles des poils soyeux de l'écureuil de nos forêts peut se changer en anneaux noirs et fauves.

Klein, en parlant de l'écureuil commun, considère comme une simple variété de cette espèce l'écureuil brun, c'est-à-dire notre écureuil des Pyrénées, et c'est cette opinion qui a été partagée par tous les naturalistes. De nouvelles observations seraient nécessaires pour lever les doutes que des différences d'opi-

nion font toujours naître ; et avec raison. Le temps
nous les procurera sans doute.

Nous pourrions encore ajouter quelques espèces à
celles dont nous venons de donner les caractères ;
mais, dans ce genre, comme dans tous les autres,
il en est toujours un certain nombre qui ne sont
qu'imparfaitement indiquées, sur lesquelles on n'a
que de vagues notions dont les naturalistes seuls peuvent tirer quelques indications utiles, et dont la connaissance incomplète n'ajouterait rien à l'idée qu'on
doit se faire de la nature commune à toutes. Ces divers motifs nous déterminent à passer sous silence
ces espèces obscures.

LES SPERMOPHILES.

Les animaux auxquels j'ai donné le nom générique de spermophiles ne sont connus que depuis un petit nombre d'années, et une seule espèce, le sous-lik, avait été admise dans la science, sans toutefois qu'on eût apprécié sa véritable nature. Linnæus ignora long-temps quelle différence réelle il pouvait y avoir entre elle et le hamster; et si Buffon, sur ce point, n'admit aucun doute et reconnut la distinction de ces deux espèces, il n'était pas dans ses vues de chercher les rapports de ces animaux avec les autres rongeurs. Ce n'est que plus tard que le souslik a été réuni ou aux rats, ou aux loirs, ou aux marmottes. Depuis, un autre rongeur remarquable par son pelage varié, découvert en Amérique, et qu'on considéra tantôt comme un écureuil à dix raies, tantôt comme une marmotte, a dû être rapproché du souslik; et j'ai tout lieu de penser que l'écureuil suisse de Buffon n'est lui-même qu'une espèce de ce genre nouveau des spermophiles, et que le sous-genre des tamias, formé par Illiger, devra disparaître de l'histoire des quadrupèdes.

L'influence des idées dominantes dans une science nous est présentée d'une manière fort remarquable dans les différentes places qui ont été assignées aux trois animaux dont nous venons de parler, et serait une nouvelle preuve, s'il était nécessaire, du danger qu'il y a dans les sciences d'observation à considérer

une idée comme absolue et à en supporter la domination. Linnæus, ne fondant guère ses genres de rongeurs que sur la forme des incisives et le nombre des
mâchelières, fit un rat du souslik dont il n'avait qu'une
connaissance imparfaite. Gmelin, qui connut un peu
mieux les dents de cet animal, et que frappèrent sans
doute sa vie souterraine, et son sommeil léthargique
pendant l'hiver, en fit une marmotte ; négligeant
comme Linnæus tous autres caractères, quoiqu'il y en
eût dont l'influence sur le genre de vie fût bien plus
grande et plus immédiate que ceux auxquels il s'était
arrêté. D'un autre côté, M. Mitchell, entraîné par les
nombreux rapports qu'avait l'espèce américaine avec
l'écureuil suisse de Buffon, en fit un écureuil; de même
que Buffon, se laissant séduire par des analogies superficielles, et surtout par l'idée qu'une tête arrondie,
de grands yeux et une queue distique constituaient un
écureuil, avait fait du suisse une espèce de ce genre.
Le fait est que le souslik comme l'écureuil à dix
raies, et comme le suisse, ont des rapports par la
forme des molaires et des doigts avec les marmottes
et avec les écureuils, et qu'ils se rapprochent encore
des premiers par leur sommeil hivernal et l'instinct
qui les porte à se creuser des terriers ; mais ils diffèrent des uns et des autres par des queues qui, en
même temps qu'elles sont beaucoup plus longues que
celles des marmottes, participent beaucoup moins
aux mouvements de l'animal que celle des écureuils ;
ils en diffèrent surtout par des sacs placés de chaque
côté des joues, qui leur servent à cacher le superflu de
leur nourriture et à transporter les graines dont ils
font provision à certaines époques de l'année. De

plus, les spermophiles ont la pupille ovale, une oreille sans conque membraneuse ou à conque presque rudimentaire et les membres postérieurs plantigrades.

Le nombre des espèces de spermophiles s'élève aujourd'hui à neuf ou dix ; et toutes, à l'exception du souslik, sont du nord du Nouveau-Monde. Ce n'est que dans ces dernières années seulement qu'elles ont été découvertes ou plutôt introduites dans les sciences ; car, quelques unes étaient connues des voyageurs qui s'étaient portés au nord ou à l'est de l'Amérique septentrionale ; mais les sciences ne font de progrès chez un peuple que quand la fortune lui a donné le loisir de les cultiver, et ce n'est que depuis quelques années que l'histoire naturelle a trouvé aux États-Unis des esprits dévoués à son étude.

Daubenton a publié une très bonne description et une figure passable du souslik[1] ; il ne nous reste donc qu'à donner une idée des autres espèces, qui sont dues surtout aux voyages du major Long aux montagnes rocheuses, et du capitaine Franklin aux bords de la mer Polaire ; il est à regretter que les découvertes zoologiques du premier n'aient pas été publiées avec la même étendue que celles du second. Mais le capitaine Franklin a eu l'avantage d'être secondé dans son voyage par M. le docteur Richardson qui, dans sa *Faune de l'Amérique boréale*, a fait connaître en détail, et en les accompagnant de belles figures, ses précieuses observations sur les quadrupèdes de ces contrées.

Pour cette histoire des spermophiles en particulier,

1. Buffon, tom. XV, p. 195, pl. 31. — Édit. Pillot, tom. XVIII, p. 407, pl. 45.

c'est presque exclusivement à M. Richardson que nous avons dû emprunter les caractères physiques des espèces, et les détails de mœurs si intéressants qu'on va lire. Grâces aux travaux et à la sagacité de ce savant voyageur, il est bien peu de genres en histoire naturelle qui se soient, en aussi peu de temps que celui des spermophiles, enrichi d'espèces nombreuses, et d'observations multipliées non moins authentiques qu'elles sont précieuses.

LE SPERMOPHILE

DE LA LOUISIANE[1].

CETTE espèce a été découverte en 1807, et la grande variété de noms par lesquels les auteurs américains l'ont désignée, est une preuve de la difficulté qu'il y avait à la classer, avant qu'on eût établi par des caractères positifs la division générique dans laquelle elle vient se ranger. C'est ainsi qu'à mesure qu'une lacune vient à être comblée les difficultés s'aplanissent, l'obscurité se dissipe, et la science profite des matériaux que l'incertitude des animaux auxquels ils se rapportaient, ne permettait pas d'utiliser. On doit à M. Say[2], une description détaillée de l'animal qui nous occupe, et des détails sur les mœurs, qui ayant été observées par le savant même qui les

1. *Spermophilus Ludovicianus.* Richardson, Fauna bor. Americ., in-4°, p. 154.
2. Long's exped. to the Rocky mount., vol. 1, p. 452.

décrit, sont un complément précieux dont pour beaucoup d'espèces l'histoire naturelle sent vivement la privation.

«Ce joli animal, dit M. Say, a reçu le nom impropre de *chien de prairie*, d'après une ressemblance imaginaire entre son cri de frayeur et le jappement précipité d'un petit chien; ce son peut être imité, en prononçant avec une espèce de sifflement la syllabe *chek, chek, chek*, et en faisant passer l'air rapidement entre le bout de la langue et le palais.

» Le dessus du corps est d'un brun rougeâtre clair, mêlé de quelques poils gris et de poils noirs; les poils sont à leur racine d'une couleur de plomb foncée, puis d'un blanc bleuâtre, auquel succède un anneau d'un rouge clair; leur extrémité est grise. Les parties inférieures sont d'un blanc sale; la tête est large et déprimée en dessus; les yeux grands; l'iris d'un brun foncé; les oreilles courtes et tronquées; les moustaches noires et de moyenne longueur; quelques longs poils s'élèvent de la partie antérieure de l'orbite; d'autres surmontent une verrue sur la joue; le museau est un peu effilé et comprimé; aux jambes de devant, à la gorge et au cou, le poil n'est pas foncé à sa base; il est très court au dessus des pieds, qui ont tous cinq doigts, sont armés d'ongles longs et noirs; l'ongle externe du pied de devant atteint la base de l'ongle voisin, et celui du milieu a près de six lignes de longueur; le pouce est armé d'un ongle conique; la queue est courte, elle offre une bande près de son extrémité, et le poil qui la forme, excepté près du tronc, n'est pas de couleur plombée à sa base.

» Cet animal a du bout du museau à l'origine de la queue, seize pouces (mesures anglaises); la queue, avec le poil qui la termine, a trois pouces et demi environ.

» Le spermophile de la Louisiane habite sur les bords du Missouri et de ses affluents; et comme les terriers de ces animaux occupent en général des endroits particuliers et bien circonscrits, les chasseurs ont donné à cet assemblage d'habitations le nom de *vil‑lage des chiens de prairie;* ces villages diffèrent beaucoup en étendue, quelques uns n'ont que quelques âcres de surface, d'autres ont un contour de plusieurs milles. Nous ne rencontrâmes, continue M. Say, entre le Missouri et les villes de la Prairie, qu'un de ces villages; mais au delà, ceux-ci devinrent beaucoup plus nombreux. L'entrée du terrier se trouve au sommet du petit monceau de terre que forme l'animal à mesure qu'il creuse sa demeure souterraine; ces monticules sont quelquefois presque imperceptibles; le plus généralement cependant ils font saillie à la surface du sol; leur hauteur atteint rarement dix-huit pouces; leur forme est celle d'un cône tronqué, appuyé sur une base de deux ou trois pieds, et percé d'une ouverture assez grande, soit à son sommet, soit sur le côté; toute la surface et surtout le sommet est solide et compacte comme le serait un chemin bien battu; l'ouverture descend verticalement à la profondeur d'un ou deux pieds, puis elle se continue dans une direction oblique; un seul terrier peut renfermer plusieurs habitants, et on a vu jusqu'à sept ou huit individus assis sur le même monticule. Ces terriers ne sont pas toujours également distants les uns des au‑

tres, quoiqu'on les rencontre d'ordinaire à des intervalles d'environ vingt pieds, et leurs habitants se plaisent à jouer aux environs quand le temps est beau;
ils s'y retirent à l'approche du danger; ou bien, quand
celui-ci ne les menace pas de trop près, ils s'arrêtent
sur le bord du trou, en criant et en agitant leur queue,
ou en se dressant sur leurs pieds de derrière; si on les
tire dans cette position, ils manquent rarement de s'é-
chapper, ou bien, si le plomb les frappe, ils tombent
dans le terrier, et le chasseur est hors d'état de les y
atteindre.

» Comme ils passent l'hiver dans un sommeil léthargique, ils ne font aucune provision pour cette saison;
seulement ils se défendent de ses rigueurs en fermant
hermétiquement l'entrée de leurs terriers. Les autres arrangements que le *chien de prairie* prend pour
son bien-être et sa sûreté ne sont pas moins dignes
d'attention; il se construit une jolie cellule globu-
laire, formée d'une herbe fine et sèche, dont le
sommet est percé d'un trou où l'on peut faire passer
un doigt, et qui est si artistement et si solidement
tissue, qu'on pourrait la faire rouler sur le sol sans
qu'elle en fût endommagée. »

LE SPERMOPHILE DE PARRY[1].

CETTE espèce habite les terres stériles[2] qui avoisinent le bord de la mer vers Churchill dans la baie

1. *Spermophilus Parryi.* Richardson, faun. bor. Americ., p. 158.
2. M. Richardson désigne dans son ouvrage, sous le nom de *Bar-*

d'Hudson, et toute l'extrémité septentrionale du continent, jusqu'au détroit de Behring, où le capitaine
Beechey en a recueilli des individus parfaitement
semblables à ceux qu'a observés M. Richardson. Elle
est fort abondante dans le voisinage du fort Entreprise à l'extrémité méridionale des terres stériles,
et aussi vers le cap Parry, l'une des parties du continent les plus rapprochées du Nord. On trouve en
général cet animal dans les districts pierreux, mais
il paraît préférer les collines sablonneuses au milieu
des rochers, où l'on trouve souvent groupés un certain nombre de terriers dans chacun desquels vivent
plusieurs individus. D'ordinaire on voit un d'entre
eux attentif au sommet du monticule, tandis que les
autres broutent dans les environs; à l'approche du
danger il donne l'alarme, et tous aussitôt regagnent
leur terrier; on les voit s'arrêter en grondant au bord
de leur trou, jusqu'à ce que le voisinage de l'ennemi
les oblige de s'y enfoncer. Lorsque la retraite leur
est coupée, leurs mouvements annoncent un grand
effroi, et ils cherchent un autre refuge dans le premier enfoncement qui s'offre à eux, aussi leur arrive-
t-il fréquemment de ne cacher que leur tête et leur
train de devant, tandis que leur queue est appliquée
à plat sur le rocher, position qu'elle prend chez ces
animaux lorsqu'ils sont dominés par la crainte. Leur

ren-grounds (terres stériles), une portion du continent américain,
située au nord-est; bornée à l'ouest par la rivière de Cuivre, les lacs
Athapescow, Wollaston et des Rennes; au midi par la rivière Churchill ou Missinippi; au nord et à l'est par la mer. Cette contrée a été
ainsi appelée par les marchands voyageurs, parce qu'elle est dépourvue de bois, excepté sur le bord de quelques unes des grandes rivières qui la traversent.

cri, dans ces moments d'effroi, ressemble beaucoup
à celui de l'écureuil de la baie d'Hudson, et le nom
de seek-seek, que les Esquimaux ont donné à cet animal, semble destiné à en imiter le cri. Suivant Hearne,
on les apprivoise aisément, et ils montrent à l'état
de servitude beaucoup de propreté dans leurs habitudes, beaucoup de vivacité et de gaieté dans leurs
mouvements. Ils ne sortent jamais durant l'hiver. Leur
nourriture paraît être entièrement végétale ; car on
trouve, suivant les saisons, leurs poches remplies soit
de jeunes pousses de plantes, soit des baies de quelques arbustes, soit de graines de graminées ou de
quelques légumineuses. Ils produisent environ sept
petits à la fois.

Le front dans cette espèce est droit ; le museau est
court, épais, très obtus, dépassant les incisives supérieures, et couvert de poils courts et serrés, d'un
brun jaunâtre pâle : à la face ceux-ci sont courts, d'un
brun orangé, ou d'un brun rougeâtre, mêlés de quelques poils noirs plus forts ; les moustaches sont courtes et noires ; des poils semblables, et qui ne dépassent
pas la longueur de la moitié de la tête, se voient au
dessus de l'œil, et à la partie postérieure des joues ; les
yeux sont grands et saillants ; l'oreille ne consiste que
dans une conque arrondie, velue, haute de deux à trois
lignes au plus, et surmontant le conduit auditif, qui
est large ; les joues sont d'un rouge plus pâle que la
face, et qui dans quelques individus se mélange de
beaucoup de gris. Les poches des joues sont assez
grandes, et s'ouvrent dans la bouche immédiatement
au devant des molaires. Quand l'animal est gras, le
corps est épais, aplati sur le dos, et très large en

arrière. La fourrure épaisse, courte et douce se compose de poils laineux d'un gris foncé à leur base,
d'un gris pâle vers leur milieu, et gris jaunâtre à leur
sommet; les poils soyeux plus longs, ont, pour la
plupart, l'extrémité blanche; quelques uns l'ont noire.
Toutes ces couleurs sont disposées de manière à produire comme un assemblage confus de taches irrégulièrement quadrangulaires, bordées et séparées par
des lignes noires et grises jaunâtres. Quoique ces taches ne soient nulle part bien circonscrites, c'est à la
partie postérieure du dos qu'elles le sont le mieux;
la gorge, les côtés du cou, les épaules, les membres
de devant et ceux de derrière, et toute la partie inférieure du corps sont d'une couleur qui tient le milieu entre le rouge brunâtre et le brun orangé. L'é-
clat de cette teinte varie avec la saison; la queue est
plate, arrondie à son extrémité, distique; elle offre
en dessus et près du centre un mélange de gris, de
brun et de noir, environné par une ligne noire qui
devient plus large vers le sommet de la queue, enfin
le bord libre est d'un blanc brunâtre sale; les doigts
sont bien séparés et nus en dessous, ainsi que la
paume des mains; le pouce, très petit, est presque
entièrement recouvert d'un ongle court, convexe et
arrondi; il est situé au bord interne d'un fort tubercule à la partie postérieure de la paume. Aux pieds
de derrière la moitié de la plante, à partir du talon,
est recouverte de poils serrés. La longueur du corps
de cet animal est de douze à quatorze pouces, celle
de la queue est de quatre pouces et demi. L'individu
qui a fourni cette description avait été pris sur les bords
de la rivière Mackensie.

1. Le Spermophile de Richardson.
2. Le Spermophile de Franklin.

M. Richardson décrit encore, comme variété de cette espèce, un individu pris dans les montagnes rocheuses près des sources de la rivière Elk, sous le 57ᵉ degré de latitude, et qui diffère du précédent par une, taille plus petite; une tête proportionnellement plus courte; une queue plus longue, et quelques variations dans les couleurs. Une autre variété, rapportée de la baie d'Hudson, est surtout caractérisée par une tache d'un brun marron bien circonscrite, au dessous de l'œil.

LE SPERMOPHILE

DE RICHARDSON[1].

Le nom qui a été imposé à l'espèce précédente était un hommage de M. Richardson aux courageux efforts du capitaine Parry; M. Sabine[2], à son tour, a voulu rendre hommage aux travaux du docteur Richardson en donnant à l'espèce qui nous occupe le nom de ce savant naturaliste; mais, à l'époque où il la fit connaître, il n'en put donner que les caractères extérieurs, et c'est encore à ce dernier que nous devrons emprunter tout ce qui concerne les habitudes et les instincts. Voici ce qu'il rapporte : « Cet animal[3] habite les plaines qui se trouvent entre les branches septentrionales

1. *Spermophilus Richardsonii.* Richardson, fauna Bor. Amer. in-4°, p. 164.
2. Sabine. Linn., Trans., vol. XIII, p. 589, tab. 28.
3. Pl. 23, fig. 1.

et les branches méridionales de la rivière Saskatchewan : il vit dans de profonds terriers creusés dans
un sol sablonneux ; il est fort commun au voisinage
de Carlton - House, et l'on trouve ses terriers disséminés sur toute la plaine. On ne peut pas dire que
ceux-ci forment des *villages*, quoiqu'on en rencontre
quelquefois trois ou quatre rassemblés sur un monticule sablonneux ; ils sont proportionnés à la taille de
l'animal, se bifurquent assez près de la surface du sol,
et s'enfoncent obliquement jusqu'à une profondeur
considérable ; quelques uns ont plus d'une entrée. La
terre que l'animal retire en creusant est rassemblée
auprès du trou en une petite élévation sur laquelle
il s'assied sur ses pieds de derrière, pour être élevé
au dessus de l'herbe et pour reconnaître les lieux
avant de se hasarder à s'éloigner. Au printemps, on
voit bien rarement plus de deux individus à la fois
à l'ouverture du terrier, le plus souvent on n'en
aperçoit qu'un seul : et, quoique j'en aie pris un
grand nombre dans cette saison en versant de l'eau
dans le terrier, et en les obligeant d'en sortir, je
n'en ai jamais pris qu'un individu dans le même
trou, à moins qu'un étranger poursuivi n'ait cherché
un abri dans la demeure d'un de ses voisins. De petits
sentiers, bien tracés, partent en divergeant de chaque terrier ; ils sont en assez grand nombre, et quelques uns, au printemps, conduisent directement aux
terriers d'alentour, formés sans doute par les mâles
qui vont à la recherche des femelles : lorsque des
mâles se rencontrent dans des excursions de ce genre,
ils se combattent avec violence, et il n'est pas rare de
voir le vaincu perdre une partie de sa queue lorsqu'il

essaie de s'échapper. Je n'ai pas vu cette espèce faire
sentinelle comme celle de la Louisiane; les individus
voisins l'un de l'autre ne paraissent pas conduits par
une règle commune; chacun vit et agit pour soi : ils ne
quittent jamais leurs trous en hiver, et je pense qu'ils
passent la plus grande partie de cette saison dans un
état de torpeur. Comme la terre n'était pas dégelée à
l'époque où je me trouvais à Carlton-House, continue
l'auteur anglais, je ne pus reconnaître quelle est la
construction des chambres où ils dorment, et s'ils
font ou non des provisions. Vers la fin de la première
semaine d'avril, ou aussitôt qu'une portion assez
étendue du sol est délivrée de la neige, ces animaux sortent, et, lorsqu'on les prend à cette époque, on trouve le plus souvent dans les poches de
leurs joues les petits bourgeons de l'*anémone nutta-
liana,* qui est très abondante, et la plante la plus pré-
coce dans ces plaines. Ils sont assez gras lorsqu'ils
sortent pour la première fois, et leur fourrure est en
bon état; mais les mâles se mettent aussitôt à la recherche des femelles, et dans l'espace d'une quin-
zaine ils deviennent maigres, et le poil commence
à tomber. Dans leur course qui est rapide mais sans
grâce, ils agitent vivement leur queue de haut en
bas; ils s'enfoncent dans leurs terriers à l'approche
du danger; mais ils s'aventurent bientôt au dehors
s'ils n'entendent aucun bruit, et on peut facilement
les atteindre avec la flèche, on le pourrait même
avec une baguette, si l'on attendait à l'entrée du trou
pendant quelques minutes; car on est sûr que leur
curiosité les attirera bientôt au dehors. Leur nourriture paraît être entièrement végétale; et leur cri a la

plus grande ressemblance avec celui du spermophile
de Parry. Plusieurs espèces de faucons qui habitent les
plaines de la Saskatchewan se nourrissent de ces animaux ; mais leur ennemi le plus dangereux est le
blaireau d'Amérique qui, pénétrant dans leurs terriers qu'il élargit, va les poursuivre jusqu'au fond
de leurs retraites les plus profondes. On sait aussi
que de nombreuses tribus indiennes s'en nourrissent,
lorsque le gibier plus grand leur manque, et du reste,
leur chair est assez savoureuse quand ils sont gras.
Je ne saurais déterminer exactement dans quelles
limites cet animal est renfermé ; il habite les prairies
sablonneuses, ne se rencontre pas dans les parties
boisées, et ne se retrouve plus au delà du 55e degré
de latitude nord. C'est l'un des animaux désignés par
ceux qui habitent les pays à fourrures, sous le nom
d'*écureuil de terre,* et par les voyageurs canadiens,
sous celui de *siffleur;* quoiqu'il ait de grandes ressemblances avec les écureuils il n'en a pas l'activité ;
il est loin aussi d'avoir la vivacité et la gracieuse élégance de leurs mouvements. »

La tête de ce spermophile est arrondie, déprimée;
le museau obtus ; le bord des narines est d'un brun
noirâtre ; le nez est couvert de poils grisâtres très
courts ; le reste de la face et le sommet de la tête
ont les mêmes couleurs que le dos ; les moustaches
sont noires, plus courtes que la tête ; les yeux sont
grands ; les oreilles, petites, arrondies, épaisses, sont
situées au dessus et en arrière du conduit auditif et
recouvertes de poils courts. La couleur du dos est
d'un brun jaunâtre tirant sur le gris, et entremêlée
de poils noirs ; le pelage y est court et fin ; sur les

flancs il est un peu plus long, la teinte en est un peu plus grise jaunâtre, en même temps que les poils noirs y sont plus rares; sur le ventre il est également plus long que sur le dos, mais il est aussi moins serré et sa couleur varie du roussâtre pâle au gris jaunâtre. Les joues, la gorge, la face interne des membres sont d'un gris cendré très pâle et tirant sur le blanc; les fesses et la face inférieure de la queue sont en général plus ou moins teints de roussâtre; les poils sont d'un gris cendré pâle dans la plus grande partie de leur longueur; ce n'est qu'à leur sommet que se trouvent les teintes plus foncées; les poils noirs le sont dans toute leur longueur; la queue est plate, distique, arrondie à son extrémité; elle a moins du quart de la longueur de l'animal, et les poils qui la garnissent, plus longs que ceux du corps, se terminent en une pointe couleur de rouille et forment ainsi un liséré de cette teinte autour de la queue, dont la face supérieure est du reste plus foncée que le dos. Les ongles sont longs et comprimés aux pieds de devant; ils sont un peu plus courts aux pieds de derrière.

Cet animal a neuf pouces huit lignes (mesures anglaises) du museau à l'origine de la queue; celle-ci est longue de trois pouces trois lignes. Les femelles sont en général plus petites que les mâles.

LE SPERMOPHILE DE FRANKLIN[1].

M. Sabine a le premier fait connaître et nommé cette espèce[2], d'après les dépouilles qui lui avaient été envoyées dans le cours même de l'expédition du capitaine Franklin ; depuis, M. Richardson a pu la décrire avec plus de détails, et publier en même temps que ses caractères physiques quelques unes de ses mœurs : ainsi il nous apprend que cet animal, que l'on n'a rencontré qu'au voisinage de Carlton-House, vit dans des terriers qu'il se creuse dans le sol sablonneux au milieu des petits bouquets de bois qui bordent les plaines ; qu'il ne paraît guère au printemps que trois semaines après le spermophile de Richardson, ce qui tient, sans doute, à ce que la neige se dissipe plus lentement dans les lieux qu'il habite que dans les plaines ouvertes occupées par le dernier. Il court avec une rapidité extrême, et jamais, autant que l'auteur a pu s'en assurer, il ne monte aux arbres ; il a une voix plus forte et plus rude que celle de l'espèce précédente, et qui ressemble davantage à celle de l'écureuil d'Hudson quand il est effrayé. Il se nourrit principalement des graines des plantes légumineuses, qu'il rencontre très abondamment aus-

1. Pl. 25, fig. 2. *Spermophilus Franklinii.* Richardson, Fauna bor. Americ., p. 168.
2. *Sabine,* Linn. Trans., vol. XIII, p. 587, tab. 27.

sitôt que la neige, en fondant, laisse a nu les fruits que l'automne a vu mûrir et tomber.

Le spermophile de Franklin a le museau un peu moins obtus que l'espèce précédente; le bord des narines et des lèvres est couleur de chair; l'oreille, assez distincte, est droite et arrondie, couverte de poils semblables à ceux du sommet de la tête; les moustaches sont noires. La couleur du dos est d'un brun rougeâtre pâle, tiqueté assez régulièrement de petites lignes noires fines très nombreuses. Cette couleur résulte de poils gris à leur base, noirs dans une grande partie de leur milieu, et jaunes au sommet; à la tête, aux joues et aux épaules le bout des poils devient blanc; au haut de la tête le poil est court, et le noir y est plus abondant; les paupières sont blanches, et l'espace entre les orbites paraît beaucoup plus grand que dans le spermophile de Richardson, mais moindre que dans l'écureuil d'Hudson. Quelquefois les teintes brunâtres étant très pâles, la robe de l'animal paraît grisâtre sur toutes ses parties supérieures. La gorge, le menton, le bas des joues, le dedans des jambes, et toutes les parties inférieures sont d'un blanc sale sans taches d'une autre couleur; les poils de la queue sont plus longs que ceux du dos, et annelés de blanc et de noir, de sorte que lorsqu'elle prend la forme distique ils produisent des raies longitudinales, mal définies; mais lorsque l'animal est poursuivi la queue devient cylindrique, les poils se redressant dans toutes les directions. Il n'y a aucune différence de couleur entre le dessus et le dessous de la queue, et c'est ce caractère qui distingue cette espèce de toutes les autres, si l'on en

excepte le spermophile de Beechey, et celui de Douglas. La paume des mains est nue; la plante des
pieds est velue dans environ les deux tiers de sa longueur, depuis le talon. Les ongles, noirs à leur
base, sont d'un brun pâle à leur extrémité.

La longueur du corps est d'environ dix pouces;
celle de la queue de six pouces.

LE SPERMOPHILE DE BEECHEY[1].

Il n'est encore connu que par ce qu'en a rapporté
M. Richardson, qui lui a donné le nom du capitaine
de marine anglais, par l'entremise duquel lui furent
transmis les premiers renseignements sur cette espèce. Nous emprunterons à son ouvrage les détails
suivants.

Ce spermophile est fort abondant, et se creuse
des terriers sur les pentes sablonneuses et dans les
plaines qu'on trouve au voisinage de San-Francisco
et de Monterey dans la Californie; il se tient près
des habitations; on voit fréquemment ces animaux
dressés sur leurs pattes de derrière pour regarder
autour d'eux; en courant ils portent en général la
queue droite; mais lorsqu'ils rencontrent quelque
inégalité de terrain, ils la redressent comme pour
empêcher qu'elle se salisse; dans les temps de pluie,
ou quand les prairies sont humides, on les voit bien

---

1. Pl. 24, fig. 1. *Spermophilus Beecheyi.* Richardson. Op. cit.,
p. 170.

1. Le Spermophile de Beechey. 2. Le Spermophile.

rarement sortir; ils distinguent au loin l'approche
d'un étranger, courent tout d'un trait jusqu'à l'entrée de leur terrier, s'y arrêtent un instant, et s'y
cachent; mais bientôt ils en sortent avec précaution,
et si on ne les inquiète pas, ils reprennent leurs
jeux ou leurs repas interrompus. Ils se nourrissent de
végétaux.

Pour sa couleur, sa taille, l'aspect de sa queue, et
ses formes générales, cet animal se rapproche beaucoup du spermophile de Franklin; son caractère distinctif le plus saillant est la plus grande dimension de
ses oreilles.

La tête est large, déprimée, le nez très obtus,
couvert de poils brunâtres courts; les poches des
joues sont de grandeur moyenne, les moustaches,
fortes et noires; l'œil grand, les paupières blanchâtres; l'oreille aplatie, demi-ovale, mince comme
celle d'un écureuil, et couverte de poils courts, qui
s'élèvent un peu en pinceau à son bord supérieur:
à sa base ses bords antérieur et postérieur forment
un petit pli; en arrière elle est d'un noir brunâtre,
en dedans d'un brun pâle; le dessus de la tête est
garni de poils courts, bruns jaunâtres; une ligne d'un
brun plus foncé, légèrement tiquetée de blanc, s'é-
tend du derrière de la tête jusqu'au dos, et de chaque côté, depuis les oreilles jusqu'aux épaules. Dans
l'espace qui sépare les oreilles des épaules, le pelage
est grisâtre. La couleur du dos résulte d'un mélange
de brun noirâtre et de brun blanchâtre, disposé de
telle sorte que les parties blanchâtres se montrent sous
forme de petites taches mal distinctes, mais qui occupent plus d'espace que les teintes noires qui les

séparent. Ce tiquetage est formé seulement par l'extrémité des poils, qui sont courts, serrés et très brillants; lorsqu'on les écarte on les voit colorés d'une
teinte noire brunâtre uniforme depuis leur racine
jusqu'auprès de leur extrémité. Les parties supérieures des joues sont blanchâtres; les parties inférieures,
ainsi que les bords de la bouche, le menton, la gorge,
le dedans des cuisses et des épaules, les jambes et
les pieds de devant et de derrière, sont d'un jaune
brunâtre très pâle et non tiqueté. La queue est garnie
de poils d'un pouce et demi de longueur, et un peu
susceptibles d'un arrangement distique; lorsqu'ils
sont dans cette position la queue présente trois raies
longitudinales d'un blanc brunâtre, et deux raies
noirâtres de chaque côté; l'une des raies blanches
forme le bord libre de la queue, et la raie noire qui
la suit est la plus large de toutes. Ces raies résultent
de ce que les poils, blancs brunâtres à leur racine,
sont successivement annelés de cette couleur et de
noir jusqu'au sommet qui est blanchâtre. Ces différents anneaux qu'on retrouve aussi dans le spermophile de Franklin, y sont plus nombreux, plus petits,
et beaucoup moins distincts. Comme ce dernier, le
spermophile de Beechey porte la queue horizontalement quand il est poursuivi; les pieds présentent
absolument les mêmes caractères que les autres spermophiles américains.

La longueur du corps de cet animal est de onze
pouces; celle de la queue de six; l'oreille a six lignes
de hauteur.

LE SPERMOPHILE DE DOUGLAS[1].

M. Richardson donne avec doute sous ce nom un petit animal dont M. Douglas lui envoya la peau des bords de la Colombie, et qui ressemble beaucoup à l'espèce précédente. L'absence du squelette et des dents, et l'impossibilité de reconnaître l'existence des poches des joues, n'ont pas permis à l'auteur anglais de déterminer d'une manière positive la place de cette espèce, et c'est seulement sur la forme des ongles, sur la longueur plus grande du second doigt du pied de devant, sur la brièveté de la queue et des oreilles, sur la nature et les couleurs du pelage, qu'il a été conduit à y voir un véritable spermophile, voisin des deux espèces précédentes. Cet animal se rapproche de ces deux espèces, par la longueur, la forme, et les couleurs de la queue ; et aussi par la couleur du pelage, ce qui produit entre ces trois animaux une ressemblance générale telle que, bien qu'on les distingue facilement par la vue, il est difficile d'en exprimer les différences par le langage.

Cette nouvelle espèce est plus grande qu'aucune des deux autres que j'ai citées ; les ongles sont plus courts ; ses oreilles sont moindres que celles du spermophile de Beechey, mais relativement beaucoup plus grandes que celles du spermophile de Franklin. Sur le dos, les poils laineux sont d'un brun noirâtre qui devient tout-à-fait noir sur l'épine ; sur les côtés

1. *Spermophilus Douglasii*. Richardson. Op. cit., p. 172.

et sur le ventre, ils deviennent d'un brun fauve. Les
poils soyeux sont d'un noir brunâtre dans les deux
tiers de leur longueur, puis ils offrent un anneau d'un
brun beaucoup plus clair, et enfin se terminent par
une pointe noire de longueur variée : aux épaules,
ces poils sont blanc pur, au lieu d'être blanc brunâtre près de leur pointe., et ce n'est qu'au dos sur
l'épine que cette pointe noire s'aperçoit distincte-
ment; les côtés de la bouche, et un espace étroit autour des yeux sont d'une teinte blanchâtre sale ; l'extrémité du nez est couverte de poils bruns, très courts;
le dessus de la tête est gris, avec une légère teinte
brune; les oreilles, dont chacun des deux bords est
replié à sa base, comme dans l'espèce précédente,
sont en arrière d'un brun fauve qui devient plus foncé
vers les bords, et beaucoup plus pâle en avant; le
dessus du cou et la partie du dos qui l'avoisine paraissent gris, par le mélange du blanc pur et du blanc
brunâtre, mélange dans lequel prédomine le premier, excepté sur l'épine où règne une raie d'un brun
noirâtre.

La couleur dominante à la partie postérieure du
dos, est le blanc brunâtre qui est coupé d'un grand
nombre de petites mouchetures transversales, noirâtres, un peu confuses; toutes les parties inférieures
sont d'un blanc sale qui devient un peu brunâtre sous
la gorge, en dedans des cuisses, et près de la queue;
les extrémités sont blanchâtres avec plus ou moins de
brun; la queue, qui est longue pour un animal de ce
genre, ressemble tout-à-fait pour la forme et pour les
couleurs à celle du spermophile de Franklin. Les
moustaches sont noires, plus courtes que la tête.

La longueur du corps de cette espèce est de treize pouces six lignes (mesures anglaises); celle de la queue, de sept pouces trois lignes; et la hauteur de l'oreille de six lignes.

LE SPERMOPHILE DE SAY[1].

CET animal, découvert par Lewis et Clark, et décrit, pour la première fois, par M. Say[2], n'est guère connu que par ses caractères extérieurs; pour ce qui regarde ses mœurs, on sait seulement qu'il habite les montagnes rocheuses, où on le trouve dans toutes les parties couvertes de bois, et qu'il se creuse des terriers.

M. Richardson en donne la description suivante : tête large; jambes courtes; incisives jaunâtres; bouche située fort en arrière; front convexe; nez obtus, couvert de poils très courts, à l'exception d'un espace nu autour des narines; moustaches noires, plus courtes que la tête; quelques longs poils noirs se voient au dessus de l'œil et à la partie postérieure des joues; yeux de moyenne grandeur; oreille un peu triangulaire, arrondie à son sommet, aplatie, placée au dessus du conduit auditif, couverte, sur ses deux faces, de poils courts et épais, et offrant, à son bord antérieur, un petit repli qui, près du conduit auditif, est garni de poils plus longs. Les poils, sur le dos,

---

1. Pl. 24, fig. 2. *Spermophilus lateralis.* Richardson. Op. cit., p. 174.

2. Long's exped. to the Rocky Mountains, vol. II, p. 45.

sont noirâtres à leur racine ; puis ils offrent un anneau
d'un gris de fumée pâle, puis un autre brun ; enfin,
leurs sommets sont annelés de blanc et de châtain.
La couleur du pelage est d'un brun grisâtre ; il n'y a
pas de ligne dorsale ; une raie d'un blanc jaunâtre
naît derrière chaque oreille, et, descendant sur les
côtés du corps, va se terminer à la hanche ; elle est
plus large dans le milieu de sa longueur, où elle a
environ trois lignes ; au cou, dans quelques individus, elle est fort étroite, quoique son origine, derrière l'oreille, ne cesse jamais d'être distincte ; la raie
blanche est bordée en dessus et en dessous, depuis
l'épaule jusqu'à la hanche, d'une raie brune noirâtre
assez large. Les flancs, au dessous de la raie brune
inférieure, tout le ventre et la face interne des membres, la poitrine et la gorge sont d'un blanc jaunâtre
sale avec quelques teintes brunes ; les joues, les côtés du cou, et la face externe des membres, sont
plus ou moins d'un brun châtain. Le sommet de la
tête est brun, mêlé d'un peu de gris, plus foncé sur la
ligne médiane : les oreilles, brunes sur leurs bords,
sont d'une couleur pâle dans le reste de leur étendue.
Il y a un cercle blanc autour de l'œil ; le nez et le
front sont d'un brun jaunâtre pâle ; la lèvre supérieure et le menton sont presque blancs.

La queue est distique, linéaire, seulement un peu
élargie vers son sommet. Elle est noire en dessus,
avec un mélange de quelques poils blancs noirâtres ;
elle est bordée de cette dernière couleur ; en dessous, elle est d'un brun jaunâtre, et bordée de noir
et de blanc brunâtre.

Les pieds ont la même forme que dans les espèces

précédentes. La plante de ceux de derrière est nue jusqu'au talon.

La longueur du corps varie de sept pouces neuf lignes (mesures anglaises) à huit pouces et demi ; celle de la queue est de près de quatre pouces, et la hauteur de l'oreille de quatre lignes.

LE SPERMOPHILE DE HOODE[1].

CETTE espèce a déjà été plusieurs fois décrite, mais mal classée. M. Mitchell l'a publiée[2], sous le nom d'écureuil de la Fédération (*sciurus tridecemlineatus*). M. Sabine[3] l'a fait connaître avec deux des précédentes, sous le nom latin de *arctomis Hoodii,* et sous la dénomination vulgaire de *marmotte américaine rayée,* et je l'ai publiée moi-même[4] sous celle de *spermophile rayé :* mais le désir de ne point rompre l'unité de cette série de noms d'hommes donnés à chacune des espèces de spermophiles, me fait préférer celui sous lequel je reproduis aujourd'hui cette espèce, et qui est, d'ailleurs, un hommage à la mémoire d'un homme enlevé trop tôt à la science, qu'il promettait d'honorer.

Tous les auteurs se plaisent à faire remarquer la robe brillante et agréablement variée de cette es-

---

1. *Spermophilus Hoodii.* Richardson. Op. cit., p. 177.
2. Med. repository, ann. 1821.
3. Sabine. Linn. Trans., vol. XIII, p. 590.
4. Hist. natur. des Mamm., décembre 1824. La planche a été faite d'après un individu mutilé, dont une partie de la queue était enlevée.

pèce, qu'un de ceux qui l'ont le premier observée
appelle *marmotte-léopard*. Elle habite en nombre
considérable les vastes plaines au voisinage de Carlton-House, sur la Saskatchewan; elle ne paroît pas
s'étendre au delà du cinquante-cinquième degré de
latitude ; et, suivant M. Schoolcraft, ces animaux
sont assez nombreux sur la rivière Saint-Pierre, tribu-
taire du Missouri, et fort dangereux pour les jardins. Ils paraissent limités dans les contrées plates
et sablonneuses, et ne se rencontrent point dans les
parties couvertes de roches ou de bois épais. Leurs
terriers, aux environs de Carlton-House, sont entre-
mêlés à ceux du spermophile de Richardson, dont ils
se distinguent par leur entrée plus petite, et par une
direction plus verticale; dans quelques uns on en-
fonce un bâton jusqu'à la profondeur de quatre ou
cinq pieds : les mœurs de ce spermophile sont les
mêmes que celles de l'espèce que je viens de nommer; mais il montre plus d'activité, plus de hardiesse
et de passion. Quand on l'a obligé à chercher un refuge dans son terrier, on l'entend exprimer sa colère
en répétant d'une manière rude et perçante la syllabe *seek seek*.

Cette espèce paraît au printemps, à la même époque que le spermophile de Franklin ; bientôt après
leur première sortie, les mâles vont à la recherche
des femelles, et leur hardiesse, à cette époque, fait
qu'ils sont facilement atteints par les bêtes et les oiseaux de proie qui peuplent les plaines en grand
nombre. Les mâles se combattent quand ils se rencontrent, et il arrive souvent qu'ils se retirent de ces
combats avec la queue mutilée. M. Richardson en a

vu plusieurs individus qui avaient récemment subi
cette blessure; et il est rare de rencontrer des mâles
dont la queue égale en longueur celle des femelles.

Une femelle tuée à Carlton-House vers le milieu de
mai, portait dix fœtus dans l'utérus.

Ce spermophile a la physionomie générale du souslik, et il y a aussi quelque analogie dans le pelage par
les taches nombreuses dont il est couvert. Mais ces
taches, au lieu d'être dispersées, forment des chaînes
régulières séparées l'une de l'autre par des lignes non
interrompues, qui, comme celles formées de points,
commencent à la partie postérieure de la tête, et
se terminent à la queue. Cinq raies d'un beau brun
marron occupent le dos, et offrent chacune dans
leur milieu une chaîne de petites taches carrées de la
même couleur que le ventre. Le long de l'épine, ces
taches sont petites et mal distinctes, ce qui les fait
paraître à peu près continues; les raies brunes sont
séparées l'une de l'autre par des raies plus étroites,
et de la même couleur que les taches; on voit aussi
de chaque côté, et au dessous des précédentes, deux
autres raies brunes, moins distinctes et non entre-
coupées de taches, séparées par des raies d'un brun
jaunâtre.

L'extrémité et les côtés du nez, la partie inférieure
des joues, les paupières, la gorge, le ventre, une
partie des flancs, et les membres sont couverts d'un
poil d'un brun jaunâtre pâle, médiocrement serré,
et qui quelquefois, sur les épaules et les cuisses,
prend une teinte de rouille; la partie supérieure des
joues, et les côtés de la tête sont couverts d'un mélange de noir et de brun jaunâtre pâle; la mâchoire

inférieure est presque blanche. Les moustaches, plus
courtes que la tête, sont noires, avec le sommet d'un
brun jaunâtre. La queue est plus étroite et plus longue que celle des spermophiles de Franklin et de
Richardson : elle offre en dessus, vers son milieu,
quand elle est distique, une couleur d'un brun cho-
colat pâle, que borde de chaque côté une teinte plus
foncée, presque noire; enfin, elle est tout entière
entourée d'une ligne grise brunâtre claire.

Les mêmes couleurs se rencontrent en dessous de
la queue, mais les teintes d'un brun pâle s'y sont
étendues aux dépens des noires. La longueur du corps
est d'environ sept pouces; celle de la queue de quatre;
le plus grand individu que M. Richardson ait rencontré, était un mâle, qui avait près de neuf pouces anglais. Les femelles étaient plus petites que les mâles.

LE SUISSE ou SPERMOPHILE

A QUATRE BANDES[1].

Je donne sous ce nom un animal que M. Say [2] a
décrit comme un écureuil, M. Richardson comme un
tamia [3], que les Français du Canada désignent sous le
nom de *suisse*, et qui me paraît être selon toute pro-
babilité l'espèce que Buffon appelle écureuil suisse,
et dont il a donné la figure, avec une description

1. *Spermophilus quadri vittatus,* pl. 22, fig. 2.
2. Long. expéd. to the Rocky mount., vol. II, p. 45.
3. Richardson, fauna bor. Amér., p. 184.

courte et incomplète. Aussi la découverte du genre auquel cet animal appartient, sa description faite par des auteurs qui l'ont observé sur les lieux, les détails qu'ils ont pu donner de ses mœurs, en font pour ainsi dire une espèce nouvelle.

J'ai déjà dit que je croyais devoir ranger ce joli animal dans le genre des spermophiles. Il a, en effet, l'habitude extérieure et l'organisation fondamentale de ceux-ci; quant à quelques uns de ses instincts, on pourrait dire qu'il fait le passage des spermophiles aux écureuils; car, si comme les premiers, il passe l'hiver dans des terriers, comme les seconds, il se tient sur les arbres; seulement ceux auxquels il se borne sont les taillis et les arbustes peu élevés. Serait-ce une preuve nouvelle d'un fait que les progrès de l'histoire naturelle confirment chaque jour? C'est que la nature ne produit d'hiatus que quand il lui faut, pour des conditions d'existence tout-à-fait nouvelles, des organes disposés sur un plan également nouveau; mais, toutes les fois que le principe fondamental de la subordination des caractères le permet, elle combine ceux-ci avec une inépuisable fécondité; et de même que pour les caractères physiques, le guépard est venu le premier offrir avec tous ceux des chats, les pattes et un peu le naturel d'un chien; de même pour ce qui est des instincts, l'espèce qui nous occupe semble avoir été placée entre les spermophiles et les écureuils; car, si elle nous offre le genre de vie souterraine des uns, elle a conservé des autres leur naturel pétulant, et un peu de leurs habitudes.

La robe de cette espèce offre une disposition assez élégante. La tête est d'un brun mêlé de fauve, et pré-

sente de chaque côté deux lignes blanches, qui, nées
près du museau, se dirigent en arrière, en passant l'une
au dessus, l'autre au dessous de l'œil, et s'arrêtent
à l'oreille ; la ligne foncée qui sépare ces deux raies
blanches, s'étend depuis les narines jusqu'à la conque
auditive, coupée dans sa continuité par l'œil, qui est
lui-même de grandeur moyenne ; l'oreille est semi-
ovale, plate, avec un léger repli à la base de son bord
antérieur, et elle est recouverte d'un poil court et
serré. Le dos est également marqué de quatre larges
bandes blanches, étendues du cou et des épaules à
la queue et aux hanches ; ces bandes sont séparées
par des raies foncées d'un noir ferrugineux ; les côtés
du corps sont d'un fauve brunâtre ; les lèvres, la gorge,
le ventre, et la face interne des membres sont d'un
gris pâle. La queue est longue et étroite, couverte à
sa face supérieure de poils bruns à sa base, noirâtres
à leur milieu, avec une pointe d'un brun fauve plus
pâle. Le dessous présente à s u centre une couleur
d'un brun rougeâtre, qui est bordée d'une ligne noire ;
le bord libre est de la couleur du centre. Les ongles
de devant, courbes et aigus, paraissent plus propres
à grimper qu'à fouir ; ceux de derrière au contraire
ressemblent beaucoup à ceux des spermophiles. La
longueur du corps est d'environ cinq pouces, celle de
la queue de quatre.

Cette espèce, dit M. Richardson, est abondante
dans les parties boisées, et s'étend au nord jusqu'au grand lac l'Esclave, si ce n'est même plus
loin ; au midi, on la trouve à l'extrémité du lac
Winipeg, sous le 50ᵉ degré de latitude. C'est un petit animal extrêmement actif, et qui montre un in-

stinct particulier pour faire des provisions; car on
le rencontre en général les poches des joues toujours remplies de graines légumineuses, d'herbes ou
de bourgeons; il est plus commun dans les endroits
secs, où les taillis sont épais, et on le voit souvent en
été se jouer au milieu des branches des petits arbustes. Vif, plein de pétulance et d'activité, il est
fort incommode pour les chasseurs, à cause du bruit
aigre et retentissant qu'il fait entendre à leur approche, et qui devient pour les autres animaux de la
forêt le signal du danger qui les menace. Pendant
l'hiver, ce spermophile se retire dans un terrier à
plusieurs ouvertures, creusé à la racine d'un arbre;
et dans cette saison on ne le voit jamais à la surface
de la neige; quand celle-ci disparaît, on trouve sur
la terre, auprès des orifices du terrier, de petits amas
de coquilles de noisettes, d'où l'amande a été retirée
par un petit trou pratiqué sur le côté.

M. Say rapporte que son nid se compose d'un
amas énorme des têtes du *xanthium*, de diverses portions du cactus droit, de petites branches de pin,
et d'autres substances végétales, en quantité assez
considérable, quelquefois pour remplir un chariot.
On ne connaît pas l'ennemi que ce singulier système
de défense est destiné à écarter; peut-être aussi l'animal veut-il par là se garantir du froid de l'hiver, car
M. Richardson fait remarquer que ceux qu'on trouve
sur les bords de la rivière Saskatchewan, et par conséquent plus au midi, n'ont pas l'entrée de leur terrier aussi bien garantie.

LES OURS.

DE ce que dit Buffon des différentes espèces d'ours[1], il résulte qu'il n'en admit jamais plus de trois : l'ours blanc des mers glaciales, l'ours brun qu'il ne trouvait qu'en Europe, et l'ours noir qui se rencontrait et en Europe et en Amérique ; du reste il ne vit jamais d'ours blanc, ne connut des ours bruns que celui des Alpes, et ce ne fut que passagèrement qu'il observa l'ours noir d'Amérique. C'est là tout ce que la science put obtenir de notions sur les espèces de ce genre, pendant les seize années qui s'écoulèrent entre le premier et le dernier discours que Buffon leur consacra. Cependant les voyageurs avaient déjà observé des ours sur presque toutes les parties de la terre : les anciens en tiraient d'Afrique ; on en avait trouvé en Tartarie, à la Chine, au Japon, à Java ; ils étaient communs dans le nord de l'Europe et dans l'Amérique septentrionale ; mais les détails rapportés par les voyageurs n'étaient point suffisants pour faire distinguer spécifiquement ces animaux les uns des autres ; aussi Buffon partagea entre les trois espèces dont il admettait l'existence tout ce qu'il trouva sur le naturel des ours dans les ouvrages divers qu'il fut à portée de consulter, et malheureusement ces ouvrages contenaient des erreurs que de son temps la critique ne pouvait

1. Tom. VIII, tom. XV et Supp. III, in-4°. — Édit. Pillot, tom. XV, p. 292.

pas encore apercevoir. Ainsi il adopte ce fait, par exemple, que l'ours noir refuse de manger de la chair, et que l'ours brun au contraire en est très friand, comme si deux espèces d'un genre aussi naturel pouvaient avoir des apétits si opposés; mais outre que Buffon s'était interdit à lui-même les connaissances qui seraient résultées pour lui de l'étude des espèces dans leurs rapports naturels, on ne pouvait peut-être pas encore parvenir, de son temps, aux idées générales qu'on a acquises plus tard, et qui sont aujourd'hui des axiômes incontestables.

Depuis Buffon, le nombre des observations faites sur les ours s'est considérablement augmenté; mais si ces observations ont ajouté à nos connaissances sur les ours en général, sur les modifications que peut comporter le système organique de ces animaux, loin d'avoir facilité leur distinction en espèces, elles n'ont fait que la rendre plus difficile. En effet, quand ces modifications ne portent que sur des caractères d'un ordre inférieur, tels que la proportion des membres, la longueur des poils ou leur couleur, et qu'elles sont peut-être de nature à être produites par la nourriture ou les influences du climat, plus elles se multiplient, plus les difficultés augmentent; c'est le cas où en sont aujourd'hui les naturalistes pour les ours. A l'exception de l'ours blanc du Nord; de l'ours jongleur ou aux longues lèvres; de l'ours des Malais, et peut-être de l'ours noir d'Amérique, qui diffèrent de tous les autres par des caractères indépendants des couleurs du pelage et des proportions des membres, je doute qu'en ignorant le pays d'où vien-

drait l'un de ces animaux, on pût le reconnaître et
prononcer avec certitude qu'il appartient à telle contrée ou à telle espèce. Cette difficulté existerait surtout pour les ours bruns qui semblent revêtir toutes
les nuances, depuis le blond jusqu'au noir, et qu'on
rencontre dans toute l'Europe, en Afrique, en Sibérie, jusqu'au Kamtschatka, dans l'Amérique septentrionale, et peut-être même dans l'Amérique méridionale. Dans l'impossibilité de prononcer entre
des faits qui se confondent, la science, dans ce cas,
est réduite à considérer ces faits comme incomplets
et à les étudier de nouveau, en s'attachant à en observer toutes les circonstances, dans l'espoir d'y
trouver plus tard ce qu'elle n'a pu encore en obtenir,
et d'y faire pénétrer l'ordre et la lumière.

C'est ce qu'on est obligé de faire aujourd'hui
pour les ours qui, depuis Buffon, se sont présentés
avec plusieurs modifications nouvelles. Je vais rapporter successivement ce que l'histoire naturelle a
acquis depuis cette époque, en commençant par les
espèces réelles que Buffon n'a connues qu'imparfaitement ou qu'il n'a point connues du tout. Je parlerai
ensuite des ours dont les caractères spécifiques peuvent être douteux, et qui ne sont peut-être que des
variétés des espèces certaines; mais je ne dirai rien
de l'ours brun des Alpes, que je puis considérer
comme étant connu, tant par la description qu'en
donne Daubenton[1] que par ce que Buffon rapporte
de son naturel[2] et de ses mœurs. Au reste, sur ce

1. Tom. VIII, in-4°, p. 263.
2. Ibid., p. 248. — Édit. Pillot, tom. XV, p. 292.

dernier point, j'aurai peu de choses à ajouter à l'histoire particulière des autres ours, parce que toutes les espèces se ressemblent encore sous ce rapport.

L'OURS BLANC

DES MERS GLACIALES[1].

BUFFON n'a parlé de cette espèce[2] que d'après une figure fort imparfaite qui lui fut envoyée par Collinson. Depuis, elle a été vue et décrite plusieurs fois; nous-mêmes en avons possédé plusieurs individus dans notre ménagerie, de sorte que c'est aujourd'hui l'une des mieux établies. La'taille de cet animal paraît surpasser celle des plus grands ours bruns; on l'a cependant exagérée en portant à treize pieds la longueur du corps; cette mesure était, il est vrai, celle de la peau d'un individu tué à la Nouvelle-Zemble, mais l'on sait combien la peau de certains animaux peut prendre d'extension suivant la préparation qu'on lui fait subir. Tout porte à penser que ces ours n'atteignent pas au delà de six à sept pieds de longueur, et que leur hauteur moyenne est-d'environ trois pieds. Leurs proportions, d'après ces mesures, sont moins ramassées que celles de nos ours des Alpes; leur cou est, en outre, plus allongé, et leur tête plus étroite

---

1. *Ursus maritimus.*
2. Supp. tom. III, in-4°, p. 2, pl. 24. — Édit. Pillot, tom. XV, p. 309.

que ne le sont les mêmes parties dans aucune autre
espèce; ce qui donne à ces animaux une figure toute
particulière qui les fait reconnaître d'abord, et plus sûrement que la couleur de leur pelage, car pour les
distinguer des autres ours, ce dernier caractère ne
suffirait pas. Il paraît, en effet, que l'espèce brune
donne une variété albine, et MM. Ehrenberg et
Ruppel ont découvert dernièrement en Syrie une
espèce d'ours blanchâtre. Quelques autres caractères viennent encore se joindre aux premiers pour
rendre plus facile la distinction de ces ours polaires;
c'est la brièveté de leurs oreilles et l'extrême longueur de leurs pieds. « Le caractère le plus frappant,
dit mon frère dans sa description de l'ours polaire,
consiste dans la longueur proportionnelle de la main
et du pied qui est beaucoup plus considérable que
dans l'ours brun. Le pied de derrière de celui-ci fait
à peine le dixième de la longueur de son corps, tandis
que, dans l'ours blanc, il en fait le sixième; son pelage est épais et entièrement blanc; il se compose de
poils longs et fins, mais principalement sur le corps
et les membres; car, sur la tête, il est fort ras. Sa
peau est noire, et cette couleur est celle de ses ongles, de son mufle et de l'intérieur de sa bouche; les
yeux sont bruns.

Les ours blancs maritimes que nous avons possédés avaient la vue généralement très faible; l'odorat
paraissait être leur sens le plus délicat; et c'est celui dont ils faisaient le plus d'usage; tous ont constamment montré une brutalité stupide, et une méchanceté que rien n'adoucissait, car ils ne traitaient
pas mieux l'homme qui les nourrissait que les per-

sonnes les plus étrangères. J'ai lieu de supposer que ces dispositions haineuses étaient le résultat des mauvais traitements que ces animaux avaient éprouvés avant de nous appartenir ; cette stupide férocité n'est point en effet le caractère des ours ; et je sais qu'il s'en trouve un dans une ménagerie ambulante, conduite avec plus d'intelligence que ces sortes de ménageries ne le sont ordinairement, qui est de la plus grande douceur, et qui a dans son maître une confiance entière. Il paraît toutefois que ces animaux sont d'un naturel farouche et cruel, à en juger du moins par les récits des marins qui ont visité les régions polaires, et qui racontent les dangers que ces ours leur ont fait courir ; mais il est à présumer qu'ils ne sont redoutables que quand la faim les presse, ce qui doit surtout arriver à la sortie de l'hiver, saison qu'ils passent dans une demi-léthargie, et pendant laquelle ils maigrissent beaucoup. Leur nourriture principale consiste en poissons ; ils dévorent aussi la chair de tous les animaux marins qui meurent et viennent échouer sur les rivages qu'ils habitent, et l'on dit qu'ils attaquent les phoques et les vaches marines. Les substances animales cependant ne leur sont point indispensables ; car les individus qu'on entretient dans les ménageries ne sont nourris que de pain. Ceux que nous avons possédés en mangeaient six livres par jour, et, malgré cette quantité de nourriture fort petite pour d'aussi grands animaux, ils conservaient beaucoup d'embonpoint. Cette espèce, comme toutes les autres, cesse d'être dangereuse pour l'homme qui n'est point étranger à la chasse des ours ; elle se défend en se dressant sur les pieds de derrière, et l'on peut alors assez aisément, avec un peu de force et de dextérité, lui plonger dans le corps le fer dont on est armé.

L'ours blanc maritime ne se trouve que sur les côtes et près des îles des mers boréales. Les Hollandais le rencontrèrent dans leurs voyages pour chercher un passage aux Indes par le Nord ; il est commun sur les côtes septentrionales de la Sibérie, principalement dans les parties situées entre les embouchures de la Lena et du Jenissen ; et les navires qui vont à la pêche de la baleine le trouvent au Spitzberg, au Groenland, et dans les mers qui séparent l'Amérique septentrionale de l'Europe ; il n'est même pas rare de le voir arriver porté sur des glaces en Islande, et jusqu'en Norwége.

Il paraît souffrir beaucoup par la chaleur ; et, dans nos ménageries, on ne réussit à l'en préserver, qu'en lui jetant sur le corps une très grande quantité d'eau. Durant tout l'hiver, et dans l'état sauvage, c'est-à-dire, depuis le mois de septembre jusqu'en avril, cet ours passe sa vie dans une entière retraite, sans manger, et presque sans mouvement, ordinairement entouré par une grande quantité de neige ; l'épaisse couche de graisse dont il est alors revêtu sert à le nourrir : en esclavage, il n'en est plus de même ; et si, durant cette saison, ces animaux mangent moins et font moins d'exercice que pendant l'été, la différence est peu sensible. Il paraît que le mois d'août est l'époque où l'amour réunit momentanément les femelles aux mâles ; car c'est au mois d'avril et dans leur asile d'hiver que les femelles mettent bas ; leur portée est ordinairement de deux petits, qui sont soignés par leur mère jusqu'au commencement de l'hiver suivant.

Ces animaux vivent très long-temps; ils sont fort durs, et peu d'accidents sont de nature à mettre leur vie en danger. Leur fourrure est assez recherchée; on ne rejette pas leur chair quoiqu'elle ait le goût du poisson; et l'on fait même usage du foie, de la bile, et de la graisse, à cause des vertus médicinales qu'on leur attribue.

On a supposé que les anciens avaient connu cette espèce d'ours, et que celui que Ptolémée Philadelphe[1] fit voir à Alexandrie s'y rapportait; mais il est plus probable qu'il appartenait à l'ours blanc du Liban dont nous parlerons bientôt.

Ce n'est que depuis que Pallas[2] a donné les caractères de l'ours blanc maritime qu'on a su le distinguer spécifiquement des autres, quoique Albert-le-Grand et Agricola en aient anciennement parlé. Les figures qu'en ont donné Ellis[3], Buffon[4], Pennant[5] et Pallas lui-même, ne sont rien moins que fidèles. La seule bonne qu'on ait jusqu'aujourd'hui a été publiée par mon frère d'après un dessin de Maréchal[6].

1. Athen., liv. V, p. 201; édit. 1597.
2. Spicilegia Zoologica, fasc. XIV, pl. 1.
3. Voyage à la baie d'Hudson.
4. Tom. III, in-4°, pl. 34 du Supp.; la figure d'ours blanc, qui se trouve t. VIII, pl. 32, est probablement celle d'un ours brun albinos.
5. Synop. quad., p. 192, tab. 20, f. 1.
6. La Ménagerie du Muséum d'Histoire naturelle, in-12, tom. I, p. 55, et mieux encore dans l'édition in-folio de cet ouvrage.

L'OURS NOIR

DE L'AMÉRIQUE SEPTENTRIONALE[1].

Il serait difficile de se faire une idée de la confusion qui a régné jusqu'à ces derniers temps sur les ours noirs. Les auteurs admettaient l'existence d'un ours noir en Europe; et comme dès les premiers voyages dans l'Amérique septentrionale, l'ours noir de ce pays avait été découvert, cela suffit pour qu'on adoptât l'idée que cette espèce était commune aux deux continents; mais les erreurs ne s'arrêtèrent pas là : les uns firent l'ours noir d'Europe plus grand que le brun, les autres plus petit; pour ceux-ci, il est farouche et carnassier; pour ceux-là, frugivore et timide. Buffon, qui admettait la ressemblance spécifique de tous les ours noirs, partagea cette dernière idée; et il forma arbitrairement l'histoire de cette espèce de ce qu'il recueillit sur les ours noirs d'Europe et sur ceux d'Amérique. Le fait est qu'il est douteux que les premiers forment une espèce particulière et soient autre chose que des ours bruns à pelage très foncé, comme il en est dont le pelage est d'un brun grisâtre, et même d'un blond argentin ; du moins la différence spécifique entre les ours noirs et bruns d'Europe n'a point encore été établie nettement, et

1. *Ursus Americanus.*

les ours nombreux à pelage brun, que j'ai été à portée d'examiner, étaient colorés de teintes si diverses,
depuis le noir jusqu'au gris-clair, que si j'eusse voulu
caractériser les espèces par les couleurs, j'aurais été
conduit à en faire presque autant que d'individus. La
question peut donc, si l'on veut, rester indécise sur
l'existence d'une espèce distincte d'ours noir en Europe; mais elle ne l'est plus quant à l'ours noir d'A-
mérique; celui-ci forme, en effet, une espèce qui se
distingue de toutes les autres avec précision.

Buffon avait vu cet ours à Chantilly[1], mais sans
le caractériser; c'est Pallas qui, le premier, a soupçonné qu'il formait une espèce particulière[2]. Schreber en a donné une figure passable[3]; mais c'est mon
frère qui l'a fait définitivement connaître[4] avec tous
ses caractères. La Ménagerie du Roi en a possédé un
assez grand nombre de tout âge et de tout sexe, et
ils s'y sont reproduits.

On distingue d'abord l'ours noir d'Amérique des
ours bruns d'Europe par les formes de sa tête : son
chanfrein suit une ligne uniformément courbée, et
aucune dépression ne sépare le museau du front; en
outre, son pelage se compose de poils lisses et non
point gaufrés comme celui des ours bruns. Sa couleur
est noire, à l'exception des côtés de la bouche et du
dessus des yeux qui sont d'un fauve grisâtre. Quel-

1. Supp. III, in-4°, p. 199. — Édit. Pillot, tom. XV, p. 3o8.
2. Spicil. Zool., fas. 14, p. 6,26.
3. Pl. 141.
4. La Ménagerie du Muséum d'Histoire naturelle, in-12, p. 144.
avec figure.

ques uns des individus que j'ai observés avaient du
blanc sur le devant de la poitrine, un en forme de
chevron brisé, un autre partagé en deux petites
taches; et il est à remarquer que celui vu par Buffon
à Chantilly, qui avait fini par passer dans les collections du Muséum, avait la gorge blanche. La peau
est immédiatement recouverte de poils laineux très
épais d'un noir roussâtre que les poils noirs cachent
entièrement. Sa taille et ses proportions sont celles
de nos ours communs.

Son naturel et ses mœurs paraissent être aussi les
mêmes; car il résulte des récits des voyageurs que
cet ours habite les forêts les plus épaisses, les contrées les plus sauvages, et qu'il ne se rapproche des
pays habités que quand la rigueur des saisons le prive
de nourriture dans la retraite qu'il a choisie. Il mange
des fruits, des racines, des insectes, de la chair, du
poisson, se rapproche des lacs et de la mer pour pê-
cher, et n'attaque l'homme ou les animaux qui peuvent se défendre que lorsqu'il est vivement pressé par
la faim. Ses allures sont lourdes; mais il grimpe et
nage avec facilité; et l'on dit qu'ayant l'habitude de
toujours passer par les mêmes chemins, il les trace si
bien, que ceux-ci servent aux sauvages de guide certain pour le poursuivre et l'atteindre jusque dans sa
retraite la plus profonde.

En Europe, contrée où l'homme se rencontre partout, c'est, en général, la saison qui détermine l'é-
poque et la durée de la retraite des ours. Il n'en est
pas de même pour ceux d'Amérique, dont la liberté
n'est pas aussi restreinte par la présence de l'espèce

humaine. Lorsque l'hiver commence à se faire sentir dans les parties les plus septentrionales (et ces ours se trouvent jusqu'a la mer Polaire), ils les abandonnent pour se rapprocher de celles du Midi, sans descendre toutefois au delà des Florides, et, pour le temps de leur sommeil d'hiver, ils se choisissent un abri dans le tronc d'un arbre creux, ou sous la saillie d'un rocher, le garnissent de feuilles, se roulent en boule, et attendent là que le soleil commence à fondre les neiges et vienne les ranimer. C'est vers le mois de juin qu'ils éprouvent les besoins de l'amour ; alors leur maigreur est si grande que les sauvages dédaignent leur chair ; et ils sont assez dangereux à rencontrer à cette époque. D'après ce que j'ai observé, la gestation dure environ six mois. C'est en janvier et février que les oursons viennent au monde. Ils ont, en naissant, de six à huit pouces de longueur et sont couverts de poils ; mais leurs yeux ne sont point encore ouverts, et ils sont tout-à-fait privés de dents ; leurs ongles cependant sont développés. Ils n'ont pas le pelage noir des adultes ; le leur a une teinte grise qui se conserve pendant leur première année, et leur allaitement dure jusqu'au mois de juillet. La mue, pour cette espèce, a lieu au printemps et en automne.

La chasse des ours noirs d'Amérique était autrefois beaucoup plus productive qu'elle ne l'est aujourd'hui ; leur fourrure était préférée par les sauvages à toute autre ; mais depuis que les Européens se sont établis dans l'Amérique septentrionale, cette chasse a été négligée pour celle du castor. Nous apprenons cependant par le voyage du capitaine Franklin aux bords de la mer Polaire qu'en 1822 la compagnie de la baie d'Hudson importait près de trois mille peaux d'ours dans ses comptoirs. Les sauvages qui se livraient à la chasse de ces ours, l'accompagnaient autrefois de pratiques superstitieuses, que le changement de mœurs, auquel le voisinage des Européens les a obligés, leur a peut-être fait abandonner. Mais le P. Charlevoix nous en a conservé les détails d'une manière assez intéressante pour que nous ne croyons pas inutile d'en rapporter ici quelques uns.

Après qu'un chef de guerre a marqué le temps de la chasse, ce qui n'a lieu qu'en hiver, il y invite les chasseurs, et, avant de se mettre en marche, ils commencent tous un jeûne absolu de huit jours afin de rendre les esprits favorables à leur entreprise ; à la fin de ce jeûne, le chef donne un grand repas, et ils partent ensuite au milieu des acclamations de tout le village. Dès que la troupe a reconnu les endroits où il y a le plus grand nombre d'ours cachés, elle forme un grand cercle, suivant le nombre des chasseurs ; elle avance toujours de la circonférence du cercle à son centre ; de cette manière, il est difficile qu'un seul des ours qui se trouvaient dans le centre puisse échapper. Au reste, ces peuples se font toujours accompagner par des chiens d'une excellente race, qu'ils élèvent à cette chasse. Comme on n'attaque les ours que dans leur retraite d'hiver, et que, fort souvent, ils sont nichés dans le cœur de quelqu'arbre pourri, les sauvages reconnaissent ces gîtes à une vapeur légère qui sort du tronc, ou à l'empreinte des griffes sur l'écorce ; alors ils frappent contre l'arbre, et l'ours se montre. Dans d'autres circonstances, ils montent sur les arbres voisins de celui que l'ours a choisi pour retraite, et jettent des branches enflammées dans le trou où l'animal est caché, et ils le forcent à sortir de cette manière. Alors, ils le tuent au moment où il descend de l'arbre. L'ours ne se jette guère sur le chasseur que lorsqu'il est blessé, et, pour cela, il se dresse sur ses pattes de derrière et cherche à étouffer son ennemi avec ses pattes de devant. Dès que l'ours est tué, on le dépouille et on le met par morceaux dans des pots de terre ou dans des chaudrons qui sont sur le feu, et quand la graisse est fondue, on la verse dans une outre faite avec une peau de chevreuil; c'est ce que les Français nomment à la Louisiane *faon-d'huile*. Il y a des ours qui donnent une quantité considérable de graisse. Pour purifier cette graisse, on la fait fondre au grand air avec une poignée de feuilles de laurier, puis, lorsqu'elle est très chaude, on y jette par aspersion une dissolution de sel marin très chargée; il se fait une grande détonation, et il s'en élève une fumée épaisse; la fumée étant passée, et la graisse encore plus que tiède, on la transvase dans un pot où on la laisse reposer huit ou dix jours. Au bout de ce temps, on voit nager dessus une huile claire, qu'on lève soigneusement avec une cuiller nette; cette huile est aussi bonne que la meilleure huile d'olive, et sert aux mêmes usages. Au dessous, on trouve un saindoux aussi blanc, mais un peu plus mou que le saindoux de porc; il sert à tous les besoins de la cuisine. Tout ce que M. Lepage Dupratz dit de la bonté de la graisse de l'ours n'est pas entièrement d'accord avec ce qu'en rapporte le baron de La Houtan, qui dit positivement que la viande de l'ours, et particulièrement les pieds, sont d'un goût exquis; mais que la graisse n'est bonne qu'à brûler. Après que la viande est dégraissée, on la boucane ordinairement.

L'ours noir d'Amérique ne paraît pas avoir le même degré de docilité ou d'intelligence que l'ours brun d'Europe; il ne se prête pas à l'éducation à laquelle l'autre se soumet; aussi ne le voyons-nous jamais présenté à la curiosité et à l'amusement du public, dansant au son du tambourin et du flageolet. Sa voix est plaintive, et non pas rude et grave comme celle de l'ours brun.

L'OURS DU CHILI[1].

Il n'y a qu'un très petit nombre d'années que cette espèce est connue. Auparavant, jamais aucun voyageur n'avait même indiqué l'existence d'un ours dans aucune des parties de l'Amérique méridionale. Celui-ci paraît vivre dans les Cordilières du Chili; il ne nous est encore connu que par un jeune individu arrivé vivant à la Ménagerie du Muséum, où il n'a vécu que peu de jours, et par une peau due à M. Roulin. Jusqu'à ces derniers temps, les naturalistes auraient éprouvé quelque répugnance à admettre l'existence d'un ours dans des contrées où la chaleur est encore aussi grande qu'au Chili, car c'est entre le 25ᵉ et le 30ᵉ degré de latitude que l'ours que nous avons possédé paraît avoir été pris, et ils ne se

1. *Ursus ornatus.*

seraient laissé convaincre que par la preuve la plus
matérielle, par la vue de l'animal lui-même. C'est
qu'en effet toutes les analogies semblaient contraires
à l'existence des ours dans les pays chauds. Nous ne
connaissions que ceux de l'Europe et du Canada,
qui, tous, paraissent fuir les températures élevées, et
rechercher les régions voisines des neiges. Aussi,
quoique les anciens eussent parlé d'ours de Lybie,
que plusieurs voyageurs modernes eussent assuré
qu'il en existait dans l'Inde, à Java, on ne pouvait
se déterminer à les croire, et on interprétait leurs
paroles de manière à ce qu'elles concordassent avec
ce que les faits connus rendaient probable. Aujourd'hui que l'on connaît trois espèces d'ours dans
les Indes, il n'y a plus de difficultés à admettre des
ours dans les pays les plus chauds; la nature, chez ces
animaux, peut se conformer à l'influence de tous ces
climats, à la température glacée des pôles, comme à
la température brûlante de l'équateur. Toutefois,
l'ours du Chili, habitant la partie montagneuse de
cette contrée, il peut y trouver, dans toute saison, la
température qui lui convient.

Cette espèce a, par son pelage, des rapports avec
l'ours de l'Amérique septentrionale que nous venons
de décrire; il a, comme lui, des poils lisses, brillants, et noirs sur tout le corps. Le museau est d'un
fauve sale, et, dans notre jeune individu, on voyait
au dessus des yeux deux demi-cercles fauves, qui
naissaient au bas du front d'un point commun; les
joues, la mâchoire inférieure, le cou et la poitrine,
entre les jambes de devant, sont blancs. Sur les côtés du cou, s'aperçoivent des poils plus longs que

tous les autres, qui sont d'un gris sale. Sous les poils qui donnent les couleurs à l'animal, et qui sont soyeux, s'en trouvent de laineux plus courts et entièrement bruns. Les moustaches des lèvres sont noires; mais ce qui distingue surtout cette espèce de l'ours noir du Canada, c'est son museau court et séparé du crâne entre les deux yeux par une dépression très marquée.

L'individu que j'ai vu vivant avait trois pieds et demi, du bout du museau à la partie postérieure du corps, et sa hauteur, aux épaules, était à peu près de quinze pouces. La peau dont j'ai parlé avait plus de longueur; mais surtout elle n'avait plus que quelques traces des deux demi-cercles du dessus des yeux si bien marqués sur notre jeune individu; d'où l'on peut présumer que ce caractère s'efface en partie avec l'âge.

L'OURS JONGLEUR[1].

Depuis fort long-temps l'existence des ours dans l'Asie méridionale était indiquée; Marsden rapporte que l'ours de Sumatra se nomme *brourong;* Willamson, dans son ouvrage sur les chasses d'Orient, donne la figure d'un ours des Indes; Peron et Leschenault en avaient vu, le premier, un qui venait des montagnes des Gattes; l'autre, un qui était originaire de

---

1. *Ursus labiatus,* pl. 17, fig. 2.

Java. Ces indications ne suffisaient cependant pas pour lever tous les doutes, et l'on sentait le besoin de nouvelles observations qui nous fissent connaître les caractères de ces ours et nous apprissent si, en effet, ils constituaient des espèces nouvelles, et même si leurs organes ne présenteraient pas des modifications propres aux climats qu'ils habitent.

A l'époque où cette incertitude régnait encore sur l'existence des ours dans l'Asie méridionale, on en montrait un en Europe, originaire du Bengale, qui appartenait à l'espèce de l'ours jongleur, mais que les naturalistes ne reconnurent même pas pour un ours; c'est qu'alors l'histoire naturelle, corrompue par l'influence exagérée que le système de Linnæus avait acquise, au lieu de faire étudier les animaux dans leur ensemble, se bornait à les faire observer dans quelques parties de leurs organes : et comme cet ours indien qui voyageait chez nous avait perdu ses dents incisives, ceux qui l'observèrent conclurent qu'il appartenait à la famille des tardigrades, qu'il était voisin des paresseux, et ils le firent figurer sous le nom de *bradypus*. Illiger, qui ne connut guère la nature que par les livres, fit de cet ours le type d'un genre qu'il nomma *prochilus*, à cause de ses grandes lèvres, et le réunit également à la famille des tardigrades. On ne saurait trop insister sur ces sortes d'erreurs, qui montrent bien les fâcheux effets d'une idée absolue dans les sciences qui ne reposent que sur l'observation. Cependant les progrès de l'histoire naturelle dissipèrent l'erreur; Buchannan[1] reconnut la véritable nature de ce prétendu paresseux qui dès lors a été admis sans

1. Voyage de Mysoure, en anglais, t. II, p. 197.

contestation parmi les ours, sous le nom d'*ursus la-biatus* par M. de Blainville, et sous celui d'*ursus lon-girostris* par M. Tiedmann. D'un autre côté, M. Hors-field, ayant rencontré quelque chose de nouveau dans la forme du museau, dans la longueur des lèvres et dans celle de la langue de deux autres ours des Indes, l'un de Java, l'autre de Bornéo, en a fait le type d'un sous-genre auquel il a donné le nom d'*he-larctos,* qui signifie proprement ours des pays chauds; sous-genre auquel, comme M. Gray l'a reconnu, l'ours jongleur semble appartenir par plus d'un rap-port. Il paraît d'ailleurs que ses dents sont presque toujours dans un état anomal; car outre l'individu qui avait été pris pour un paresseux, à cause de l'ab-sence de ses dents, la Ménagerie du Roi en a possédé deux, un très vieux et un jeune, qui présentaient le même caractère; le premier les avait perdues tou-tes, dans le second elles étaient dans un état ru-dimentaire. Plusieurs des ours de l'Inde présentent donc des modifications organiques beaucoup plus profondes que celles qui distinguent les unes des autres les espèces du Nord; circonstance importante à signaler, comme toutes celles qui lient les organisa-tions aux climats, et l'ours jongleur, beaucoup mieux connu aujourd'hui que les autres espèces, parce qu'il a été vu plusieurs fois, ferait le meilleur type de cette série nouvelle.

La première description et la première figure de cet ours, que nous ayons eues, faites dans l'Inde d'après des individus vivants, nous avaient été en-voyées de Calcuta par M. Alfred Duvaucel, qui a fait connaître plus d'animaux de l'Inde qu'aucun des voyageurs qui l'avaient précédé dans ce pays. Nous nous faisons un devoir de reproduire ici, quoique nous l'ayons déjà publiée dans notre *Histoire naturelle des Mammifères,* l'excellente description qui accompagnait son dessin : « Cet ours a le museau épais quoique singulièrement allongé ; sa tête est petite, et ses oreilles sont grandes ; mais le poil du museau, d'abord ras et uni, venant à grandir et à se rebrousser subitement tout autour de la tête à la hauteur des oreilles, ensevelit celles-ci sous une fourrure épaisse, et augmente considérablement le volume de celle-là. Le cartilage du nez consiste dans une large plaque presque plane et facilement mobile. Le bout de la lèvre inférieure, dans tous ceux que j'ai vus, dépasse la supérieure, et se meut également, soit par contraction, soit en s'allongeant, soit en se portant sur les côtés ; ce qui donne à cette espèce une figure stupidement animée. Ses jambes sont élevées ; son corps allongé, et ses mouvements faciles, caractères plus ou moins déguisés par la longueur des poils qui touchent presque à terre quand l'animal est vieux. Sa poitrine est ornée d'une large tache blanche, qui figure un fer-à-cheval renversé, dont les deux branches s'étendent sur les bras. Cet ours, qui paraît plus docile, plus intelligent, et plus commun au Bengale que les autres espèces, est celui que nos jongleurs instruisent et promènent pour amuser le peuple. On le rencontre souvent dans les montagnes du Silhet, aux environs des lieux habités, où il passe pour être exclusivement frugivore. »

Le vieil individu que nous avons possédé est venu confirmer et éclairer la description de M. Duvaucel.

Sa tête, que nous faisons représenter de face, nous montre la grande masse de poils qui l'environne et la grande étendue du cartilage des narines qui, comme deux opercules, s'ouvrent et se ferment à la volonté de l'animal. Toutes les parties de son mufle sont d'une mobilité presque égale à celle du nez du coati, et si de nouveaux muscles ne la produisent point, il faut du moins que ceux qui y sont attachés soient beaucoup plus développés que les organes analogues dans les autres ours. Il paraît que les proportions de cette espèce sont encore plus trapues, plus ramassées que celles de l'ours brun d'Europe, et que sa taille est un peu plus petite.

L'OURS MALAIS[1].

C'est de cet ours que Marsden, dans son *Voyage à Sumatra*, entendait parler, sous le nom de *Bourong*, ou *Bruong* comme l'a écrit depuis M. Raffles. Ce dernier qui, le premier, a fait connaître cette espèce avec quelques détails[2], nous apprend qu'elle est, comme toutes les autres, susceptible de s'apprivoiser lorsqu'on l'élève jeune. Il en posséda pendant deux ans un individu, qui jouissait d'une entière liberté et qui s'était habitué à boire du vin de Champagne sans que, pour cela, il perdît rien de sa douceur et de sa familiarité. Il vivait amicalement avec

1. *Ursus malayanus*, pl. 18, fig. 2.
2. Trans. Linn., t. XIII, p. 254.

un chien, un chacal, et un lori, et mangeait avec eux au même plat; il se plaisait à jouer avec le chien, dont la gaieté s'accordait avec la sienne. Cette douceur extrême n'avait cependant point pour cause l'absence de la force. Après deux ans, il était très grand, et si musculeux, qu'il arrachait facilement de terre des plantains dont il pouvait à peine embrasser la tige.

Depuis, M. Horsfield a publié une figure de cet ours dans ses *Recherches zoologiques sur Java*, et en a donné une description d'après un individu envoyé au Muséum de la Compagnie des Indes, par M. Raffles; nous reproduirons l'une et l'autre.

« L'ours malais, dit-il, a la tête courte, conique, large entre les oreilles; le nez terminé par un prolongement charnu de la partie supérieure du museau qui recouvre les narines, lesquelles sont rondes et séparées par une cloison étroite. L'ouverture de la bouche se termine au dessous de l'angle antérieur de l'œil; les lèvres sont minces, bordées par une rangée de poils courts et roides; les moustaches peu nombreuses, disséminées autour des lèvres; les yeux placés loin du front, mais vifs et saillants; l'iris est noir : les oreilles sont courtes, terminées brusquement, et il semble que les poils qui les couvrent aient été coupés par une main étrangère; le conduit auditif est couvert de poils, et a la forme d'un entonnoir; la gorge est arrondie et se confond graduellement avec le cou qui est d'une longueur moyenne et un peu déprimé derrière l'occiput. Le corps est oblong, robuste, élevé entre les épaules, descendant graduellement vers la croupe, qui se termine par une queue courte con-

sistant dans une touffe de poils rudes, longs d'environ un pouce. Les membres sont robustes; les antérieurs sont plus épais vers le tronc; ils s'amin-
cissent vers les pieds, et, par leur disposition verticale, ils élèvent toute la partie antérieure du corps :
les extrémités postérieures offrent des cuisses fortes
et musculeuses, et des jambes courtes un peu ar-
quées. Les pieds sont plantigrades, couverts de poils
épais à leur face supérieure, nus en dessous; ceux de
devant un peu plus longs que ceux de derrière : les
doigts, au nombre de cinq, et tous sur le même plan,
sont comprimés, séparés par des espaces peu profonds, de longueur à peu près égale : les ongles
sont très longs, fortement recourbés, aigus, arrondis en dessus, ayant une rainure en dessous, d'une
couleur de corne pâle ; le talon des pieds de derrière
s'élève légèrement dans la marche, et ce pied est, en
tout, plus court et plus étroit dans sa partie postérieure que le pied de devant. La couleur du pelage
est partout d'un noir de jais, excepté au devant des
yeux, où le museau est d'un gris cendré, et à la poitrine où existe une tache blanche semi-lunaire, dont
la forme est à peu près représentée par celle de la
lettre U. La longueur de chacune des branches, depuis le point de réunion jusqu'à leur extrémité, est
d'environ six pouces, leur largeur d'un pouce. Les
poils, courts et lisses, forment une fourrure douce
et très épaisse; ils sont fortement appliqués à la peau,
excepté à la partie supérieure de la tête, au cou et
aux épaules, où ils sont légèrement frisés. La longueur des poils séparés est de trois quarts de pouce.

» Les caractères qui distinguent surtout l'ours des

Malais de l'ours de l'Inde (*ursus labiatus*) de Blainville, dont il se rapproche par la couleur pâle du museau et par la tache de la poitrine, ont déjà été énu-
mérés par M. Raffles dans sa description. On peut
encore l'en distinguer par la brièveté de la queue et
par la douceur du naturel. Je regrette que les matériaux du Muséum ne me donnent pas les moyens
d'entrer dans le détail des caractères génériques. Le
crâne avait été détaché de la peau envoyée en Angleterre, et malheureusement ne se trouvait pas dans
la grande collection d'objets d'anatomie comparée
qui a été déposée au Muséum du collége royal des
chirurgiens.

Les dimensions de l'animal étaient les suivantes :

	pieds.	pouc.	lign.
Longueur du corps, de l'extrémité du museau à l'origine de la queue.	3	8	»
Longueur de la tête.	»	11	»
— — des extrémités antérieures..	1	2	»
— — des extrémités postérieures.	1	2	»
— — des pieds de devant.	»	8	»
— — des pieds de derrière.	»	7	»
— — de l'ongle du doigt du milieu, au pied de devant, et en suivant sa courbure..	»	2	6
Circonférence du corps, à la partie la plus basse de l'abdomen..	2	9	»
Circonférence du cou.	2	»	»

Des trois espèces d'ours que M. A. Duvaucel nous
a fait connaître, c'est celui qu'il a découvert au Silhet, et que M. Wallich avait précédemment trouvé
au Népaul, qui aurait le plus de rapport par les couleurs avec l'ours Malais; comme celui-ci, il est noir
avec une tache pectorale blanche bifurquée; mais, à

en juger par ce qu'en dit M. Duvaucel et par ce que la
figure qu'il nous a envoyée présente, il ne paraît pas
avoir le trait caractéristique des *hélarctos*, les lèvres
pendantes et le mufle large et mobile; je ne le consi-
dérerai donc encore que comme une espèce douteuse, et je me bornerai à rapporter la comparaison
qu'en faisait M. Duvaucel en l'opposant à l'ours jongleur et à son ours de Sumatra, qui me paraît ressembler à l'*hélarctos euryspilus*, de M. Horsfield, dont
je parlerai bientôt.

« L'ours du Népaul, dit M. Duvaucel, a le museau
de grosseur médiocre; mais le front, déjà peu élevé
dans les deux précédents, se trouve à peine senti dans
celui-ci et presque sur la même ligne que le nez. La
disposition du poil est la même que dans l'ours jongleur; seulement le poil étant un peu plus court, le
caractère qu'il imprime à la tête est un peu moins
saillant. Les oreilles sont aussi fort grandes, et le nez
assez semblable à celui des chiens. Cet ours a le corps
ramassé, le cou épais, et les membres trapus; mais
ses ongles sont moitié plus courts que ceux des précédents..... Son museau est noir en dessus, à tout
âge, avec une légère teinte rousse aux bords des lèvres. La mâchoire inférieure est blanche en dessous,
et la tache pectorale a la forme d'une fourche dont
les deux branches, très écartées, occupent toute la
poitrine, et dont la queue se prolonge jusqu'au milieu du ventre. Cet ours paraît moins répandu et plus
féroce que les deux autres, etc. »

1. L'Ours Euryspile, 2. L'Ours Malais.

L'OURS EURYSPILE[1].

Voici ce que M. Horsfield[2] dit de l'espèce d'ours dont il fait un sous-genre sous le nom d'*hélarctos,* et à laquelle viendrait se joindre, dans la même subdivision, l'ours jongleur et l'ours malais.

« L'animal que je décris ici, sous le nom d'*hélarctos euryspilus,* et que je regarde comme le type d'un sous-genre dans le genre des ours, se rapproche beaucoup de l'*ursus malayanus* que j'ai décrit dans mes *Recherches zoologiques à Java.*

» Peu de temps après avoir donné la description de ce dernier d'après les matériaux recueillis par sir St.-Raffles, j'eus occasion d'examiner vivant un animal appartenant à la même subdivision du genre *ursus* (*hélarctos*), apporté de l'île de Bornéo, et si voisin de l'ours des Malais que, pour beaucoup de personnes peut-être, la séparation de ces deux espèces aura besoin d'être confirmée.

» Le soupçon qu'il existait une espèce d'ours à Bornéo était depuis long-temps répandu parmi les naturalistes qui ont visité l'archipel indien; mais je n'ai pu encore trouver les indications relatives à cet animal que l'on prétend avoir été données dans quelques uns des voyages publiés sur ces contrées. L'animal qui a servi à la description suivante fait aujour-

1. *Ursus euryspilus,* pl. 18, fig. 1.
2. Zoolog., Journ. Juillet, 1825, p. 221.

d'hui partie de la Ménagerie de la Tour; il a été apporté de Bornéo.

» C'est dans la forme de la tête qu'est le caractère distinctif le plus saillant de l'ours euryspile. Le crâne, comparé à celui des autres espèces d'ours, est d'une grandeur considérable; sa partie supérieure est presque hémisphérique, et, sur les côtés, il va également en s'élargissant. Le front est convexe dès la racine du nez; les yeux sont situés en avant, assez près de ce dernier organe; les oreilles, au contraire, sont fixées à la partie reculée du crâne, de manière à être séparées des yeux par un large intervalle; la tête s'amincit brusquement, et prend, en s'allongeant peu à peu, la forme d'un museau obtus : le nez est grand et très saillant; il conserve la même largeur jusqu'à son extrémité, qui est coupée un peu obliquement. On y observe une échancrure latérale qui communique avec les narines, et que l'animal peut dilater et ouvrir par un effort volontaire : les ouvertures des narines sont oblongues, dirigées en avant et séparées par une cloison étroite : ce nez est moins développé que celui de l'ours jongleur; mais il l'est plus que dans l'ours commun; la lèvre supérieure est lâche, charnue, et, jusqu'à un certain point, pendante; l'animal a la faculté d'en contracter les bords latéraux et de la faire saillir en avant comme une courte trompe. La lèvre inférieure est petite, comprimée, et, en partie, recouverte par la supérieure. Les deux lèvres présentent à leur face interne des replis charnus transversaux; un grand nombre de poils divergents, longs d'un pouce, et de couleur grisâtre, sont disséminés sur les bords de la lèvre supérieure; mais l'animal est dépourvu de longues et fortes moustaches. Les yeux, qui sont situés à la réunion du museau et du crâne, sont petits et sans vivacité; l'iris est violet, et la pupille très petite : les oreilles sont courtes, oblongues, obtuses, et dirigées en arrière; d'épais bouquets de poils courts sont placés près de leur base au dessus et au dessous; mais le long du rebord de l'oreille, les poils sont très courts et d'une couleur plus claire; ce qui leur donne, comme dans l'ours des Malais, l'apparence de poils coupés. Le conduit auditif externe est caché par une touffe de poils courts. L'ouverture de la bouche est très grande, et l'animal a l'habitude d'écarter largement les mâchoires et de faire saillir sa langue, qui forme, avec le grand volume du crâne, le caractère principal de cette espèce; elle est longue, étroite, effilée, et très extensible. L'animal, après avoir écarté les mâchoires, la fait saillir en avant de plus d'un pied, puis la recourbe en dedans en forme de spirale. Les proportions de cette espèce sont peut-être plus courtes que celles des autres ours; il semble plus ramassé; le cou est court et large, le corps est cylindrique, mais lourd et épais; les extrémités antérieures sont plus longues et plus minces que les postérieures; les pieds complètement plantigrades; mais la portion nue et calleuse est, dans l'ours de Bornéo, comme dans celui des Malais, plus courte que dans les autres espèces d'ours. Les ongles sont longs, fortement arqués, comprimés, arrondis à leur partie supérieure, offrant une rainure à leur face inférieure, étroits à leur base, et diminuant graduellement jusqu'à leur extrémité, qui est coupée transversalement, et paraît surtout propre à creuser

la terre : toutefois on peut supposer, d'après les habitudes analogues de l'ours des Malais, que celui-ci
grimpe avec beaucoup d'agilité. La queue a environ
deux pouces de longueur; mais la moitié consiste
dans un bouquet de poils durs, qui s'étendent au delà
des vertèbres. Il y a deux mamelles pectorales, et
deux ventrales. La fourrure est courte et luisante;
les poils sont garnis d'un peu de duvet à leur base,
un peu rugueux, mais fortement appliqués à la peau
et doux au toucher. Au front, ces poils sont très
courts; de là, ils vont en s'allongeant vers le sommet
de la tête, où ils sont très épais, presque dressés et
très doux au toucher.

» L'ours de Bornéo a, sur le corps, la tête et les
extrémités, cette teinte d'un noir de jais pur, que
l'on observe dans l'ours des Malais. Le museau, ainsi
que la région des yeux, est d'une couleur brune-jau-
nâtre; la tache qui est à la partie antérieure du
cou, est d'un jaune plus vif, et presque orangé; cette
tache diffère, pour la forme, de celle de l'ours des
Malais, et constitue la principale différence qui sépare ces deux espèces : elle est grande, large, irrégulièrement quadrilatère, et elle occupe une portion
considérable de la région antérieure du cou; à son
extrémité postérieure ou inférieure, ses limites sont
assez faiblement marquées; mais son bord supérieur
présente une échancrure profonde et dont les bords
sont très régulièrement tracés; les contours latéraux
de cette tache sont légèrement arrondis. Une bande
grise transversale, placée sur les pieds, est produite
par des bouquets de longs poils qui naissent de l'in-
sertion des ongles. Il faut des observations ultérieu-

res pour déterminer la valeur de ce dernier signe comme caractère spécifique.

» L'ours de Bornéo, qui est maintenant à la Tour, a une longueur de trois pieds neuf pouces depuis le museau jusqu'à la queue; quand il se dresse, il atteint une hauteur de quatre pieds; dans son attitude ordinaire, sa hauteur, à la croupe, est de dix-huit pouces.

	pied	pouc.
La longueur des extrémités antérieures est de. . .	1 pied	7 pouc.
Celle des postérieures est de.	1	5
La circonférence de la tête est de.. . . . . , .	1	10
Celle du corps de.	2	5
L'intervalle d'une oreille à l'autre est d'environ. . »		9

» D'après ces dimensions, notre animal est un peu plus petit que l'ours des Malais; l'individu le plus grand de cette dernière espèce, que j'aie vu, était préparé, et il avait une longueur de quatre pieds six pouces.

» L'animal que je viens de décrire a été apporté dans ce pays, il y a plus de deux années, et peut être regardé par conséquent comme ayant acquis tout son développement. Depuis très long-temps, son gardien n'a remarqué en lui aucun accroisssement. Il forme aujourd'hui un des sujets les plus intéressants de tous ceux que renferme la Ménagerie royale. Je n'entrerai pas dans le détail de toutes les modifications de ses habitudes dans l'état d'esclavage; mon unique objet est de donner une vue abrégée des traits les plus saillants qui se lient immédiatement à son organisation.

» J'ai dit que cet animal était complètement planti-

grade; il s'appuie facilement sur ses pieds de derrière, et ses jambes robustes non seulement le soutiennent lorsqu'il est assis, mais lui permettent de
prendre sans peine une posture presque droite; le plus
souvent cependant on le trouve assis près la porte de
sa loge, examinant attentivement les visiteurs dont il
attire l'attention par ses formes disgracieuses ou par
la bizarrerie de ses mouvements. Quoiqu'il paraisse
lourd et stupide, la plupart de ses sens, et surtout
ceux de la vue et de l'odorat, sont très puissants. Les
organes de l'olfaction paraissent particulièrement
énergiques, et semblent être dans un état continuel
d'excitation et d'éréthisme. L'animal a, sous l'empire
de sa volonté, toute l'extrémité charnue de son nez
et les parties voisines, et il les fait souvent jouer d'une
manière plaisante, surtout lorsqu'on lui présente à
distance et hors de portée quelque morceau de gâ-
teau. Il dilate l'ouverture latérale des narines, con-
tracte et pousse en avant en forme de trompe sa lèvre
supérieure en même temps qu'il se sert de ses pattes
pour saisir les objets. Il distingue sur-le-champ son
gardien et lui témoigne de l'attachement; à son approche, il fait tous ses efforts pour en obtenir à manger, et il accompagne son mouvement d'un son plaintif et rude sans être désagréable; il continue ce bruit
en mangeant en même temps qu'il fait entendre par
intervalles un grognement lent; mais, dès qu'on le
tourmente, il élève la voix et pousse des cris âpres
et déchirants. Il est excessivement vorace. Quand il
est de bonne humeur, il amuse les spectateurs de différentes façons : assis tranquillement dans sa loge, il
ouvre les mâchoires et étend sa langue effilée, comme

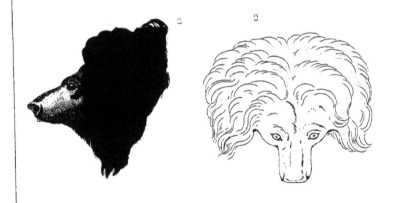

1. L'Ours de Syrie. 2 Tête de l'Ours jongleur.

je l'ai décrit plus haut; il est sensible aux bons traitements qu'il reçoit de son gardien; il semble, par ses
attitudes, appeler son attention et solliciter ses caresses. Il aime à être flatté de la main; mais il s'irrite
et s'élève avec violence contre les mauvais traitements.

» Cet ours fut acheté à Bornéo et amené jeune dans
ce pays par le commandant d'un navire, il y a environ deux ans. Durant tout le voyage, il se trouva
en compagnie d'un singe et de plusieurs autres animaux jeunes, et fut ainsi apprivoisé dès sa jeunesse.
Ses mœurs, en servitude, ressemblent beaucoup à
celles de l'ours des Malais observé par sir St.-Raffles;
mais nous ne connaissons encore rien des mœurs de
l'ours de Bornéo à l'état sauvage. »

L'OURS DE SYRIE[1].

Nous terminerons ces différents extraits de l'histoire des ours par la description suivante de celui de
Syrie, qu'a donnée M. Ehrenberg[2].

« Environ neuf cents ans avant Jésus-Christ, dans les
montagnes de la Palestine, près de Beth-el, et non
loin de la ville de Hierochunte, deux ours, suivant
ce qui est rapporté dans le livre II des *Rois,* se pré-
cipitèrent sur une troupe d'enfants qui prodiguaient
des outrages au prophète Élisée, et en eurent bientôt

1. *Ursus Syriacus,* pl. 17, fig. 1.
2. Icones et Descript. mammal., in-f°. Berlin.

dévoré quarante. Ainsi donc, l'ours du mont Liban
est, de tous ceux dont il est parlé dans l'histoire, le
plus ancien et le plus célèbre; mais il s'en faut que,
pour ce qui est de ses caractères et de son histoire
naturelle, il soit aussi connu; car aucun des voyageurs qui, jusqu'à nos jours, ont parcouru ces contrées, n'a ramené en Europe cet animal, ni n'a même
annoncé l'avoir vu. Klædin a donné, d'après les notes
de Sectzen, le nom d'*ursus arctus* à une espèce qui,
d'après les rapports faits à ce dernier, vivait au milieu
des montagnes de la Palestine, près de Bangass, dans
la province d'Hasbeia, voisine de l'Anti-Liban.

» L'ours de Syrie femelle m'a donné les dimensions
suivantes :

	pieds.	pouc.	lign.
Longueur de l'extrémité du nez à l'origine de la queue.	3	8	11
Longueur de la queue..	»	6	»
— — de la tête..	»	11	9
— — du tronc.	2	9	7
— — du pied de devant du bord supérieur de l'épaule à la pointe de l'ongle..	2	4	6
— — du bras..	»	8	3
— — de l'avant-bras.	»	9	7
— — des pieds de derrière..	2	»	»
Distance entre les oreilles.	»	4	3
Circonférence de la poitrine..	2	4	»

« Cette espèce est inférieure par la taille à l'ours
brun d'Europe; le corps, peu couvert de poils, est
remarquable par la forme déliée de la tête et des
pieds, laquelle est due plus à la brièveté du pelage
qu'à une longueur réellement plus grande de ces
parties. Les poils ont de deux à trois pouces; ceux

qu'on trouve le long de la ligne moyenne du dos dépassent quatre pouces ; tous sont, à leur base, peu
ou point flexueux ; quelquefois aussi les plus petits
sont jaunâtres à leur base, mais tous sont blancs au
sommet, et droits vers leur pointe ; il n'y a que ceux
de la crête qui sont flexueux jusqu'à leur extrémité,
et qui sont foncés dans une plus grande étendue.
Les poils laineux, qui sont d'un fauve foncé, sont très
rares et flexueux, tandis qu'ils sont très abondants
dans l'*ursus arctus*. Le front, peu élevé, se confond
par degrés avec le nez dont il n'est séparé que par
une dépression fort légère ; les arcades sus-orbitaires
sont peu prononcées ; les oreilles sont plus longues
que dans l'*arctus,* ovales, velues, libres en dehors, et
non enveloppées par les poils. Les yeux ont l'iris brunâtre ; le nez et l'extrémité des lèvres sont nus, brunâtres et charnus ; les ongles sont comprimés, sillon-
nés de lignes blanches et grises, courts, courbés ;
ceux de devant sont les plus longs.

» La couleur est d'un blanc fauve, beaucoup de poils
étant entièrement blancs ; les poils des pieds, près
des ongles, sont brunâtres. Nous avons vu trois peaux
de ces animaux, c'est-à-dire deux autres, outre celle
que nous nous sommes procurée par la chasse ; celles-
là, conservées depuis long-temps, paraissaient irrégulièrement tachées de fauve, parce que le sommet des
poils y avait été détruit ; ces taches étaient formées par
la partie laineuse jaune, qui devenait apparente, après
la destruction de la partie blanche. C'est ainsi qu'il
peut arriver qu'un de ces animaux, ayant usé sa fourrure par le frottement, paraisse de loin entièrement
fauve.

» Au mois de juillet, nous en tuâmes un individu qui n'était ni très jeune ni tout-à-fait vieux.

» Le mont Liban a deux sommets couverts de neige; l'un nommé *Gebel-Sanin,* l'autre *Makmel,* que nous avons visités tous deux; il ne nourrit des ours que sur le mont Makmel, près du village de Bischerre.

» Il n'est pas rare que l'ours se nourrisse d'animaux; le plus souvent cependant il vit de plantes, et il dévaste fréquemment les champs semés de pois chiches ou d'autres productions qui sont dans le voisinage des neiges. L'estomac de celui que nous avons tué était vide. Dans l'hiver, on dit que cet animal vient rôder jusqu'auprès des jardins de Bischerre; en été, il se tient auprès des neiges. Nous avons vu une tanière où se trouvait une grande quantité d'excréments d'ours, et qui était formée par d'immenses fragments de roches calcaires accumulées au hasard.

» L'excrément de l'ours nommé *bared dub* se vend en Égypte et en Syrie, où on le regarde comme un remède pour les maladies des yeux. Le fiel de l'ours est fort estimé, et nous nous étions engagés à le donner aux chasseurs indigènes qui nous accompagnaient; les peaux se vendent. Nous avons mangé la chair de cet animal, que nous avons trouvée savoureuse; le foie est doux et cause des envies de vomir. »

Si nous voulions traiter de tous les ours qu'on pourrait considérer comme des espèces, en jugeant de leurs différences par celles qui servent à caractériser les espèces de chats, par exemple, nous pourrions ajouter à celles dont nous venons de parler,

l'ours de Sibérie[1], l'ours de Norwége[2], l'ours blond
des Pyrénées[3], l'ours terrible de l'Amérique septentrionale[4], etc., etc.; mais tous ces ours ne paraissent
guère se distinguer des ours bruns que par des nuances plus ou moins foncées. Un mot suffira donc pour
les caractériser.

L'ours de Sibérie, qui atteint la plus grande taille,
est d'un brun gris foncé avec deux larges bandes
blanches sur chaque épaule, lesquelles descendent
sur les membres antérieurs en se rétrécissant; l'ours
de Norvége est brun sans aucune tache blanche;
l'ours des Pyrénées ne paraît pas atteindre à la taille
des ours de Sibérie, et est d'un blond jaunâtre très
clair; enfin l'ours terrible est, disent les voyageurs,
d'un brun grisâtre uniforme, et n'a aucune trace de
blanc sur les épaules.

Nous devons ajouter que les deux plus différents
de ces ours, celui de Sibérie et celui des Pyrénées,
produisent ensemble : deux fois l'accouplement de
ces animaux a eu lieu dans la Ménagerie du Roi, et
chaque fois, la femelle, qui était blonde, a mis au
monde des petits qui avaient la couleur brune du mâle.

1. Hist. nat. des Mamm., liv. XLII.
2.   Id.,   Id., liv. VII.
3.   Id.,   Id., liv. XLIV.
4. Exped. to the Rocky mountains, v. 11, p. 52. — Voyage du
Capitaine Franklin aux bords de la mer Polaire. — La Pérouse,
Hearne, Makensie, en avaient déjà parlé ; et c'est de cette espèce sans
doute que parle Choris dans son voyage avec Kotzbue.

LES CIVETTES.

LES animaux qui appartiennent à la famille des civettes sont nombreux, et les modifications organiques par lesquelles ils se distinguent sont importantes et variées. Buffon avait déjà senti que ces animaux s'unissent par plusieurs rapports, aussi n'avait-il point séparé ceux qu'il a été à portée de voir. La civette, le zibet et la genette, les premiers qu'il ait connus, sont décrits à la suite l'un de l'autre[1], et il en est de même pour la mangouste, la fossane et le vansire qu'il eut occasion d'observer plus tard[2]. S'il n'y joint pas le suricate, il ne faut l'attribuer qu'à l'idée vague sur laquelle il fondait les ressemblances de ces animaux, et qui devait l'abandonner dès que les modifications des organes devenaient un peu considérables ; or, le suricate est une des espèces qui sous ce rapport s'éloignent le plus du type principal de la famille.

Les naturalistes systématiques eux-mêmes n'avaient point reconnu les caractères communs aux animaux de la famille des civettes, et leur avaient associé des espèces d'une toute autre nature : les unes voisines des martes, les autres des ours, etc. Aujourd'hui la réunion des véritables civettes forme une des familles les plus naturelles parmi les quadrupèdes.

1. Tom. IX, in-4°, p. 299 et 343, pl. 31, 34 et 36.— Édit. Pillot, tom. XVI, p. 116 et 128, pl. 60.
2. Tom. XIII, in-4°, p. 150 et suiv., pl. 19, 20 et 21. — Édition Pillot, tom. XVII, p. 481 et suiv., pl. 86.

Ce que dit Buffon de la civette et du zibet est à peu près ce qu'on en sait aujourd'hui. Notre ménagerie a possédé ces deux espèces ; je les ai fait représenter de nouveau en en donnant exactement les caractères [1], et les détails de la reproduction des civettes sont à peu près les seuls particularités qu'on put ajouter à leur histoire.

Il n'en est pas, à beaucoup près, de même de la genette. Buffon, persuadé que cette espèce se trouvait toujours la même en France, en Espagne, en Barbarie, au cap de Bonne-Espérance, dans l'Asie méridionale, et même à Java, a composé l'histoire qu'il en donne de tout ce que les voyageurs, dans ces différentes parties du monde, ont rapporté sur des animaux qu'eux-mêmes désignaient par le simple nom de *genette*. Depuis, on a reconnu que les espèces de genettes sont très nombreuses ; que celle du midi de l'Afrique ne ressemble point à celle du nord, et que l'espèce de Java diffère de l'une et de l'autre.

La fossane de Madagascar, qu'il ne connut que par la peau, et par quelques notes que lui adressa Poivre [2], lui parut étrangère aux genettes, au genre desquelles elle appartient cependant.

Buffon commet pour les mangoustes la même erreur que pour les genettes ; il croit qu'il n'en existe qu'une espèce, parce que ces animaux ne lui paraissent différer que par de simples nuances ; observation qui, quoique vraie pour plusieurs espèces, ne saurait être attribuée à l'influence d'une sorte de domesticité, à laquelle quelques races parmi ces ani-

1. Hist. nat. des Mamm., liv. XXI et XXVI.
2. Supp. III, in-4°, p. 163. — Édit. Pillot, tom. XVII, p. 487.

maux seraient soumises ; car rien ne confirme cette supposition. Nous le voyons même, séduit par une ressemblance de nom ou de physionomie, donner la mangouste nems[1] pour un furet, et une mangouste de Madagascar pour une petite fouine[2].

Il a connu le vansire[3] qui, quoique empaillé, fournit à Daubenton une bonne description, à laquelle il faut ajouter celle que Forster envoya du cap de Bonne-Espérance à Buffon, et que celui-ci publia dans ses suppléments[4].

Enfin il vit le suricate vivant[5], et en publia une description excellente, comme toutes celles qu'a faites Daubenton ; mais il crut cet animal américain, parce qu'il avait été envoyé de Surinam. Wosmaer le désabusa[6], et lui apprit qu'il était originaire du cap de Bonne-Espérance ; ce qui depuis a été confirmé par Sonnerat[7], qui a décrit le suricate sous le nom de *zenik des Hottentots*, et par l'individu que j'ai décrit moi-même[8], et dont l'origine était la même. Depuis MM. Denham et Clapperton ont découvert cette même espèce dans les environs du lac Tchad[9] ; il est donc permis de supposer qu'elle se trouve dans la plus grande partie de l'Afrique.

Ce sont là les seuls animaux de la famille des civet-

1. Supp. III, in-4°, p. 173.— Édit. Pillot, tom. XVII, p. 490.
2. Supp. VII, in-4°, p. 249.— Ibid., p. 491.
3. Tom. XIII, in-4°, p. 167.— Ibid., p. 489.
4. Tom. VII, in-4°, p. 255.— Ibid., p. 491.
5. Tom. XIII, in-4°, p. 72.— Ibid., p. 489.
6. Supp. III, in-4°, p. 172.— Ibid., p. 452.
7. Voyage, t. II, p. 145, pl. 92.
8. Hist. nat. des Mamm., liv. XXII.
9. Voy. Trad. franç., t. III.

tes dont Buffon ait parlé. Depuis, il en a été découvert un grand nombre d'autres, et l'on a pu rectifier
la plupart des erreurs où Buffon a été entraîné par
l'insuffisance des renseignements qu'il possédait, et
aussi par le penchant qui le portait à ne voir dans les
différences spécifiques que des différences accidentelles.

Mais on a dû reconnaître en outre que ces animaux
ne sont pas les uns vis-à-vis des autres dans les mêmes
rapports; que s'il en est qui ne diffèrent que par les
couleurs, d'autres offrent dans des organes d'un ordre élevé des différences qui exercent sur leur naturel, sur leurs penchants et sur leurs actions une influence plus ou moins étendue ; dès lors, après les
avoir considérés comme constituant un groupe général, on a dû les étudier dans les détails pour descendre à des subdivisions moins étendues, et enfin
aux particularités spécifiques. Il est résulté de l'application de cette méthode, qui est aujourd'hui celle
de la science, que les animaux de la famille des civettes nous présentent sept à huit types différents,
autour desquels viennent se grouper des espèces
nombreuses qui, dans le système de Buffon, n'auraient été que des races accidentelles, que des variétés formées par des influences fortuites et passagères.
Pour lui, ces types auraient seuls présenté les caractères des espèces, seuls ils auraient été l'objet du travail immédiat de la nature, tandis que pour les naturalistes aujourd'hui les types d'espèces, dans cette
famille, s'élèvent déjà de vingt à vingt-cinq, et sont
probablement en beaucoup plus grand nombre. Cette
nouvelle manière d'envisager la distinction des qua-

drupèdes est fondée sur des faits exactement consta-
tés; et quoique dans les sciences d'observation les
généralités paraissent dominer les faits elles leur sont
en réalité soumises ; car les généralités sont de nous,
et les faits sont de la nature. Quoi qu'il en soit, on a
lieu d'être étonné qu'envisageant cette nature comme
une intelligence éternelle, Buffon n'ait pas préféré le
système qui semble étendre l'exercice de la puissance
et de sa sagesse à celui qui semble le restreindre; et
qu'il en ait attribué les effets à leur action secondaire , plutôt qu'à leur action immédiate; car cette
dernière est une démonstration bien plus éclatante
de cette intelligence providentielle qui a créé tout,
par qui tout subsiste, et à laquelle il a toujours rendu
hommage.

Nous ne pouvions pas trouver une occasion plus
favorable que celle des animaux de la famille des civettes, pour donner un exemple de la méthode que
les naturalistes suivent aujourd'hui dans l'exposition
de l'histoire des animaux, et quoique cette méthode
nous écarte un peu de celle de Buffon que nous avons
suivie jusqu'à présent, il nous a semblé utile de montrer en quoi elle consiste, autrement que dans les
considérations générales de notre discours préliminaire, c'est-à-dire dans son application : c'est le moyen
de faire sentir qu'elle repose également sur l'expérience et sur la raison.

Tous les animaux de la famille des civettes appartiennent à l'ordre des carnassiers; mais dans cet ordre,
à côté d'animaux qui se nourrissent exclusivement de
chair, il en est d'autres qui y joignent une nourriture
végétale; et le nombre des dents tuberculeuses, ainsi

que l'épaisseur des dents carnassières, déterminent, pour chaque animal, la proportion de ces deux sortes de nourritures; or, nous voyons que les civettes ne sont point exclusivement carnassières, et qu'elles sont frugivores à des degrés différents.

Toutes les civettes ont le même nombre de dents mâchelières, c'est-à-dire de chaque côté des mâchoires, deux fausses molaires normales supérieures, et trois inférieures, avec une fausse molaire rudimentaire quelquefois à chaque mâchoire; les carnassières plus ou moins épaisses; deux tuberculeuses à la mâchoire supérieure, la dernière très petite, et une à la mâchoire inférieure. Les pieds de devant comme ceux de derrière ont presque toujours cinq doigts armés d'ongles plus ou moins aigus, et les uns sont digitigrades, tandis que les autres sont plus ou moins plantigrades; la queue, toujours assez longue, est prenante ou non prenante. Quelques espèces sont diurnes, d'autres nocturnes, c'est-à-dire avec des yeux à pupille ronde ou à pupille étroite; la conque externe et fort évasée est d'une hauteur médiocre; les narines sont entourées d'un large mufle, et la langue est couverte de papilles cornées. Le pelage, quoique épais, n'a pas le moelleux des fourrures du Nord, et les poils soyeux y sont en beaucoup plus grand nombre que les laineux. Les plus grandes espèces ne dépassent pas la taille d'un chien de race moyenne, et les plus petites approchent de celle de la belette; toutes enfin sont de l'Ancien-Monde, et en habitent les parties chaudes ou du moins fort tempérées.

Les différences que nous venons d'indiquer dans les organes de la manducation, du mouvement, des sens

et de la génération, ont servi à partager les civettes
en groupes secondaires au nombre de cinq ou de six,
dans lesquels toutes sont venues se réunir fort naturellement.

Le premier de ces genres comprend les CIVETTES
PROPREMENT DITES. Elles ont trois fausses molaires supérieures et quatre inférieures : leur pupille est allongée verticalement ; leurs doigts sont courts, forts,
serrés les uns contre les autres, et armés d'ongles obtus ; leur queue longue et touffue n'est point prenante,
et leur marche est semi-plantigrade. La verge chez
les mâles est dirigée en arrière, et entre l'anus et les
organes génitaux se trouve une poche dont les parois
sont formées par deux sortes de glandes qui secrètent
une matière très odorante.

Buffon, comme nous l'avons dit, ayant fait connaître les deux principales espèces de ce genre, nous
n'aurons rien à dire des caractères spécifiques de ces
animaux.

LES PARADOXURES viennent ensuite ; ils ont le système dentaire et les organes des sens des civettes proprement dites ; mais ils diffèrent de ces animaux en
ce qu'ils sont plantigrades, que leurs ongles sont
demi-rétractiles, leurs doigts demi-palmés, que leur
queue s'enroule en spirale d'une manière particulière,
que leur verge se dirige en avant, et qu'ils n'ont point
de poche anale.

Ce genre ne contient encore qu'une espèce bien

déterminée ; j'y en ajoute une autre qui aurait besoin d'être examinée de nouveau.

LE POUGOUNÉ[1].

CET animal est un nouvel exemple, et l'un des plus remarquables, de l'utilité, ou mieux encore de la nécessité qu'il y a dans certains cas pour les naturalistes d'examiner les animaux vivants, avant d'assigner d'une manière positive le rang qu'ils doivent occuper. Buffon, qui a fait représenter celui-ci[2], le considérait comme une espèce voisine de la genette ; et M. Geoffroi, conservant la même idée, l'a désigné sous le nom de civette à bandeau. C'est qu'en effet avec la simple dépouille de l'animal, avec une peau qui, détachée du squelette, a, pour ainsi dire, perdu le moule sur lequel elle était appliquée, et se prête à toutes les formes qu'on lui veut donner, il était impossible de reconnaître autre chose que les rapports généraux du pougouné avec les civettes et les mangoustes ; mais dès que l'animal a pu être observé vivant, sa marche, ses allures, ses formes ramassées et trapues, la singulière disposition de sa queue, ont dénoté un animal dont on n'avait pas en-

1. *Paradoxurus typus.* Hist. nat. des Mamm., liv. XXIV, ann. 1821. Ce nom est une contraction de *pounougou-pouné*, qui paraît signifier dans la langue malabare *chat-civette*.

2. Supp. t. III, in-4°, p. 237, pl. 47. Le nom de *genette de France,* donné à cet animal, est une erreur.

core l'analogue, et son étude attentive n'a fait que
confirmer cette première conclusion de l'esprit, cette
sorte de décision instinctive que donne l'habitude
d'étudier les animaux, et que des recherches plus
précises viennent rarement démentir.

Le pougouné a des membres vigoureux et trapus
qui lui donnent un peu la physionomie du blaireau ;
sa démarche est lente et grave. Il a le col court, le museau fin, les narines enveloppées d'un mufle et semblables à celles des chiens ; l'œil a à son angle interne
une troisième paupière qui peut en recouvrir presque entièrement le globe. L'oreille a sa conque externe arrondie, avec une profonde échancrure au
bord postérieur, laquelle est recouverte par un fort
lobule comme dans les chiens et les chats ; la face
interne de cette conque offre des saillies très variées,
dont il est impossible de trouver les analogues dans
l'oreille de l'homme ; enfin, le trou auditif est recouvert d'une sorte de valvule qui paraît être destinée à
le fermer. Il y a quatre mamelles, deux pectorales
et deux ventrales ; les doigts à chaque pied sont
garnis à leur extrémité d'un épais tubercule qui
ne permet point à l'ongle d'appuyer sur le sol, et
dont la peau est organisée d'une manière assez délicate ; l'ongle, mince et aigu, est presque aussi ré-
tractile que celui des chats ; les doigts, très courts,
sont réunis jusqu'à la dernière phalange par une
membrane assez lâche, qui leur permet de s'écarter,
et en fait en quelque sorte des pieds palmés ; la
queue présente un des traits les plus caractéristiques
de cet animal, et une disposition dont il ne paraît pas

y avoir jusqu'à présent d'autre exemple. Lorsque cet
organe est étendu, il se trouve tordu de droite à
gauche vers son extrémité, c'est-à-dire que par quelque disposition particulière des vertèbres, la partie
supérieure de la queue est en dessous, et de là résulte le phénomène suivant : lorsque les muscles supérieurs tendent à enrouler la queue, ce mouvement
se fait d'abord de dessus en dessous, comme s'il
était produit par des muscles inférieurs; et si les
muscles arrêtent leur contraction lorsque l'organe
n'est enroulé qu'à moitié, celui-ci semble organisé
comme toutes les queues prenantes ; mais si les muscles continuent d'agir, la queue se détord, elle revient à son état naturel, et l'enroulement s'achève,
mais de bas en haut, jusqu'à la racine.

Deux sortes de poils, les soyeux et les laineux,
composent le pelage ; parmi les premiers, il y en a de
lisses et de très longs, tandis que d'autres sont plus
courts et gaufrés. Les poils laineux, plus nombreux,
forment le vêtement principal ; de longues moustaches garnissent les côtés de la lèvre supérieure, et le
dessus des yeux.

Le pelage présente des variations qui tiennent à
la manière dont on l'observe, et qui peuvent expliquer les descriptions quelquefois si différentes que
donnent les auteurs du même animal. La couleur
du corps est d'un noir jaunâtre, c'est-à-dire que vue
de côté, et de manière à n'apercevoir que l'extrémité
des poils, elle paraît généralement noirâtre, tandis
que vue en face des poils, et lorsqu'on les aperçoit
dans toute leur longueur, elle est jaunâtre. Sur ce
fond jaunâtre on voit trois rangées de taches de cha-

que côté de l'épine, et d'autres taches éparses sur les épaules; mais sur le fond noirâtre, ces dernières disparaissent, et les premières, se confondant suivant la direction de chacune des rangées qu'elles forment, se changent en des lignes continues. Ces variations de couleurs résultent des teintes propres aux différentes sortes de poils; les soyeux sont entièrement noirs, et les gaufrés le sont à leur extrémité; de sorte que quand eux seuls sont aperçus, l'animal est tout noir; mais comme ils sont en petit nombre comparativement aux laineux qui sont jaunâtres, et que les soyeux gaufrés sont aussi jaunâtres dans leur moitié inférieure, l'animal paraît de cette couleur dès que l'œil peut pénétrer dans l'intérieur du pelage; alors les taches qui sont fournies par la réunion des poils soyeux lisses ressortent sur ce fond jaunâtre, et quand on les regarde de face, on aperçoit l'espace jaunâtre très étroit qui les sépare l'une de l'autre; mais sitôt qu'on regarde le pelage de côté, cet espace jaunâtre étroit disparaît, et les taches en se confondant semblent former des lignes continues.

Les membres sont noirs; mais la peau des tubercules des doigts est couleur de chair; la queue est noire dans la moitié de sa longueur, et la tête est également de cette couleur. Seulement elle pâlit vers le museau, et l'on voit une tache blanche au dessus de l'œil et une autre au dessous; la première est partagée par une tache noire, en forme de larme; la face interne de l'oreille est de couleur de chair à son milieu, et noire à son contour; la face externe est noire, excepté le bord qui est blanc dans la largeur d'une ligne environ.

Le pougouné se trouve dans la presqu'île de l'Inde, où il habite les lieux plantés d'arbres et de broussailles. Celui qui a vécu à la Ménagerie passait les journées entières à dormir, roulé sur lui-même, et on le tirait difficilement de cette léthargie ; à la chute du jour il se réveillait, mais pour boire et pour manger seulement, et aussitôt après il retournait à sa place habituelle, où il entretenait une grande propreté. Il ne répandait aucune odeur, et quoique sa queue se roulât sur elle-même, elle n'était pas prenante. Sa voix n'a jamais consisté que dans un grognement sourd.

Les Français de Pondichéry appellent cet animal *marte des palmiers*.

LE MUSANG.

Ce n'est qu'avec doute que je place ici cette espèce nouvelle, car quoique voisine des paradoxures par plusieurs de ses caractères, il n'est pas certain qu'elle ait la queue roulée comme l'espèce précédente : M. Horsfield[1] l'a représentée avec la queue droite; mais je remarque que M. Marsden [2] a donné à l'individu dont il a publié la figure une queue roulée de haut en bas à son extrémité. Au reste, quelle que doive être un jour la place définitive de cet animal, MM. Raffles[3] et Horsfield l'ont décrit avec assez de détails pour qu'il soit intéressant de le faire connaître ici.

1. *Viverra Musanga*, Var., *Javanica*. Horsfield. Zool. Res. in Java.
2. Marsden. Hist. of. Sumat., p. 118, pl. 12.
3. Raffles. Linn., Trans., vol. XIII, p. 253.

C'est à Sumatra qu'il a été rencontré par Marsden d'abord, et plus tard par M. Raffles. Il est, suivant ce dernier, d'un fauve obscur mêlé de noir ; la queue, aussi longue que le corps, est de la même couleur, et se termine par une pointe blanche ; l'espace qui sépare l'œil de l'oreille est blanc ; le museau est long et pointu, le sillon du mufle est très profond ; l'animal est de la grandeur d'un chat ordinaire.

M. Horsfield a rencontré cette espèce à Java, où elle paraît présenter plusieurs variétés ; la plus répandue est d'un gris noirâtre, où l'on peut distinguer sur le dos trois bandes longitudinales plus foncées, et deux autres moins marquées sur les côtés ; il y a plus de blanc autour du nez, et on voit une tache de même couleur au dessous de l'œil et à l'extrémité de la mâchoire inférieure.

Lorsque le musang est pris jeune, il devient doux et docile ; il s'accommode également d'une nourriture animale ou végétale ; il paraît assez avide des fruits pulpeux ; mais, si la faim le presse, il attaque la volaille et les oiseaux.

Il est abondamment répandu autour des villages situés sur la lisière des grandes forêts ; il se construit à la bifurcation de quelque branche, ou dans le creux d'un arbre, un nid, à la manière des écureuils, avec des feuilles sèches et de l'herbe. C'est de là qu'il sort la nuit pour chercher dans les poulaillers des œufs et de jeunes poulets, ou pour dévaster dans les jardins et les plantations les fruits de toute espèce, et principalement les pommes de pin.

A Java, les plantations de café ont beaucoup à souffrir du musang, ce qui lui a fait donner sur quelques points le nom de *rat du café;* il en dévore les baies en grande quantité, choisissant de préférence les fruits les plus mûrs et les plus beaux ; mais il trahit bientôt son passage, par les amas de graines encore entières que contiennent ses excréments. Ces graines sont recueillies avec empressement par les naturels, qui obtiennent ainsi le café débarrassé sans travail de son enveloppe membraneuse. Au reste, les dégâts que cet animal peut commettre dans les plantations ont trouvé une singulière compensation. C'est qu'il propage la plante dans diverses parties des forêts, et surtout sur les collines fertiles; ces récoltes spontanées d'un fruit précieux dans différentes parties des districts de l'est de Java, sont pour les naturels un revenu·qui n'est pas .sans valeur, et elles deviennent aussi pour le voyageur, enfoncé dans les régions les plus sauvages de l'île, la plus inattendue et la plus agréable des surprises.

Après les paradoxures viennent les MANGOUSTES, qui ont pour caractères communs, une pupille allongée horizontalement; une poche au milieu de laquelle se trouve l'anus; des doigts serrés les uns contre les autres par une membrane étroite, garnis d'ongles obtus, et une queue non prenante. Les espèces sont nombreuses, Buffon en a fait figurer :

1° La mangouste à bandes [1]; 2° une grande mangouste [2] qui n'a rien de caractéristique que sa longue queue, et que quelques auteurs ont considérée

1. Tom. XIII, in-4°, pl. 19.
2. Supp. III, in-4°, pl. 26.

comme une espèce; 3° la mangouste du Cap[1], à laquelle il donne le nom de *nems* ou *nims* qui est le nom arabe du furet; et enfin, 4° une mangouste qu'il dit être de Madagascar[2], qu'il prit pour une petite fouine. Nous ne dirons rien de la grande mangouste, ni de cette mangouste de Madagascar qui n'ont point été revues : tout ce que l'on en sait, Buffon l'a dit; nous ne dirons également rien du nems, car quoique cet animal ait été vu plusieurs fois, son histoire n'a rien acquis; mais nous parlerons de la mangouste d'Égypte, que Buffon ne connut que par les voyageurs; de la mangouste à bandes, sur laquelle on a acquis quelques notions, depuis que Daubenton l'a décrite, et de quelques autres espèces tout-à-fait nouvelles.

LA MANGOUSTE D'ÉGYPTE[3].

BIEN que cette espèce, si célèbre sous le nom d'*Ichneumon*, ait été connue des anciens, et que Buffon en ait donné une figure assez bonne[4], son histoire avait été défigurée par les récits fabuleux des premiers, et son existence mise en doute par les idées du second sur les distinctions des espèces. Nous retrouvons donc encore ici l'heureuse influence pour

1. Supp. III, in-4°, pl. 27.
2. Supp. VII, in-4°, p. 59.
3. *Herpestes ichneumon.*
4. Supp. III, in-4°, pl. 26.

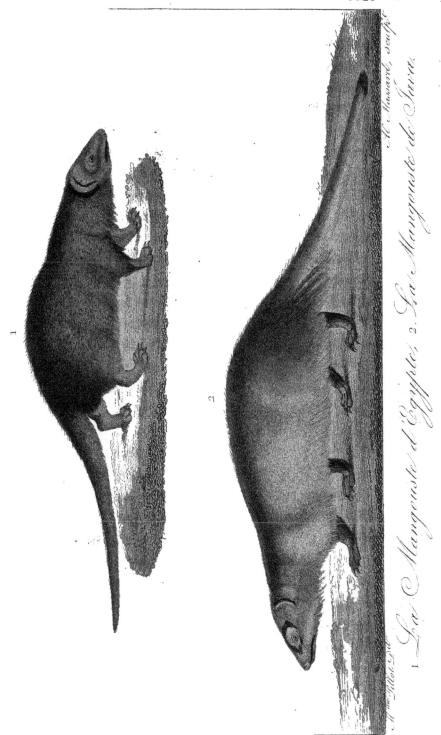

Pl. 28.

A. Massard sculp.

Mme Millot Pinx.

1 La Mangouste d'Égypte. 2 La Mangouste de Java.

l'histoire naturelle d'observations prises sur les lieux par les naturalistes eux-mêmes, car les notions positives qu'on possède sur cette curieuse espèce sont dues à Sonnini et surtout à M. Geoffroi Saint-Hilaire, membre de cette commission d'Égypte, dont les travaux ne forment pas une des parties les moins étonnantes de notre glorieuse expédition en Afrique.

L'Ichneumon est un des animaux dont le rôle dans l'économie de la nature, semble le plus manifeste et le mieux tracé ; c'est ce qui lui avait attiré la vénération des anciens Égyptiens, car il paraît principalement excité par ses instincts, et destiné par ses moyens à la destruction des grands reptiles qui se produisent sous le climat chaud et humide de l'Égypte. Ce n'est pas qu'il les attaque de vive force, et quand ils sont adultes ; il n'a pour cela ni le courage, ni les armes nécessaires ; mais c'est par l'avidité avec laquelle il recherche leurs œufs, par l'ardeur avec laquelle il détruit tous ceux qu'il rencontre, qu'il restreint la propagation de ces animaux. Laissons parler ici M. Geoffroi Saint-Hilaire, qui a tracé des mœurs de cette espèce un tableau si pittoresque [1]. « L'ichneumon, dit-il, quoiqu'assez commun en Égypte, m'a peu fourni l'occasion de l'y observer ; il est très difficile de l'approcher ; je ne connais pas d'animal plus craintif et plus défiant ; il n'ose se hasarder de courir en rase campagne, mais il suit toujours, ou plutôt il se glisse dans les petits canaux ou les sillons qui servent à l'irrigation des terres ; il ne s'y avance jamais qu'avec beaucoup de réserve ; il ne lui suffit pas de savoir

1. La ménagerie du Muséum national d'hist. nat., par les cit. Lacépède et Cuvier, an X, in-fol.

qu'il n'y a rien devant lui dans le cas de lui porter
ombrage ; il ne s'en rapporte point à sa vue ; il n'est
tranquille, il ne continue sa route que quand il l'a
éclairée par le sens de l'odorat : telle est sans doute la
cause de ses mouvements ondoyants, et de l'allure
incertaine et oblique qu'il conserve toujours dans la
domesticité ; quoiqu'assuré de la protection de son
maître, il n'entre jamais dans un lieu qu'il n'a pas
encore pratiqué, sans témoigner de fortes appréhen-
sions ; son premier soin est de l'étudier en détail, et
d'en aller en quelque sorte tâter toutes les surfaces
au moyen de l'odorat.

» Pour connaître jusqu'où il porte la défiance, il
faut le voir au sortir d'un sillon, lorsqu'il se propose
d'aller boire dans le Nil : combien de fois il lui arrive
de regarder autour de lui avant de se découvrir ! il
rampe alors sur le ventre ; il n'a pas fait un pas que,
saisi d'effroi, il fuit en marchant à reculons ; ce n'est
qu'après avoir beaucoup hésité et flairé tous les corps
environnants, qu'il se décide et fait un bond, ou pour
aller boire, ou pour se jeter sur sa proie.

» Un animal d'un caractère aussi timide devait être
susceptible d'éducation ; et en effet, on l'apprivoise
très facilement : il est doux et caressant ; il distingue
la voix de son maître, et le suit presque aussi exactement qu'un chien. On peut l'employer à nettoyer
une maison de souris et de rats, et on peut être assuré qu'il y aura réussi en bien peu de temps. Il n'est
jamais en repos, furète sans cesse partout, et s'il a
flairé quelque proie au fond d'un trou, il ne quitte
point la partie qu'il n'ait fait tous ses efforts pour
s'en saisir ; il tue sans nécessité ; il se contente alors

de sucer le sang et le cerveau des animaux qu'il a mis à mort ; et quoiqu'une proie aussi abondante lui soit inutile, il ne souffre pas qu'on la lui retire ; il a coutume de se cacher pour prendre ses repas ; il s'enfuit avec ce qu'on lui donne dans l'endroit le plus retiré et le plus sombre de l'appartement ; il ne faut pas alors l'approcher ; il défend sa proie en grognant et même en mordant. »

La couleur de l'ichneumon est un brun foncé, tiqueté de blanc sale ; elle résulte de ce que chaque poil est couvert d'anneaux bruns et blancs. Les poils sont très courts et les anneaux très petits sur la tête et sur l'extrémité des membres, ce qui donne à ces parties une teinte plus foncée ; les poils s'allongent et leurs anneaux blancs s'élargissent sur le dos et la queue ; cet allongement des poils et la prédominance du blanc est encore plus marquée sur les flancs et sous le ventre, ce qui répand sur toutes ces parties une teinte beaucoup plus pâle que sur le reste du corps ; la queue est terminée par un flocon de poils entièrement bruns.

La longueur du corps, du bout du museau à l'origine de la queue, est de seize pouces. La queue a la longueur du corps.

LA MANGOUSTE DE MALACA.

CETTE mangouste est un animal à la démarche ondoyante et légère, aux mouvements vifs et souples,

à la robe brillante et lustrée, qui s'apprivoise facilement, se laisse prendre et manier à volonté, qui
semble même se plaire aux caresses, et qui cependant
dans cet état de semi-domesticité n'a rien perdu de
ses appétits féroces, et de son avidité pour la chair.
Celle qui a vécu à la Ménagerie du Roi en a offert
plus d'un exemple ; ce sont les oiseaux qu'elle paraissait aimer de préférence, et lorsqu'on en mettait
quelques uns dans sa cage, qui était très grande, et
où ils pouvaient voler aisément, on la voyait tout d'un
coup s'élancer, et en un instant, par des mouvements
si rapides que l'œil ne pouvait les suivre, les saisir,
leur briser la tête, et ainsi assurée de sa victime, la
dévorer avec avidité. Sa voix ressemblait quelquefois
à un croassement ; et elle devenait assez aiguë et
soutenue, lorsque l'animal éprouvait vivement le désir de s'emparer de sa proie. Dans la colère, tous les
poils de la queue se hérissent, de manière à devenir
perpendiculaires à son axe, et à donner à cet organe
la forme arrondie de la queue des renards. Leschenault, qui a observé cette espèce aux Indes, nous a
appris qu'elle est très abondante sur la côte de Coro-
mandel, où la répugnance superstitieuse des Indiens
à tuer cet animal, favorise sa propagation. Il habite les
trous des murailles, ou de petits terriers au voisinage
des habitations, dans lesquelles il cause des ravages
semblables à ceux des putois chez nous. Dans la campagne il détruit beaucoup de gibier, et paraît faire
aux serpents une guerre continuelle.

La teinte générale de cet animal est d'un gris sale,
qui résulte des anneaux noirs et blancs jaunâtres qui
colorent les poils ; le tour de l'œil, l'oreille et l'ex-

trémité du museau sont nus et violâtres; le jaune est un peu plus pur dans les poils du dessous du cou, et le noir moins foncé aux parties inférieures du corps, ce qui les rend un peu plus pâles que les supérieures; les pattes n'ont que des poils courts; la peau est d'une couleur de chair un peu livide; la queue est du même gris que le corps, très grosse à son origine, et se terminant en pointe par des poils jaunâtres.

En marchant l'animal n'appuie jamais sur le sol que l'extrémité des doigts de devant; quelquefois, aux pieds de derrière, il s'appuie sur le tarse entier. La longueur du corps, depuis le bout du museau, est d'un pied environ; celle de la queue est la même; mais il faut remarquer que ces mesures sont celles de l'animal en repos; car la faculté qu'ont les mangoustes de s'allonger ou de se raccourcir est telle, que celle que nous avons observée s'étendait quelquefois jusqu'à quatorze pouces, et d'autres fois se ramassait et se réduisait à huit. Ces animaux sont habituellement allongés, la tête au niveau du dos, dans l'attitude ordinaire des fouines et des putois.

LA MANGOUSTE DE JAVA[1].

CETTE espèce, envoyée de l'Inde par MM. Diard et Duvaucel, a, comme la précédente, vécu à la Ménagerie royale, et nous a présenté les mêmes allures,

1. Pl. 28, fig. 2. *Herpestes Javanicus.* Hist. natur. des Mammif., liv. XXV.

les mêmes habitudes, le même naturel : douce, familière, sensible aux caresses, celles-ci semblent être pour elle un plaisir délicieux, si l'on en juge par son empressement à les rechercher, et par la variété des attitudes qu'elle prend alors, comme si elle voulait y exposer toutes les parties de son corps.

Elle ne diffère de la mangouste de Malaca que par sa taille un peu plus grande, et par un pelage brun et non pas gris, ce qui vient de ce qu'au lieu d'être annelés de noir et de blanc, les poils le sont de noir et de brun. Sur le dos, la tête et les extrémités, la teinte est plus foncée, et plus uniforme que sur les flancs, parce que les poils n'y sont plus que d'une seule couleur brune ou noirâtre. La queue est très forte à sa racine, et va en diminuant vers la pointe.

M. Horsfield[1], qui a observé la mangouste de Java dans les contrées qu'elle habite, rapporte qu'elle est très commune dans les grandes forêts de cette île. Son agilité est un sujet d'admiration pour les naturels, ils vantent l'intrépidité avec laquelle elle attaque et tue les serpents; et le récit qu'ils ont fait à M. Horsfield des combats de ces animaux, est entièrement d'accord avec celui que rapporte Rumphius. La mangouste y fait preuve d'un rare courage, et surtout d'un instinct singulier, qu'expliquerait assez bien la faculté qu'ont ces animaux de ramasser leur corps, et de l'allonger tout d'un coup. Lorsque ces deux animaux sont en présence, le serpent cherche, suivant son habitude, à envelopper la mangouste de ses plis et à l'étouffer; celle-ci ne s'en défend point d'abord, mais

___
1. Horsfield., Zool. Research. in Java.

elle se ramasse et se gonfle avec force, et lorsque le serpent, après l'avoir embrassée, redresse la tête pour la saisir et la mordre, la mangouste s'allonge, glisse entre les plis, saisit le reptile à la gorge, et le déchire. Ce qui n'est point aussi avéré, c'est que l'animal connaisse la vertu anti-vénéneuse de la racine de l'*ophioryza mongoz*, et que ce soit à lui que les Indiens en doivent la découverte.

La mangouste de Java creuse la terre avec beaucoup d'adresse, et emploie ce moyen pour atteindre les rats. Ses penchants et ses habitudes dans l'état de domesticité sont d'ailleurs les mêmes que celles de l'espèce précédente.

LA MANGOUSTE A BANDES[1].

DAUBENTON était jusqu'à ce jour le seul naturaliste qui eût observé vivante[2] cette espèce, dont l'histoire, composée de tout ce que les voyageurs rapportent sur les mangoustes de l'Inde en général, n'offrait rien de clair ni de précis. Elle mériterait cependant d'être l'objet de recherches spéciales; car, différente comme elle l'est des mangoustes de Malaca et de Java, il serait possible que ce qu'on rapporte des mœurs et des habitudes de ces deux espèces, ne lui fût pas applicable. En effet, la mangouste à bandes semble par ses for-

1. *Herpestes mongos.*
2. Buffou, t. XIII, in-4°, p. 162, pl. 19.

mes et ses proportions servir d'intermédiaire entre la
mangouste de Malaea et le vansire. Elle n'a ni la tête
effilée de la première, ni le museau obtus du dernier;
aussi n'entre-t-elle bien naturellement ni dans l'un
ni dans l'autre des genres auxquels ces animaux appartiennent; le système dentaire a de l'analogie avec
celui des suricates; elle est un peu plus plantigrade
que les mangoustes auxquelles elle ressemble, du
reste, entièrement pour les organes des sens et pour
ceux de la génération.

J'ai eu occasion d'observer vivante pendant quelque temps une femelle de cette espèce; je l'ai décrite
et fait représenter dans mon histoire naturelle des
mammifères[1]. Elle était d'un gris plus ou moins fauve,
résultant de poils couverts de larges anneaux alternativement noirs et blancs, ou noirs, blancs et fauves;
sur la tête, le dessus et les côtés du cou, les anneaux
blancs se partagent également les poils avec les noirs;
sur les épaules, le dos, la croupe, les cuisses et la
queue, ils la partagent avec les fauves, et les anneaux
ont une telle régularité sur le dos et la croupe, qu'ils
forment, par leur correspondance, des bandes alternativement noires et fauves en nombre plus ou moins
grand; sous le ventre les poils sont terminés par un
long anneau jaune sale, qui donne sa teinte à cette
partie; le museau est entouré de poils très courts,
entièrement fauves. En général le pelage est dur, et
les poils longs sont presque de nature soyeuse. La
longueur du corps de notre animal, depuis le bout
du museau jusqu'à l'origine de la queue, était d'un

---

1. Hist. nat. des Mamm., liv. LXIV. 1830.

pied; celle de la tête de deux pouces et demi, et celle de la queue de six pouces.

LA MANGOUSTE ROUGE[1].

M. Desmarest a décrit sous ce nom[2] une espèce dont la patrie est inconnue, et dont les collections du Muséum d'histoire naturelle possèdent la dépouille. C'est un animal dont le pelage est généralement d'un roux ferrugineux très éclatant, particulièrement sur la tête et sur la face externe des quatre membres; les poils du dos et des flancs sont marqués d'anneaux, alternativement roux foncé et roux jaunâtre ou fauve, qui font paraître ces parties comme piquetées de cette dernière couleur; le dessus de la tête est d'un roux d'écureuil très ardent; les poils du menton, du dessous du cou et de la poitrine sont d'un jaune roux égal, qui devient un peu plus foncé sous le ventre. La queue est garnie de poils roux non annelés.

La longueur du corps est de quinze pouces environ; celle de la queue de onze.

LES CROSSARQUES ont leurs dents carnassières beaucoup plus épaisses que celles des civettes dont nous avons parlé jusqu'à présent. Ils ont cinq doigts à tous

1. *Herpestes ruber.*
2. Dict. des Scienc. nat., tom. XXIX, page 62.

les pieds, et leur marche est entièrement plantigrade. Leurs yeux ont une pupille ronde ; leur verge se dirige en avant. Enfin ils ont une poche anale très étendue qui se ferme par une sorte de sphincter. On n'en connaît jusqu'à présent qu'une espèce qui est tout-à-fait nouvelle.

LE MANGUE[1].

LE mangue est encore un de ces animaux dont la découverte met en défaut les théories, et prouve que la nature non seulement est inépuisable, mais l'est d'une tout autre façon que les hommes ne l'ont supposé. Un auteur qui joignait à un grand talent d'écrivain une imagination riche et philosophique, Bonnet, a développé un système dans lequel embrassant tous les êtres, il les rangeait suivant une échelle régulière et décroissante, descendant par degrés insensibles du plus composé jusqu'au plus simple. La nature a doublement démenti ce fruit de l'imagination ; car, d'une part, ces êtres qui devraient servir de passage d'une classe à l'autre, elle ne les a pas produits, et les lois mêmes qu'elle s'est imposées, empêchent qu'ils le soient jamais ; d'une autre part, elle a dans certains genres comblé des lacunes et créé des intermédiaires, là où l'auteur systématique n'en avait pas senti le besoin, là où il n'avait pas soupçonné d'hia-

1. Pl. 29, fig. 1. *Crossarchus obscurus*, Hist. nat. des Mammif., liv. XLVII.

Le Mangue, 2 La Genette rayée ou le Rasse.

tus. Le mangue en est un exemple remarquable. Son existence n'importait nullement au système de l'échelle des êtres ; les mangoustes et les suricates étaient assez voisins pour qu'on pût sans difficulté passer de l'un à l'autre, et croire qu'entre eux la nature n'avait pas placé d'intermédiaire ; elle l'a fait cependant, et cela même nous démontre combien sont faibles et mal établis les fondements sur lesquels s'appuie ce système. Car, si entre des espèces qu'on croyait si voisines, la nature a encore trouvé des combinaisons nouvelles, combien donc n'en faudrait-il pas supposer entre ces animaux qui diffèrent entre eux non plus par de simples variations des organes inférieurs, mais dans tout l'ensemble de leur organisation !

J'ai eu le premier l'occasion d'observer et de décrire cette espèce, qui ne paraît pas avoir été revue depuis l'époque où je l'ai publiée. Elle avait été rapportée des côtes occidentales de l'Afrique, et vraisemblablement des parties qui sont au midi de la Gambie, et le nom que je lui ai donné, outre qu'il exprime assez bien les ressemblances qui unissent notre animal aux mangoustes, est celui par lequel les matelots qui le possédaient l'avaient désigné. Je ne puis que rappeler ici ce que j'ai publié sur cette espèce dans mon Histoire naturelle des mammifères. Le mangue était un animal vif et gracieux, aussi doux et aussi apprivoisé que pourrait l'être un chien ; il recherchait vivement les caresses, et semblait les solliciter par ses mouvements et par un petit cri aigu et répété qu'il faisait entendre. Son agilité, son œil noir et vif, tout annonçait en lui une intelligence, à l'aide de laquelle il supplée sans doute à la force qui lui manque pour pourvoir à ses besoins. Il était d'une propreté remarquable, peignait et lustrait souvent son pelage, et avait choisi dans sa cage pour se coucher une place où il entretenait toujours une grande netteté. Sa nourriture à la Ménagerie du Muséum était la viande ; elle consiste sans doute dans la nature en petits animaux; car je l'ai vu un jour saisir dans sa cage, avec une rapidité et une agilité extrêmes, un moineau qui y avait pénétré, et le dévorer avec beaucoup d'avidité.

La physionomie générale du mangue rappelle celle des mangoustes, plus que d'aucun autre genre de la famille des civettes; cependant il a des formes plus ramassées, sa tête est plus arrondie, et le prolongement de son museau plus grand : sous ce dernier rapport il ressemble tout-à-fait au suricate, ce qu'il fait encore par sa marche entièrement plantigrade; tandis que ce caractère ne se montre qu'imparfaitement chez les mangoustes; c'est aussi au suricate qu'il ressemble par sa poche anale, aux mangoustes par ses doigts, ses ongles et ses organes génitaux. Ces analogies se rencontrent encore dans le nombre et les formes des dents; le nombre est celui du suricate, les formes celles des mangoustes. C'est donc entre ces deux genres que le mangue vient se placer.

Les cinq doigts à tous les pieds ont entre eux les relations qu'on pourrait appeler régulières, en ce que ce sont celles que nous présente le plus communément la nature ; elles consistent en ce que le doigt moyen est le plus long, que les deux qui le touchent sont un peu plus courts, que les deux derniers sont les plus courts de tous, et qu'entre ces deux ci, celui qui est du côté interne du pied, le pouce, est beaucoup plus petit que celui qui est du côté opposé : ici les doigts n'ont aucune trace de la petite membrane interdigitale qui se remarque chez les mangoustes. La plante a trois tubercules à la commissure des quatre plus longs doigts, et deux plus en arrière, l'un en avant de l'autre; la paume a le même nombre de tubercules, et ils se trouvent dans les mêmes rapports, si ce n'est les deux derniers qui sont à côté l'un de l'autre et sur la même ligne. La queue est comprimée sur les côtés, moins longue que celle des mangoustes; l'animal ne la laisse jamais traîner, et au lieu de la relever sur son dos, il la courbe en dessous.

Les yeux ont la pupille ronde et une troisième paupière imparfaite. Le museau très mobile, se prolonge d'un demi-pouce au delà des mâchoires, et se termine par un mufle, sur le bord duquel sont les orifices des narines, à peu près semblables à celles des chiens. Les oreilles sont petites, arrondies et remarquables par deux lobes en forme de lames, très saillants et situés au dessus l'un de l'autre dans la conque. La langue est couverte de papilles cornées dans son milieu, et douce sur les bords; elle est libre et susceptible de beaucoup s'allonger. Le pelage est formé de deux sortes de poils, qui sont l'un et l'autre assez rudes; les laineux sont nombreux; mais les soyeux, beaucoup plus longs, les recouvrent presque entièrement; il y en a qui ont jusqu'à dix-huit lignes. Sur la tête et les membres, les poils exclusivement soyeux sont fort courts, et la queue semble n'en être garnie qu'en dessus et en dessous, parce que

ceux des deux côtés se replient dans ces deux directions, ce qui vient peut-être de ce que l'animal se couche habituellement sur elle de manière à produire cet
effet. Les poils de tout le corps sont hérissés et non
point couchés les uns sur les autres et lisses, comme
ils le sont ordinairement chez les animaux bien portants, mais cette disposition n'est point due à un état
de maladie ; ces poils, ainsi hérissés, ont tout le brillant, tout l'éclat de la santé. C'est un état naturel à
cette espèce, et l'on en retrouve quelque chose chez
les mangoustes. La verge est dirigée en avant ; le
gland est aplati sur les côtés, terminé en cône, et
l'orifice de l'urètre est à sa partie inférieure ; les testicules n'ont point de scrotum et ne se voient point au
dehors. Mais ce qui rend surtout cet animal remarquable, c'est sa poche anale. L'anus est situé à la partie inférieure de cette poche, c'est-à-dire que celle-ci
se rapproche de la base de la queue, elle se ferme
par une espèce de sphincter, de façon que dans cet
état, elle semble n'être que l'orifice de l'anus ; mais
dès qu'on l'ouvre et qu'on la développe, elle ressemble à une sorte de fraise, qui en se déplissant, finit par
présenter une surface très considérable. Cette poche
sécrète une matière onctueuse extrêmement puante,
dont l'animal se débarrasse en se frottant contre les
corps durs qu'il rencontre.

La couleur brune du mangue est uniforme sur
tout le corps ; seulement la teinte de la tête est plus
pâle, et les parties antérieures ont un peu plus de
jaune que les postérieures, surtout près du cou ;
c'est que les poils sont d'un brun très foncé dans la
plus grande portion de leur longueur, et d'un jaune

doré à leur pointe, et que cette partie est plus étendue vers le cou et les épaules que vers la croupe et les cuisses.

La longueur de l'animal, depuis le bout du museau jusqu'à l'origine de la queue, était de onze pouces et demi, celle de la queue de sept pouces.

Les suricates sont plantigrades comme les crossarques, et comme eux, ils ont une poche anale qui se ferme par un sphincter; mais ils en diffèrent en ce qu'au lieu de cinq doigts à chaque pied, ils n'en ont que quatre, armés d'ongles fouisseurs. La seule espèce connue de ce genre est le suricate [1], dont Buffon a donné une bonne description et une bonne figure [2], ce qui nous dispensera d'en parler de nouveau; car quoique cet animal ait fait depuis Buffon l'objet de quelques observations, elles ajoutent peu de choses à ce qu'il en a publié, et à ce que nous venons de dire nous-mêmes de ses caractères génériques.

Les genettes diffèrent des trois genres précédents, en ce que leurs ongles sont demi-rétractiles, leur marche digitigrade, leurs yeux à pupille verticale, et leur poche anale rudimentaire. Buffon a donné les figures de deux espèces, mais il ne nous apprend pas d'où la première [3] était originaire, de sorte qu'il reste

1. *Ryzœna tetradactyla.*
2. Buffon, tom. XIII, in-4°, p. 72, pl. 8. — Édit. Pillot, t. XVII, p. 449.
3. Tom. IX, in-4°, pl. 36.

incertain à quelle espèce cette figure se rapporte ;
tout ce qu'on peut conjecturer, c'est qu'elle représente la genette de Barbarie. La seconde est la fossane de Madagascar[1]. De cinq ou six espèces qui
ont été ajoutées à celles-là, j'en ferai connaître trois
qui sont le mieux déterminées.

LA GENETTE DU SÉNÉGAL[2].

La ménagerie du Muséum a possédé plusieurs individus de cette espèce, qui séduit au premier abord
par son pelage brillant, par sa robe élégamment tache-
tée, sa physionomie fine, sa taille élancée, ses mouvements souples et gracieux ; le fond de son pelage est
un gris-jaunâtre sur lequel se détachent des lignes et
des taches noires, dont la disposition paraît constante.
Deux raies noires, étroites, naissent de la nuque ;
l'une s'étend le long du dos jusqu'à la queue, et
donne naissance vers le bas du cou à une autre petite
ligne, qui de chaque côté s'en séparant à angle aigu,
vient se terminer sur l'omoplate ; l'autre raie née de
la nuque descend de chaque côté du cou, parallèlement à la ligne moyenne, jusqu'à l'épaule où elle s'en
écarte pour se terminer vers le coude. Au delà de
ces lignes continues et sur les flancs, on voit trois
chaînes de taches qui viennent finir à la queue ; les

1. Tom. XIII, in-4°, p.163, pl. 20.— Édit. Pillot, t. XVII, p. 487,
pl. 86.
2. *Genetta Senegalensis*, Hist. nat. des Mamm., liv. XXXV.

taches des deux premières sont longitudinales, et au
nombre de quatre; celles de la troisième sont rondes,
au nombre de dix, et disposées moins régulièrement
que les précédentes; enfin, tout près du ventre, il y a
une autre rangée de cinq taches ovales ; la cuisse est
garnie d'une douzaine de taches rondes disposées sans
ordre, et au dessus du talon à la face externe de la
jambe, est une large plaque noire, qui enveloppe
cette partie comme d'une sorte de bracelet; sur le
cou, au dessous de la ligne latérale et continue, sont
dispersées irrégulièrement quelques taches de forme
indéterminée ; la queue, terminée par des poils gris,
est revêtue de dix ou onze anneaux noirs; l'extrémité
du museau est blanche ainsi que le tour de l'œil, mais
le museau en arrière de cette partie blanche est couvert de poils gris noirâtres, qui forment une tache
foncée, au milieu de laquelle naissent les moustaches
qui sont noires.

Telle est la disposition des taches sur la robe de
cette genette ; mais cette froide et sèche énuméra-
tion, indispensable au naturaliste pour la distinction
des espèces, ne saurait donner une idée de ce que
cette opposition des couleurs du museau ajoute de
finesse à la physionomie, de tout ce qu'il y a d'élé-
gant dans l'arrangement des lignes et des taches,
d'harmonieux dans les nuances délicates du fond du
pelage.

LA GENETTE DE JAVA[1].

Cette belle espèce ne nous est complètement connue que depuis les travaux de quelques naturalistes anglais. M. Hardwick en a d'abord donné une courte description sous le nom de *viverra linsang*[2], qui étant le nom javanais d'une espèce de loutre, n'a pas été conservé par M. Horsfield qui lui a substitué celui de *gracilis*[3]. Mais ce dernier auteur fait de cette espèce le type d'un genre nouveau dans la famille des chats, sous le nom de *prionodontides,* en s'appuyant sur des considérations qui ne me paraissent pas suffisantes pour retirer cet animal de la famille des civettes, à laquelle il appartient par tous ses caractères importants.

Je n'ai point eu l'occasion d'observer par moi-même cette espèce, et je traduirai ici la description qu'en a donnée M. Horsfield.

Cet animal se caractérise, dit-il, par un corps élancé, une tête conique, un museau pointu, une queue longue et épaisse, des membres fins et déliés; la longueur du corps est à peu près celle du chat domestique; mais les formes sveltes de l'animal font qu'il ressemble davantage aux diverses espèces de viverra.

La mâchoire supérieure recouvre et cache tout-à-

1. *Genetta gracilis.*
2. Linn., Trans., vol. XIII, p. 235.
3. Zool., Research. in Java.

fait l'inférieure ; les yeux sont de grandeur moyenne, rapprochés du nez, vifs et brillants ; des moustaches nombreuses, naissent de la lèvre supérieure et se dirigent en arrière ; elles sont plus longues que la tète ; le nez est allongé, étroit à son extrémité, et d'une couleur foncée qui se prolonge sur la tête ; les oreilles sont arrondies et de grandeur moyenne ; les jambes de devant sont fines ; celles de derrière fortes eu égard à la taille de l'animal, et elles semblent indiquer une grande vigueur dans le train de derrière ; les pattes sont recouvertes d'un poil épais, doux et très fin ; les ongles sont petits, aigus, rétractiles, et entièrement cachés sous le poil ; le pelage est d'une douceur et d'une délicatesse remarquables ; formé d'un poil de longueur moyenne, qui, appliqué contre la peau, est très agréable au toucher. La queue, presque aussi longue que le corps, est entièrement cylindrique, recouverte de poils longs, soyeux et épais, et marquée de sept anneaux.

Les deux couleurs, l'une claire, l'autre foncée, qui couvrent la robe de cet animal, sont arrangées de manière à produire un contraste frappant et à donner à la genette de Java un aspect très remarquable. Sur un fond d'un jaune très pâle qui recouvre le cou, le ventre, les flancs et une partie du dos et de la queue, des taches d'un brun foncé, approchant du noir, sont disposées de la manière suivante : quatre bandes, larges et un peu irrégulières, sont placées transversalement sur le dos ; sur la croupe il y a deux bandes plus étroites ; et deux raies longitudinales prennent de chaque côté leur origine, l'une entre les oreilles, l'autre près de l'angle postérieur de l'œil ;

elles sont coupées dans leur trajet par les bandes transversales, et elles viennent finir aux cuisses, où elles sont remplacées par de larges taches qui couvrent ces parties; des épaules et des cuisses, quelques raies mal distinctes descendent vers les pieds, qui sont d'un gris obscur. Entre l'origine des raies longitudinales et des taches transversales du dos, on voit deux raies plus petites qui viennent s'unir vers le bas du cou.

La longueur du corps est de seize pouces (mesures anglaises), et celle de la queue d'un pied.

On rencontre cet animal au milieu des vastes forêts qui couvrent la province de Blambangan, située à l'extrémité orientale de Java; il paraît y être assez rare, et les naturels le connaissent sous le nom de *Delundung*.

LA GENETTE RAYÉE,

OU LE RASSE[1].

Si les dessins de Sonnerat méritaient plus de confiance, et si l'on ne savait pas que, fondés sur une esquisse incomplète, ils ont été refaits après coup, loin des objets qu'ils étaient destinés à représenter, à l'aide de descriptions vagues et de souvenirs nécessairement confus, on pourrait croire que ce

---

1. *Genetta rasse*. Horsfield, Zool., Research. in Java. 4°. — Hist. nat. des Mamm., liv. LXIII.

voyageur a le premier fait connaître sous le nom de
genette de Malaca, l'espèce que nous publions ici.
Mais comme c'est bien moins à celui qui jette dans la
science une espèce obscure et mal définie qu'à l'auteur qui en donne les caractères précis, qu'est dû
l'honneur de sa découverte, on peut dire que c'est
M. Horsfield qui le premier a acquis à la science l'a-
nimal qui nous occupe.

La genette rasse a du bout du museau à l'origine
de la queue, un pied huit pouces; sa tête a trois pouces et demi, et la queue en a neuf. Ses proportions
générales et ses allures sont celles des genettes; elle
a le corps moins ramassé et la tête plus longue que
les civettes.

Le fond de son pelage est d'un gris légèrement
jaunâtre, parsemé de raies et de taches d'un noir plus
ou moins brun. Le dessus et la partie postérieure de
la tête et le dessus du museau sont gris brun, avec
deux légères taches blanchâtres sur les yeux; les lèvres sont tout-à-fait blanches; le reste de la tête est
d'un gris plus blanchâtre; sur les côtés du cou sont
deux raies longitudinales plus ou moins irrégulières;
et en dessous est un demi-collier auquel se joint une
ligne qui naît au bout de la mâchoire inférieure. Le
dessus des épaules est d'un gris brun uniforme; et
sur la première partie du dos se voient des taches
confuses qui se transforment bientôt en six rubans
étroits, lesquels s'étendent à peu près parallèlement
jusqu'à la queue; les deux raies moyennes se réunissent en approchant de la croupe; mais en même
temps deux autres raies se forment sur les flancs, ce
qui fait que malgré cette réunion, le nombre de six

raies se conserve. Cinq à six chaînes de petites taches
garnissent les côtés du corps, et on remarque quelques taches isolées aux parties inférieures. La queue
a sept ou huit anneaux, et les membres sont uniformément d'un noir brunâtre.

Cette espèce conserve en esclavage, suivant M. Horsfield, toute sa férocité naturelle, et elle ne s'y re-
produit pas. On la rencontre assez fréquemment à
Java, dans les forêts peu élevées au dessus du niveau
de la mer; elle s'y nourrit d'oiseaux et de petits animaux de toute sorte; en servitude on lui donne des
œufs, du poisson, de la viande et du riz.

La matière odorante que secrète la poche anale
de cette genette, se recueille à des époques fixes;
on place l'animal dans une cage étroite, où la tête et
le train de devant se trouvent resserrés, et il est alors
facile d'extraire la matière à l'aide d'une simple spatule.
Ce parfum est très recherché des Javanais; ils en im-
prègnent à la fois leurs habits et leur personne avec
une profusion qui le rend souvent incommode pour
les Européens.

Le nom de *rasse* est dérivé du mot sanskrit *rasa,*
qui signifie saveur, odeur, etc., et a été donné par
les Javanais à cette espèce de genette, à cause de
la substance odorante qu'elle produit.

Les ATILAX ont une fausse molaire de moins que les
genres précédents de chaque côté des deux mâchoires, des doigts sans membrane qui les réunisse, une
verge dirigée en avant; et ils n'ont aucune trace de
poche anale.

Ce genre ne renferme encore qu'une seule espèce, dont Buffon a donné une description et une figure sous le nom de *vansire*[1]; et comme cette description est exacte et la figure assez bonne, je crois ne devoir rien ajouter d'important à son histoire, quoique cet animal ait été vu plusieurs fois depuis que Buffon l'a fait connaître.

Les ICTIDES peuvent être considérés comme terminant la famille des civettes, et servant d'union entre elle et celle des ours. En effet, les mâchelières des ictides ont une épaisseur où l'on ne retrouve qu'avec quelque attention les formes de celles des civettes. Ce sont des animaux entièrement plantigrades qui ont cinq doigts à chaque pied, des ongles très aigus, et une queue fortement prenante. L'œil a la pupille allongée verticalement. On en connaît une ou deux espèces nouvellement découvertes dans l'Inde.

LE BENTURONG GRIS[2].

Cet animal a une physionomie qui lui est propre, et qui tient à la fois de celle des civettes, dont il a le museau fin, et de celle des ratons, dont il a la marche plantigrade; mais le caractère de sa queue le sépare entièrement de tous deux : elle est d'une

---

1. Tom. XIII, in-4°, pl. 21.—Édit. Pillot, t. XVII, p. 489, pl. 86.
2. *Ictides albifrons.* Hist. nat. des Mamm., liv. XLIV.

épaisseur presque monstrueuse à son origine, et elle est prenante en dessous, sans se terminer par une peau nue comme celle des atèles. Les oreilles sont petites, arrondies, terminées par un pinceau de poils longs et nombreux ; les narines sont environnées d'un mufle divisé en deux par un sillon profond. Les moustaches sont très volumineuses sur les lèvres, sur les yeux et sur les joues.

Les poils du pelage sont longs et épais, et la couleur de celui-ci est généralement grise, c'est-à-dire qu'elle résulte de poils soyeux, entièrement noirs à leur base, et blancs dans leur tiers supérieur. Les côtés du museau et la queue sont noirs, ainsi que le pinceau qui termine les oreilles ; celles-ci sont bordées de blanc : le dessus du museau et le front sont de cette dernière couleur. L'iris est d'un jaune doré ; le ventre est gris ; ses poils plus courts que ceux des autres parties étant entièrement de cette couleur. Dans un autre individu, les côtés du museau et la queue, excepté à son extrémité, étaient gris.

Cette espèce a la taille d'un très grand chat domestique ; son cri est intermédiaire entre celui du chat et celui du chien. Elle est, suivant les notes que m'a envoyées M. Duvaucel, originaire du Boutan. L'individu d'après lequel cette description a été faite, était très adulte, ce qui fait présumer que ses couleurs sont fixes. Il est probable d'ailleurs, en s'appuyant sur l'analogie qu'offrent la famille des civettes et celle des ours, entre lesquelles les ictides viennent se placer, que chez ceux-ci les deux sexes ont les mêmes couleurs.

LE BENTURONG NOIR[1].

CETTE espèce ne diffère de la précédente que par sa taille qui est celle d'un fort chien, et par sa couleur qui est tout-à-fait noire, excepté sur le front, au pinceau des oreilles, et sur les pattes où se voient quelques poils blancs. M. Raffles[2] a eu occasion d'observer cet animal vivant, et il est à regretter qu'il n'ait pu entrer dans plus de détails sur ses mœurs. J'extrairai de sa description ce qui peut contribuer à mieux le faire connaître. « Le corps de cet animal, dit-il, a environ deux pieds et demi de longueur ; la queue, d'une longueur presque égale, est touffue et prenante ; la hauteur est de douze à quinze pouces. Il est entièrement recouvert d'une épaisse fourrure de poils noirs et forts ; le corps est long et pesant, peu élevé sur les jambes ; la queue, très épaisse à son origine, va en diminuant jusqu'à l'extrémité, où elle se recourbe en dedans ; le museau est court et pointu, un peu élevé vers le nez ; et il est couvert de moustaches brunes à leur pointe, et qui, devenant plus longues à mesure qu'elles s'écartent de la tête, forment autour de la face une sorte de cercle ou d'auréole, et donnent à la physionomie un aspect fort remarquable. Les yeux sont grands, noirs, saillants ; les oreilles courtes, arrondies, bordées de

---

1. *Ictides ater.* Hist. nat. des Mamm., liv. XLIV.
2. Linn., Trans., vol. XIII, p. 253.

blanc, et terminées par des pinceaux de poils noirs;
le poil des jambes est court et brunâtre. Lorsque
l'animal est en repos, il se roule sur lui-même, et sa
queue forme un cercle autour de lui. Cet organe,
doué d'une force peu commune, lui sert pour monter aux arbres.

» L'individu que j'ai observé, et que son maître
possédait déjà depuis plusieurs années, se nourrissait de matières animales comme les œufs, les têtes
de volailles, ou de matières végétales, comme les
plantains, dont il était fort avide.

» Ses habitudes sont douces, ses mouvements lents,
son caractère timide. Il dort pendant le jour, et
montre plus d'activité durant la nuit.

» Il avait été trouvé à Malaca. »

LES CHATS.

Les animaux grands et petits que les naturalistes réunissent avec raison sous le nom de *chats* à cause de la grande ressemblance de toutes les parties principales de leur organisation , sont en si grand nombre, et plusieurs d'entre eux se distinguent par des caractères si difficiles à saisir et à exprimer, qu'il n'est pas étonnant que Buffon, à l'époque où il écrivait, et avec le peu de renseignements dont il pouvait disposer, ait commis d'assez graves erreurs en faisant l'histoire du peu d'espèces auxquelles il croyait que tous ces renseignements se rapportaient.

Depuis cet essai de Buffon l'histoire naturelle des chats s'est enrichie d'un grand nombre d'espèces nouvelles; plusieurs naturalistes habiles ont essayé de soumettre de nouveau cette histoire à une critique sévère, et de l'éclairer de leur expérience, et cependant une grande obscurité enveloppe encore quelques unes de ses parties.

Je ne puis point avoir pour objet dans cet ouvrage de porter la lumière où la science demanderait qu'elle se réfléchit; je ne pourrai pas même indiquer tous les points sur lesquels l'opinion de Buffon est douteuse ou erronée. Ce travail m'entraînerait dans des discussions qui paraîtraient fastidieuses aux personnes qui ne font pas de l'histoire naturelle le but spécial de leurs études, et pour un grand nombre de

cas il serait inutile aux naturalistes de profession. Je
me bornerai donc à rectifier quelques unes des idées
de Buffon, sur les espèces de chats dont il a parlé,
et à ajouter à ces espèces celles qui depuis ont été
découvertes et nettement caractérisées.

Buffon, suivant une méthode que nous le voyons
adopter dans l'histoire de beaucoup d'animaux, commence par distinguer les chats de l'ancien continent
de ceux du nouveau. Les premiers pour lui sont le
lion, le tigre, la panthère, l'once, le léopard, le
caracal et le serval. Les seconds sont le jaguar, le
cougouar, l'ocelot et le marguai. Le lynx ou loup cervier, habitant le Nord, était commun aux deux continents. Il parle bien encore dans ses suppléments de
quelques chats américains dont il donne les figures,
mais en termes si vagues qu'il n'est pas possible de
juger à quelle espèce il les rapportait.

Tout ce qu'il dit du lion et du tigre, excepté quand
il parle de la noblesse de l'un et de la férocité de
l'autre, est exact; mais le tableau qu'il donne de leur
naturel est une erreur qu'il importe de rectifier. Le
lion n'est pas plus généreux que le tigre n'est cruel.
Tous deux quand ils éprouvent le besoin de la faim
attaquent les animaux herbivores, s'en rendent maîtres par l'immense supériorité de leur force, et les
dévorent pour se repaître; mais hors de la nécessité
de satisfaire ce besoin ils n'ont rien de sanguinaire.
Jamais ils n'attaquent et ne saisissent une proie pour
le seul besoin de la mettre à mort, comme on le
suppose généralement. Rarement un animal aime à se
donner une peine inutile, et surtout à combattre
sans nécessité. Les animaux les plus féroces une fois

repus, se retirent dans la retraite qu'ils se sont choisie, et bien loin d'être hostiles aux autres ils les évitent et semblent même les craindre, tant les domine alors le besoin du repos et de la sécurité. Je parle ici des animaux carnassiers dans leurs seuls rapports avec ceux qui ont été destinés par leur nature à servir à leur subsistance; car une fois que leurs rapports avec l'homme ont commencé, ils deviennent tout autres que ce que nous venons de les présenter. Les lions et les tigres, et en général toutes les grandes espèces de chats, tous les grands animaux exclusivement carnassiers, n'ont dans la nature que l'homme pour rival; tant qu'ils ne le connaissent pas, qu'ils ignorent les dangers de son voisinage, ils ne sont cruels que par intervalles; une fois que leur faim est assouvie, ils vivent en paix avec toute la nature; mais quand l'espèce humaine leur est connue, qu'elle leur a fait sentir ses forces, qu'ils ont appris qu'il s'agit d'une guerre à mort entre elle et eux, le sentiment de la défiance les domine; ils voient un danger dans chaque bruit, une menace dans chaque mouvement, et tout ce qui a vie leur paraît ennemi. Alors ce sont véritablement des animaux féroces qui attaquent aveuglement tout ce qu'ils craignent, qui déchirent tout ce qui a l'apparence de devoir leur nuire.

Ces faits peuvent servir comme de commentaire et d'explication aux idées de Buffon. Le tableau qu'il fait du naturel du lion, se rapporte à ce que nous venons de dire des animaux carnassiers dans leurs relations avec les seuls êtres vivants plus faibles qu'eux, et ce qu'il dit du tigre se rapporte aux relations de ces animaux avec l'homme. Excepté quelques dispositions fondamentales qui ne se modifient guère, le caractère des animaux n'a rien d'absolu : il est ce que le font les circonstances au milieu desquelles ils vivent ; et c'est par l'étude de ces dispositions et de ces circonstances qu'on peut s'expliquer les variations infinies qu'à cet égard tous les animaux présentent.

Buffon avait bien reconnu cette influence des circonstances pour le lion, et il le dit d'une manière admirable ; mais prévenu par les nobles qualités qu'il lui supposait, il fait non seulement un tableau exagéré de son courage, mais de plus il le représente à cet égard sous de fausses couleurs. Le lion n'est pas plus courageux que le tigre, pas plus qu'aucune autre espèce de chat. Ce n'est point ouvertement qu'il attaque sa proie, il ne le fait jamais que par surprise. D'abord, il la suit de loin, juge de sa direction, se place sur son passage, se tapit contre terre, et s'élance pour la saisir dès qu'elle se trouve à sa portée : si d'un premier bond ou d'un second, il ne l'atteint pas, et que dans l'intervalle elle s'éloigne assez pour que d'un troisième il ne juge pas devoir être plus heureux, elle lui échappe inévitablement, car il ne la poursuit pas. Le lion n'est point en effet un animal coureur ; il n'a pas des proportions favorables à ce genre de mouvement ; son corps est trop allongé pour sa hauteur, et quoique ses muscles aient une prodigieuse force, ils ne suffisent pas aux efforts que demande une course prolongée. Aussi, lorsqu'un lion est attaqué par des chasseurs, s'il ne leur échappe pas d'abord, il se défend avec le courage du désespoir, et en cela il n'y a encore aucune différence entre le tigre et lui.

Enfin, l'on doit rejeter complètement cette idée exprimée par Buffon, que le tigre est le seul de tous les animaux dont on ne puisse fléchir le naturel ; car le tigre s'apprivoise aussi facilement que le lion par les bons traitements. Ajoutons qu'il ne se trouve point en Afrique, et que l'Asie méridionale est sa seule patrie.

Buffon regrette que Gesner et Willughby, qui rapportent que des lions sont nés à Florence et à Naples, n'aient point fait connaître le temps de leur gestation. Depuis lors les ménageries ont fréquemment vu les lions se reproduire ; et nous avons pu constater nous-mêmes que la portée des lionnes est de cent huit jours, que les petits naissent exactement comme ceux des chats domestiques, c'est-à-dire couverts de poils et les yeux fermés, et que ce n'est qu'après huit ou dix jours que les paupières se séparent, et que les yeux se montrent.

En passant de l'histoire du lion, dont la couleur est uniforme, et de celle du tigre remarquable par les bandes noires transversales de son pelage, à l'histoire des chats à pelage tacheté de l'Ancien-Monde, Buffon était exposé à des erreurs plus graves que celles que nous venons d'indiquer ; car encore aujourd'hui ces espèces de chats, plus ou moins semblables à la panthère, sont pour les naturalistes la source de beaucoup de confusion. Aussi Buffon n'a-t-il pu porter la lumière dans l'histoire de ces animaux ; sa critique l'a égaré ; il mêle l'une à l'autre les notions les plus étranges ; et les figures qu'il joint à son texte, l'obscurcissent au lieu de l'éclaircir.

Je ne puis rectifier ce que dit Buffon de la panthère, de l'once, et du léopard. C'est un édifice que
le temps a miné et qu'il faudrait reconstruire en entier. Je dirai seulement que la figure de sa panthère femelle[1], et peut-être celle de sa panthère mâle[2], sont
des figures de jaguars, animaux de l'Amérique méridionale et non de l'ancien continent : que celle de l'once,
faite d'après une peau plus ou moins altérée, n'a pu jusqu'à présent être rapportée à aucune espèce distincte,
et que presque toute l'histoire qu'il en fait appartient
à un animal bien connu aujourd'hui, au guépard,
dont Buffon a bien parlé dans son article du marguai,
mais qui n'a rien de commun avec cette figure d'once.
Je dirai enfin que son léopard, qui venait du Sénégal, est l'animal qui a été désigné depuis par le nom
de panthère. Quant au caracal [3] qu'il avait observé
vivant, la figure qu'il en donne et ce qu'il en dit,
sont exacts ; il en est de même pour la figure du
serval [4] qu'il avait également vu vivant ; mais il est
plus que douteux que son animal appartienne à la
même espèce que les chats-pards décrits par les aca-
démiciens [5]. C'est d'ailleurs très arbitrairement qu'il
le nomme serval, car ce nom est celui que les Por-
tugais donnent à un animal des Indes, nommé
maraputé par les habitants du Malabar ; et le serval de Buffon est d'Afrique ; nous l'avons reçu plu-

1. Tom. IX, in-4°, pl. 12.
2. Ibid., pl. 11.
3. Ibid., pl. 24.
4. Tom. XIII, in-4°, pl. 34. — Édit. Pillot, t. XVI, p. 87, pl. 58.
5. Mémoire pour servir à l'Histoire des Animaux, part. I, p. 109.

sieurs fois du Sénégal, et rien ne prouve qu'il se trouve dans la presqu'île de l'Inde.

Les essais de Buffon sur les chats du Nouveau-Monde n'ont pas été plus heureux que les précédents. Il parle du jaguar, et en donne la figure dans trois parties différentes de son ouvrage. Sa première figure et sa première description de cette espèce[1], n'a en réalité pour objet, qu'un animal à peine du double plus grand que le chat sauvage, et que j'ai publié il y a quelques années sous le nom de *chati*[2] ; aussi n'est-ce que depuis cette publication qu'on a pu se faire une idée nette de l'animal auquel Buffon par erreur avait donné le nom de jaguar; cette première erreur le conduisit à une autre beaucoup plus grande, en le portant à attribuer à cette petite espèce, tout ce que les auteurs disent de la férocité et de la force du véritable jaguar, qui atteint presque la taille du lion, et qui est pour l'Amérique méridionale ce que sont le lion ou le tigre pour les parties chaudes de l'Ancien-Monde. La seconde figure qu'il donne du jaguar, sous le nom de *jaguar* ou *léopard*[3], est une figure de guépard mal dessinée; et la troisième qui porte le nom de jaguar de la Nouvelle-Espagne[4], faite d'après un très jeune individu, ne paraît pas non plus être celle d'un véritable jaguar, car à dix mois d'âge, les jaguars ont beaucoup plus de vingt-trois pouces de longueur, du bout du museau à l'origine de la queue.

1. Tom. IX, in-4°, p. 201, pl. 18. — Édit. Pillot, tom. XVI, p. 57, pl. 54.

2. Hist. nat. des Mamm., liv. XVIII.

3. Supp., III, in-4°, pl. 38. — Édit. Pillot, t. XVI, p. 42, pl. 53.

4. Ibid., p. 39. — Édit. Pillot, tom. XVI, p. 60.

La figure, l'histoire et la description du cougouar[1],
de l'ocelot mâle et femelle[2] et du marguai[3], donnent
une idée exacte de ces trois espèces de chats, et rien
depuis n'a été ajouté à leur histoire, sinon quelques
figures un peu plus soignées pour les détails que celles
de Buffon.

Son histoire du lynx est comme celles de la panthère et du jaguar, un composé des notions les plus
étrangères l'une à l'autre. Les chats dont le pelage est
orné de taches, mais en petite quantité, et dont les
oreilles se terminent par un pinceau de poils, sont au
nombre de quatre ou de cinq; les uns habitent les
pays froids, d'autres les pays chauds; il s'en trouve
dans l'Amérique septentrionale et dans le nord de l'Ancien-Monde; enfin, il en est qui ont une queue très
courte, tandis que d'autres l'ont beaucoup plus longue : négligeant des différences aussi capitales, Buffon
s'est persuadé que son lynx ou loup cervier était un
animal des pays froids, qui du nord de l'Asie avait passé
dans le nord de l'Amérique; que tout ce qui avait été
dit sur les lynx du midi se rapportait au caracal, dont
les oreilles sont également terminées par un pinceau
de poils, mais dont le pelage est d'un fauve uniforme
et sans taches; et enfin, que si les lynx du Nouveau-
Monde ont la queue plus courte que ceux de l'ancien,
on ne doit l'attribuer qu'à quelque cause accidentelle,
et peut-être à l'influence du climat. Il ne faut-donc

---

1. Tom. IX, in-4°, p. 230, pl. 19. — Edit. Pillot, t. XVI, p. 64,
pl. 54.

2. Tom. XIII, in-4°, p. 239, pl. 35 et 36. — Édit. Pillot, t. XVI,
p. 89, pl. 58.

3. Ibid., p. 242, pl. 37. — Edit. Pillot, tom. XVI, p. 93, pl. 58.

lire qu'avec beaucoup de réserve ce que Buffon dit
du lynx, et ne point oublier que la figure qu'il en
donne est celle du lynx de Barbarie et des parties
méridionales de l'Europe.

Les autres espèces de chats dont il parle dans ses
suppléments, sont, 1° un cougouar femelle [1] et un
cougouar de Pensilvanie [2] qui ne paraissent point, d'a-
près ce qu'il en rapporte et quoiqu'il semble penser
le contraire, différer essentiellement du cougouar
proprement dit ; 2° le cougouar noir [3] dont la figure
ou la peau lui avait été envoyée de Cayenne et qu'il
n'est pas possible de reconnaître sur le peu qu'il en
dit ; 3° le chat sauvage de la Nouvelle-Espagne [4] très
obscurément décrit, mais qui, d'après ses dimensions,
pourrait être un jeune cougouar avec la livrée de cette
espèce dans la première et la deuxième année de la
vie : quant à sa supposition que ce chat de la Nouvelle-Espagne était le même que son serval, elle doit
étonner, car son serval, pour lui, était originaire
des Indes, et il avait établi comme vérité incontesta-
ble que les animaux de ces contrées et ceux de l'A-
mérique méridionale ne pouvaient point appartenir
aux mêmes espèces ; 4° le lynx du Canada [5] et celui
du Mississipi [6] qui sont le même animal et représentent une espèce bien différente de son premier lynx,
mais qu'il persiste à ne pas en distinguer ; 5° enfin,

1. Supp. III, in-4°, pl. 40.
2. Ibid., pl. 41.
3. Ibid., pl. 42.
4. Ibid., pl. 43.
5. Ibid., pl. 44.
6. Supp. VII, in-4°, pl. 53.

le caracal du Bengale [1] dont il donne la figure d'après un dessin qui lui avait été envoyé d'Angleterre par Edwards, qu'il ne décrit pas, et dont la queue est beaucoup trop longue, si j'en juge par les caracals du Bengale que possèdent les collections du Muséum.

Tels sont les différents chats dont Buffon a parlé. On voit qu'excepté pour les espèces du lion, du tigre, du caracal, du serval et du cougouar qui ont été conservées à peu près comme il les présente, toutes les autres ont dû être réformées, et les premières même ont exigé de nombreuses rectifications. En général, dans tout ce qui a rapport à ces espèces, on doit distinguer la partie historique, presque toujours fautive, de la partie descriptive ordinairement fort exacte, surtout lorsqu'elle est faite par Daubenton, et qu'elle a pour objet des animaux vivants, ou qui n'avaient encore éprouvé aucune altération. Pour rendre la partie historique exacte, il aurait fallu que la science fût beaucoup plus avancée, beaucoup plus riche d'observations qu'elle ne l'était à l'époque de Buffon ; car tout matériels que sont quelquefois les obstacles, il n'est pas toujours donné au génie de les vaincre.

Depuis que ces obstacles se sont affaiblis, relativement aux animaux dont parle Buffon, on a pu reconnaître que plusieurs espèces qui se rapprochent de celles du caracal ne doivent point être confondues avec elles ; que les chats à pelage tacheté et à pinceaux aux oreilles, sont en nombre plus grand que ne le croyait Buffon, et que le lynx du nord de l'Ancien-Monde est très différent de celui du nord du nouveau.

1. Supp. III, in-4°, pl. 45.

On a p
une d:
vert un
qui n e
insuffis
mais il
lumièr
par le
grand
distin
tre ch
œillée
core d

et l'h
puis
de p
ausq
thèr

L
espé

1.

On a possédé le véritable jaguar qui est aujourd'hui une des espèces les mieux connues, et l'on a découvert un assez grand nombre d'espèces nouvelles, ou qui n'étaient établies que sur des indications vagues, insuffisantes pour les faire distinguer l'une de l'autre ; mais il n'a point encore été possible de porter une lumière suffisante sur celles qui ont été désignées par les noms de panthère et de léopard ; une assez grande obscurité règne toujours sur leurs caractères distinctifs ; et cette obscurité semble même s'accroître chaque fois qu'on découvre un grand chat à taches œillées dans des contrées où il n'en avait point encore été reconnu.

Notre tâche consistera donc à donner la description et l'histoire des espèces principales découvertes depuis Buffon, et à rapporter ce que les faits donnent de plus probable sur ces chats à grandes taches auxquels on a été porté à attacher les noms de panthère ou de léopard.

CHATS D'AFRIQUE.

LA PANTHÈRE[1].

Lᴀ description la plus complète qu'on ait de cette espèce, est celle qu'en a publié mon frère[2], en l'ac-

1. *Felis pardus.* Pl. 25, fig. 1.
2. Ménagerie du Mus. d'hist. nat., in-fol.

compagnant d'une longue discussion critique que le
sujet rendait nécessaire, et à laquelle je renvoie ceux
qui voudraient se faire une idée de ce que cette question a offert long-temps d'obscur et d'embarrassé. Je
ne transcrirai ici que ce qui a rapport à l'histoire
spéciale de la panthère, dont une bonne figure faite
par Maréchal accompagne la description.

« L'animal que nous allons décrire est celui que
les marchands d'animaux nomment ordinairement
panthère; il nous est apporté d'ordinaire des côtes de
Barbarie, et se prend dans les forêts du mont Atlas.
Il a le fond du poil d'un fauve clair, sur le dessus et les
côtés du corps, et sur la face externe des membres;
leur face interne et tout le dessous du corps sont d'un
blanc un peu tirant sur le cendré; toutes les parties
sont couvertes de taches, excepté le nez qui est d'un
gris fauve uniforme; les taches de la tête, du cou,
du haut des épaules et des quatre jambes, sont pleines, petites et ne forment ni anneaux ni roses; elles
sont plus grandes sur les jambes de derrière qu'ailleurs; celles des parties postérieures du dos sont en
forme d'anneaux noirs, interrompus, et dont le milieu est un peu plus foncé que le reste du poil; celles
des côtés du corps forment des anneaux plus petits
et plus interrompus que les précédents. Tout le dessous du corps et le dedans des membres ont de
grandes taches noires, simples et irrégulières; elles
forment sous le cou deux ou trois bandes noires, interrompues. Les taches du bout de la queue sont
plus grandes que les autres et placées sur un fond
plus pâle. La mâchoire inférieure est blanche, avec

une grande tache noire sur chaque côté, qui contribue beaucoup à donner du caractère à la physionomie; la mâchoire supérieure est fauve, et a des lignes de points noirs disposés très régulièrement.

» Un autre individu diffère de celui-là, en ce qu'il est un peu plus petit, que son pelage est gris, ses anneaux plus interrompus, leur milieu plus pâle, et en ce que les anneaux se portent plus avant sur le cou et plus bas sur les cuisses. Sa tête paraît un peu plus fine et ses pieds de devant un peu plus larges. Le jeune individu qui a servi de modèle à la figure, avait les taches et anneaux plus larges, les taches pleines des cuisses beaucoup plus grandes et celles de la queue plus petites. Le fond de son pelage était d'un fauve plus vif.

» Les peaux à fond pâle, mais dont les taches sont larges et espacées comme celles de l'individu gravé, se trouvent chez les fourreurs; ils recherchent de préférence cette variété pour les couvertures de chevaux; et c'est sans doute celle dont Buffon aura fait son once, tandis que les peaux à fond fauve auront été regardées par lui comme appartenant à son léopard; nous sommes persuadés qu'elles viennent toutes de la même espèce.

» Nous avons hésité quelque temps à prononcer affirmativement sur la grande panthère des fourreurs à taches parfaitement œillées; est-ce l'animal que nous venons de décrire, parvenu à un âge avancé? Est-ce une espèce différente? On ne pourra décider les deux premières questions que lorsqu'on aura vu l'animal entier vivant et son squelette, ou lorsque les voyageurs ne se contenteront plus d'indiquer d'une manière vague les animaux à peau tigrée, mais qu'ils en donneront de bonnes figures et des descriptions exactes, toutes les fois qu'ils le pourront. Quant à la dernière question, nous croyons la pouvoir nier, parce que nous avons vu depuis peu, au cabinet de l'école vétérinaire d'Alfort, deux panthères de même grandeur et prises dans le même pays, dont l'une a des taches en forme d'yeux, et l'autre de simples anneaux interrompus. Nous pensons donc qu'il faut effacer l'once et le léopard[1] de la liste des quadrupèdes pour n'y laisser que la panthère.

» Les Grecs ont connu la panthère sous le nom de *pardalis;* Xénophon en décrit la chasse; Aristote indique avec exactitude plusieurs traits de son organisation, et Oppien en donne une description assez reconnaissable; il en indique même de deux grandeurs différentes, dans lesquelles on a voulu reconnaître la grande panthère et l'once, quoiqu'il dise que sa petite espèce est la même que le lynx.

» Les Romains donnèrent au pardalis le nom de *panthera,* qu'ils tirèrent d'un mot grec qui désigne un tout autre animal. On voit par la description qu'en donne Pline, que c'était surtout la variété à fond blanchâtre qu'ils désignaient par ce nom. Ja-

1. Je n'ai transcrit ici ce paragraphe qu'afin de montrer tout ce qu'il a fallu de temps et d'efforts pour arriver sur ce sujet à quelque chose de précis; car depuis, mon frère, dans un Mémoire sur les chats, inséré dans les Annales du Muséum, tom. IX, année 1809, a changé d'avis à l'égard du léopard et en a admis l'existence comme espèce distincte. Mais relativement à l'once sa conviction est restée la même.

mais aucun peuple ne vit tant de panthères que celui
de Rome ; Scaurus en montra cent cinquante à la fois
à ses jeux ; Pompée quatre cent dix ; Auguste quatre
cent vingt. Elles étaient alors plus communes et plus
répandues qu'aujourd'hui ; l'Asie mineure en était
pleine : Cælius écrivait à son ami Cicéron qui gou-
vernait la Cilicie : « Si je ne montre pas dans mes jeux
» des troupeaux de panthères, on vous en attribuera
» la faute. » Xénophon en place même en Europe, sur
le mont Pangée en Thrace et au nord de la Macé-
doine ; mais peu de temps après Aristote assure qu'il
n'y en avait plus qu'en Asie et en Afrique.

» Le mot *pardus* a été employé par les Romains,
d'abord sans doute pour exprimer quelque variété
de couleur, qu'ils ont cru ensuite devoir attribuer
au sexe, et enfin ce mot a été regardé comme syno-
nyme de celui de *panthera* : quant à *leopardus*, il a
désigné dans son origine un produit supposé du lion
et de la panthère, que l'on disait être un lion sans
crinière. On l'a employé depuis Jules Capitolin, pour
désigner la panthère elle-même.

» Aujourd'hui la panthère et ses variétés sont communes dans toutes les parties de l'Afrique, depuis la
Barbarie jusqu'au Cap. Les plus belles viennent de
Maroc et de Constantine. Si le tigre-chasseur des
persans n'était pas une sorte de lynx, comme je le
crois, il faudrait admettre que la panthère ou sa variété blanchâtre, l'once, s'étendent fort avant dans
la haute Asie, et qu'il y en a jusque sur les frontières
de la Tartarie chinoise. On assure même que la
Chine fournit à la Russie des peaux tigrées toutes
semblables à celles d'once.

» La force de la panthère, les grands sauts qu'elle peut exécuter, ses canines aiguës, ses ongles tranchants, en font un animal très dangereux; sa manière de chasser consiste à se tenir en embuscade dans un buisson, et à s'élancer sur la proie qui vient à passer; elle détruit beaucoup de singes, d'antilopes, de bufles, et l'homme n'est pas toujours à l'abri de ses attaques; mais seulement au rapport de Léon l'Africain, lorsqu'elle le rencontre dans quelque chemin étroit. Sa proie favorite est le chien; mais elle ne recherche pas beaucoup les moutons[1]. Il paraît qu'en Abyssinie sa férocité augmente dans la même proportion que celle de l'hyène; car Ludolphe assure qu'en ce pays elle n'épargne jamais l'homme.

» On ne sait rien de positif sur sa génération; dans l'état de captivité elle ne s'adoucit que médiocrement; cependant, tant qu'elle est jeune, elle aime à jouer avec son maître, et imite parfaitement les mouvements d'un jeune chat. Elle mange cinq à six livres de viande par jour, rend des excréments très liquides à moins qu'on ne lui ait donné des os, urine en arrière, et se plaît à lancer son urine contre ceux qui la regardent. »

1. Leon afric., p. 381.

LE LÉOPARD[1].

Mon frère, dans le mémoire que j'ai cité plus haut, en reconnaissant l'existence de cette espèce, lui donne pour caractères distinctifs, qu'elle a des taches en roses beaucoup plus nombreuses que la précédente. On en compte au moins dix par ligne-transversale, tandis que la panthère n'en a que six ou sept dans le même espace. Il s'est assuré d'ailleurs que cette augmentation du nombre des taches n'est point une différence de sexe, et qu'il n'y a pas de variété intermédiaire. Cependant comme c'est surtout dans un sujet de cette nature, qu'il est impossible de suppléer par la parole au témoignage des sens, j'ai fait représenter avec soin dans mon histoire naturelle des mammifères un des léopards qui ont vécu à la Ménagerie du Muséum, et que l'ont peut comparer à la figure également très fidèle de la panthère, faite par Maréchal.

Toutes les parties supérieures du corps de l'individu que nous avons observé, et la face interne de ses membres avaient un fond jaunâtre, et les parties inférieures étaient blanches. Les unes et les autres étaient couvertes de taches qui variaient par leur nombre, leur forme et leur étendue. Celles de la tête, du cou, d'une partie des épaules, des jambes anté-

1. *Felis leopardus*, pl. 25, fig. 2. — Hist. nat. des Mamm., liv. XX.

rieures et postérieures étaient pleines, petites, assez rapprochées l'une de l'autre, et d'une manière confuse; celles des cuisses, du dos, des flancs, et d'une partie des épaules, étaient également pleines et petites; mais elles étaient groupées circulairement, de manière que chaque groupe formait une tache isolée qu'on a désignée par le nom de rose; de plus, la partie circonscrite par ces réunions de petites taches, étant d'un ton jaunâtre plus foncé que celui du fond du pelage, contribuait à les détacher davantage les unes des autres. Ces taches en rose sont assez rapprochées sur le léopard, comparativement à celles de la panthère et surtout du jaguar. Le ventre a de grandes taches noires qui ne sont pas aussi nombreuses que sur les autres parties, et celles de la face interne des membres sont allongées et transversales. Les taches du bas de la queue entourent celle-ci en dessus d'un demi-anneau; d'autres vers le haut des épaules sont longues, étroites, verticales, et accouplées deux à deux sur la même ligne; ce qui les fait remarquer entre toutes les autres; le derrière de l'oreille est noir, avec une raie blanche transversale dans son milieu. Une tache de couleur noire se détache sur le fond blanc de la lèvre, vers l'angle de la bouche, et une autre de couleur blanche est située au dessus de l'œil.

Notre léopard, quoique jeune encore, était adulte, et avait acquis toute sa croissance, à en juger par l'élégance de ses proportions. Il avait deux pieds et demi de la partie postérieure de l'oreille à l'origine de la queue, et sept pouces et demi de cette même partie de l'oreille au bout du museau; sa hauteur aux épaules comme à la croupe était d'environ deux pieds un pouce, et sa queue avait deux pieds trois pouces. C'est du Sénégal qu'il avait été amené.

Cet animal qui a tous les caractères génériques des chats, en a sans doute aussi les mœurs. Toutefois son histoire sous ce rapport reste entièrement à faire; car on s'exposerait à de grandes erreurs si on voulait la composer avec les matériaux incomplets et incertains, disséminés dans les ouvrages des voyageurs.

LE CHAT BOTTÉ[1].

CETTE espèce a assez de rapports avec la suivante, pour qu'on les ait quelquefois confondues en une seule; mais M. Temminck[2] en a établi les caractères avec exactitude, et moi-même depuis que je les ai possédées toutes deux, j'ai pu en faire un examen comparatif, et m'assurer des caractères qui les distinguent. Celle-ci a été vue et figurée par Bruce[3], qui lui a donné le nom qu'elle porte, et qui envoya à Buffon la note très exacte que celui-ci a insérée dans ses suppléments[4]. M. Duvaucel m'en envoya aussi une figure et un individu vivant, qui se sont trouvés absolument conformes à d'autres chats qui venaient du Malabar, et même, autant qu'il est pos-

1. Pl. 26, fig. 2. *Felis caligata.* — Hist. nat. des Mamm., liv. LV.
2. Monographie des Mamm., tom. I, p. 121 et 123.
3. Trad. franç., vol. XIII, pl. 30, p. 238.
4. Supp. III, in-4°, p. 232. — Édit. Pillot, t. XVI, p. 80 et suiv.

sible d'en juger d'après une dépouille très incomplète, à un chat rapporté d'Égypte par M. Geoffroi,
et décrit dans son catalogue des mammifères sous le
nom français de chat botté, et sous le nom latin de
chaus, deux mots que alors on pouvait croire syno-
nymes, mais qui ne le sont plus aujourd'hui.

La couleur générale du pelage de l'individu que j'ai
observé est un gris fauve, plus jaunâtre sur les côtés
du cou et les flancs, et sur les pattes; plus brun vers
la partie postérieure du dos; toutes les parties inférieures sont d'un blanc fauve sale, et son trait caractéristique consiste dans la teinte d'un fauve très brillant
qui colore la face convexe de l'oreille, laquelle se
termine en outre par un pinceau de poils noirs de
grandeur moyenne; la face concave est garnie de
poils blancs très longs; quand on voit l'animal sous
un certain jour, les parties supérieures du corps semblent marquées de bandes transversales plus foncées
que le fond du pelage, et formées pour la plupart de
taches isolées et irrégulières; des bandes semblables,
mais plus sensibles, se remarquent sur les cuisses et
sur les jambes; l'extrémité du museau, la mâchoire
inférieure, et le cou en dessous sont blancs; et le
chanfrein sur le nez et entre les deux yeux est de la
même couleur. Le dessous du tarse et celui du carpe
sont remarquables par une ligne noire qui se divise
à la naissance des doigts pour les envelopper; deux
taches larges et très noires garnissent la partie supérieure et interne des jambes de devant; et la queue,
dont la pointe est noire, est marquée de cinq ou six
anneaux, dont les trois ou quatre derniers sont seuls
complets.

1. _Le Chaus._ 2. _Le Chat de Caffrerie._

Les couleurs des parties supérieures du corps résultent de poils soyeux annelés de blanc, de fauve et de noir; il paraît que les anneaux noirs et blancs dominent chez les mâles, et les blancs et fauves chez les femelles.

Toutefois cette description ne semble convenir que d'une manière générale à tous les individus de l'espèce. Les cabinets du Muséum en possèdent dont les teintes sont plus fauves, et où le gris est moins sensible; sur quelques uns les taches du corps sont plus distinctes : suivant M. Temminck la teinte fauve serait celle des femelles; quant aux taches, elles sont d'autant plus visibles que l'animal est plus jeune; mais tous sans exception sont remarquables par la teinte rousse brillante de leurs oreilles.

L'individu que j'ai observé avait du bout du nez à l'origine de la queue deux pieds; la queue avait dix pouces; et la hauteur moyenne de l'animal était de quatorze pouces.

LE CHAUS[1].

C'est à Guldenstaedt[2] qu'est due la connaissance de cette espèce, et il en a donné une figure qui depuis a été copiée par Schreber.

L'individu qu'a possédé la ménagerie du Muséum avait été envoyé de la haute Égypte. Il avait la taille et la physionomie du chat domestique; il paraissait

1. Pl. 27, fig. 1. *Felis chaus.*
2. Nov. com. Petr., 1775. p. 483, pl 14 et 15.

aussi en avoir les mœurs : timide sans être sauvage,
et défiant sans méchanceté, il fuyait devant les objets
de sa crainte plutôt qu'il ne se défendait contre eux ;
et il souffrait sans colère et sans trop d'émotion que
ses gardiens pénétrassent dans sa cage.

Cet animal a les ongles retractiles, et ses yeux, à
la lumière, ont la pupille allongée. Le pelage est très
fourré; d'un gris jaunâtre, plus pâle aux parties inférieures qu'aux supérieures, et marqué de deux sortes
de taches; les unes d'un gris un peu plus foncé que
le fond paraissent passagères; les autres noires, per-
sistent durant toute la vie. Les côtés et le dessus de
la tête et du cou, les épaules, le dos et les côtés du
corps, la queue à son origine, les cuisses et les jambes antérieures et postérieures sont d'un gris jaune,
qui résulte de poils dont la partie visible est couverte
d'anneaux blancs, jaunes et noires; le dessous des
yeux, le bout du museau, la mâchoire inférieure, le
dessous du cou sont blancs; la poitrine et le ventre
sont d'un blanc moins pur. Au cou et le long des
flancs, les teintes grise et blanche sont séparées par
des bordures jaunâtres, et les membres ont aussi une
teinte plus fauve que les parties supérieures du corps:
les oreilles sont blanches en dedans, jaunâtres en dehors, et terminées par un pinceau de poils noirs;
la queue grise blanchâtre se termine par une mèche
de poils noirs, que précèdent deux anneaux de la
même couleur. En haut et en dedans des jambes de
devant on voit deux lignes transversales noires, et
sur les cuisses et les jambes de derrière, quelques
taches brunes irrégulièrement répandues. Enfin, on
retrouve au dessous du carpe et du tarse des poils

noirs disposés d'une manière assez analogue à ce que nous avons vu dans l'espèce précédente. Ses proportions sont également un peu plus fortes.

Guldenstaedt a tiré de Pline le nom de *chaus*, qu'il donne a cette espèce. Il nous apprend qu'elle est très commune dans les contrées voisines de la mer Caspienne, où les Tartares la nomment *kirmyschak*, les Circassiens, *moesgedu*, et les Russes, *koschka*.

LE CHAT DE CAFRERIE[1].

CETTE élégante et nouvelle espèce est due au voyage de Delalande dans les parties méridionales de l'Afrique ; mais il ne nous en reste que les dépouilles ; les détails de ses mœurs ont subi le même sort que tant d'observations précieuses que cet infatigable voyageur avait recueillies sur les animaux qu'il poursuivait lui-même, et avec lesquels il lutta si souvent de courage et d'adresse. La mort qui l'a enlevé a privé la science de tant de richesses, qu'il n'avait pas voulu déposer sur le papier, trop confiant qu'il était dans sa mémoire, et trop occupé d'augmenter ses riches collections.

La robe du chat de Cafrerie est marquée de rubans étroits et transversaux qui le font distinguer au premier coup d'œil de toutes les espèces aujourd'hui

1. Pl. 27, fig. 2 , *Felis cafra.*

connues. Il a le sommet de la tête et les côtés des
joues d'un gris qui devient plus foncé aux parties supérieures du corps ; le dessus et les côtes du nez sont
fauves ; l'œil est surmonté d'une ligne blanche ; toute
la mâchoire inférieure est également blanche ; deux
lignes noires parallèles partent, la supérieure de l'angle de l'œil, l'inférieure de la pommette, et viennent
se terminer en arrière des mâchoires ; plusieurs autres lignes noirâtres nées sur le chanfrein s'étendent
jusqu'à la nuque. Les oreilles blanches en dedans,
sont d'un brun marron en dehors ; le cou, les épaules, les jambes de devant, le dos, les côtés du corps,
les cuisses, les jambes de derrière, la queue en dessus, ont le fond de leur couleur d'un gris plus ou
moins jaunâtre. La gorge, la poitrine, le ventre, la
face interne des cuisses, et la première moitié de la
face inférieure de la queue sont d'un blanc jaunâtre
plus ou moins orangé ; sur ces teintes se détachent
des rubans noirs ou bruns, dont la disposition a besoin d'être décrite : quatre lignes longitudinales,
mieux distinctes vers la croupe qu'aux épaules, et
qui semblent être la continuation de celles de la tête,
règnent le long du dos ; sur les côtés du corps on
compte six ou sept rubans, étendus presque verticalement, depuis le dos jusqu'au ventre, et également
espacés. Les épaules et les cuisses sont marquées de
rubans bruns, moins continus, moins droits, disposés
d'une manière moins régulière et moins nette ; mais
les jambes de devant et celles de derrière sont coupées par des taches transversales très noires, tout le
tarse en arrière est également très noir ; la queue,
avant de se terminer par un pinceau noir, est mar-

quée de deux anneaux de même couleur. Un demi-collier brun occupe le dessous du cou, et quelques taches sont irrégulièrement disséminées sous le ventre.

Ce pelage se compose, dans ses parties grises, de poils laineux, gris à leur base, puis jaunâtres, et terminés, pour la plupart, par deux anneaux noirs que sépare un anneau blanc ou jaunâtre. Les poils soyeux sont ou entièrement noirs, ou annelés à leur extrémité comme les précédents : les rubans, bruns ou noirs, sont formés par des poils uniformément colorés, et les poils des parties blanches ou jaunâtres sont également d'une teinte uniforme dans toute leur longueur.

Ce chat de Cafrerie, un peu plus grand que le chat sauvage, est aussi plus élancé, et surtout plus haut sur jambes : du bout du museau à l'origine de la queue, il a deux pieds; celle-ci a un pied. Sa hauteur, aux épaules, est de treize pouces, et de quatorze à la croupe.

CHATS D'ASIE.

LE TIGRE ONDULÉ[1].

On ne saurait trop regretter que l'histoire d'une espèce si belle et toute nouvelle encore se trouve

1. *Felis nebulosa.*

déjà embarrassée de doutes et de discussions; et cela,
par la plus étrange des causes : qui croirait, en effet,
qu'il y a encore peu d'années, dans un temps où, en
France, les sciences avaient fait tant de progrès,
l'histoire naturelle fût à tel point négligée en Angleterre, qu'un animal comme le tigre ondulé ait pu y
vivre long-temps sans être l'objet d'aucune étude, et
y mourir tellement dédaigné, que ses gardiens, après
s'en être partagé la peau, ont jeté le reste, comme
des débris sans valeur et sans utilité? Heureusement
toutefois que d'habiles dessinateurs en avaient pris la
figure, et parmi eux je dois citer d'abord M. le major
Smith, dont j'ai publié le dessin dans mon *Histoire*
naturelle des Mammifères, avec quelques notes relatives à l'animal; M. Griffith en a aussi publié,
dans sa traduction de l'ouvrage de mon frère, une
belle figure, faite par M. Landseer. Jusque là l'histoire de cette espèce de tigre n'était qu'incomplète; mais depuis, MM. Horsfield et Raffles ont cru
pouvoir lui rapporter un chat ramené par ce dernier de Sumatra, où il porte le nom de *rimau dahan*,
et qui paraît être le même que celui que M. Temminck nomme *macrocelis* : or, ce rapprochement que
ne justifient pas jusqu'à présent des ressemblances
assez précises, ne ferait qu'obscurcir l'histoire de
notre espèce s'il était adopté; c'est pourquoi, nous
abstenant de nous prononcer à cet égard, à cause de
l'absence de tout renseignement positif, nous ne rapporterons ici, tout incomplets qu'ils sont, que le
petit nombre de détails qui ont été recueillis sur le
tigre ondulé.

Ce tigre, apporté en Angleterre par un vaisseau de

la compagnie des Indes, avait été embarqué à Canton, où l'on assurait qu'il venait de la Tartarie chinoise : il a vécu trois ans à la Ménagerie d'Exeter-Change, et c'est là que M. le major Smith l'a dessiné et peint avec le rare talent qu'on lui connaît.

C'était un animal dont la physionomie était grave et noble, les mouvements calmes, et dont le regard n'annonçait pas la défiance. Pour le volume du corps et la grandeur de la tête, il paraît presque égaler le tigre du Bengale ; mais il a les jambes plus courtes, quoiqu'elles ne le cèdent point au tigre pour l'épaisseur et pour la force. Sa queue est aussi plus grosse et plus longue ; le cou est épais ; le corps allongé, lourd et cylindrique ; le front et les membres, à leurs deux faces interne et externe, sont semés de petites taches noires nombreuses et rapprochées ; sur les côtés de la face sont quelques lignes obliques, et sur les côtés du cou, ainsi que le long du dos, règnent de longues raies noires irrégulières ; mais c'est surtout sur les flancs que la robe prend un aspect particulier : les bandes noires transversales, au lieu d'être droites comme dans le tigre royal, se recourbent en devenant moins distinctes, et de manière cependant à circonscrire des espèces de taches qui, dans leur milieu, sont plus pâles que le ruban qui les borde, mais plus foncées que le reste du pelage ; ces taches sont de forme très variée ; les unes arrondies, les autres oblongues, ellipsoïdes ou anguleuses, ressemblant, en quelque sorte, à ces ondes irrégulières qui se dessinent sur un nuage, ou à ces taches brillantes, jaunes et brunes, de l'écaille de la tortue lorsqu'on la regarde contre le jour. La queue est, dès son origine, couverte d'un grand nombre d'anneaux, d'autant moins irréguliers, qu'ils se rapprochent davantage de son extrémité. En un mot, l'ensemble de cet animal frappe la vue par son élégance et sa beauté.

LE CHAT DE JAVA[1].

C'est M. Leschenault qui, le premier, rapporta de Java les dépouilles de cette espèce, que M. Horsfield a depuis revue et décrite[2], et dont M. Temminck a aussi donné une bonne description, sous le nom nouveau de *servalien* (*felis minuta*)[3]. La figure qu'en a publiée M. Horsfield paraît être celle d'un individu plus jeune que celui que j'ai fait représenter[4].

Cet animal a la taille et les proportions du chat domestique : la longueur de son corps est d'environ dix-sept pouces; celle de sa queue de huit pouces; sa hauteur moyenne est également de huit pouces.

La couleur générale du chat de Java est un brun grisâtre; le corps, le cou et les jambes présentent un mélange agréable de différentes nuances de gris; les parties supérieures, plus foncées, se rapprochent davantage du brun. Le dessous du cou, la poitrine, le

1. *Felis Javanensis.*
2. Zool., Research., in Java.
3. Monogr. des Mamm., p. 130.
4. Hist. nat. des Mamm., liv. LIII.

ventre, et le dessous de la queue sont blanchâtres. Toute sa robe est marquée de taches d'un brun noir dont la disposition paraît constante et caractéristique. De chaque côté du front, au dessus des sourcils, naissent deux lignes qui se continuent parallèlement sur l'occiput et le cou jusqu'au bas de celui-ci. En dedans de ces deux lignes en naissent deux autres, parallèles entre elles et aux deux premières, et qui viennent aussi finir au bas du cou. Enfin, une ligne moyenne, plus étroite, et née au milieu du front, se prolonge jusqu'au delà des épaules, où elle est accompagnée de deux autres, longues, et beaucoup plus larges qu'elle ; d'où il suit que le dessus des épaules est marqué de trois taches ; une moyenne, étroite, et deux latérales plus larges. En dedans de ces deux-ci, et dans l'intervalle qui les sépare de la moyenne, commencent deux autres taches, larges, et longues d'environ deux pouces. A partir des épaules jusqu'à la queue, on trouve quatre lignes de taches disposées très régulièrement et parallèles, les deux moyennes très rapprochées. Sur l'épaule, se voient des taches allongées descendant un peu obliquement, et sur les flancs et les cuisses, en sont de petites presque arrondies. Une large tache noire embrasse la base de l'oreille, et descend sur le cou en s'y terminant en pointe. Au museau, deux lignes blanches, étroites, qui naissent entre l'œil et le mufle, s'élèvent parallèlement au nez jusqu'à près de la moitié du front, et une ligne semblable, mais plus étroite, borde chacune des paupières ; une tache brune naît à l'angle extérieur de l'œil, et forme, sur la joue, les limites des parties blanches et des parties grises ; elle se recourbe sous

la gorge, où elle forme, par sa réunion avec celle du
côté opposé, un collier remarquable. Un second collier se voit au bas du cou ; les membres sont couverts
en dehors de petites taches rondes ; à leur face interne, il y en a de plus longues. La cuisse en a trois
transversales, et la jambe deux. Le ventre et le
dessus de la queue n'ont que des taches rondes. D'a-
près M. Temminck, qui en a possédé deux individus
vivants, les jeunes auraient les teintes plus rousses
que les vieux.

Le chat de Java, nommé par les habitants de cette
île *kuwuk*, se trouve dans toutes ses parties, au milieu des grandes forêts. Il se retire dans le creux des
arbres, et s'y cache pendant le jour. La nuit il va
à la recherche de sa proie, et souvent pénètre jusque
dans les villages placés sur la lisière des bois. Les naturels lui attribuent la faculté d'imiter la voix des
poules, pour s'approcher d'elles sans que sa présence
soit soupçonnée. Il se nourrit de volailles et de petits
quadrupèdes ; mais si la faim le presse il mange aussi
la chair morte. Suivant M. Horsfield cette espèce est
tout-à-fait intraitable, et jamais l'état de servitude
ne parvient à dompter son naturel sauvage.

LE CHAT DU NÉPAUL[1].

Cette espèce nouvelle découverte et envoyée au
Muséum par Alfred Duvaucel, se trouve à la fois au
Népaul et au Bengale.

1. *Felis torquata.* — Hist. natur. des Mamm., liv. LIV.

Elle a à peu près la taille et les proportions d'un chat domestique. Tout le fond de sa robe est d'un gris clair. Le museau est gris pâle, la gorge blanche. Deux taches se trouvent sur les joues; l'une née à l'angle de l'œil, se termine sous l'oreille, l'autre part de la commissure des lèvres, et se prolonge au delà de la première. Le dessus de la tête est marqué de quatre chaînes de taches parallèles, qui s'arrêtent derrière les oreilles, et de là en naissent trois semblables qui s'étendent jusqu'à la queue. Le cou à sa naissance et à sa terminaison est garni d'une sorte de collier, et des taches irrégulières qui descendent des épaules, viennent se réunir à deux taches transversales qui ornent la poitrine, et qui sont très apparentes lorsqu'on regarde le chat en face. Les membres antérieurs sont marqués de taches transversales, la tache supérieure de leur face interne est surtout remarquable par sa largeur; trois grandes lignes transversales descendent du dos sur les flancs, et le reste du corps, ainsi que les cuisses, ne présentent que des taches isolées et petites; celles de la face externe de la jambe de derrière sont transversales, et il y en a deux seulement, dont la direction est semblable, à la face interne. La queue terminée de noir est marquée de cinq demi-anneaux assez larges. Les moustaches sont longues, variées de blanc et de noir sur les lèvres, et entièrement blanches sur les yeux.

CHATS

DE L'AMÉRIQUE MÉRIDIONALE.

LE JAGUAR[1].

«On ne sait, dit mon frère dans son Mémoire sur les chats[2], on ne sait par quelle fatalité les naturalistes européens semblent s'être accordés à méconnaître le jaguar, à ce qu'il paraît uniquement pour soutenir l'idée bizarre que, dans les mêmes genres, les espèces américaines devaient être plus petites que leurs analogues de l'ancien continent.

» Enfin, après avoir fait les recherches les plus longues, après avoir hésité plusieurs années entre les assertions contradictoires et vagues des auteurs, j'ai été convaincu par les témoignages de MM. d'Azara et Humboldt qui, ayant vu cent fois le jaguar d'Amérique, l'ont affirmativement reconnu ici, ainsi que par la comparaison scrupuleuse des individus observés vivants, et envoyés d'Amérique à notre Ménagerie, de ceux que l'on a reçus empaillés du même pays pour le Cabinet, et d'une énorme quantité de peaux vues chez les fourreurs; j'ai été convaincu, dis-je, que le jaguar est le plus grand des chats après

1. *Felis onça.*
2. Ann. du Mus., tom. XIV, p. 144.

le tigre, et le plus beau de tous sans comparaison ;
que c'est précisément l'espèce à taches en forme
d'œil que Buffon a appelée *panthère ;* que ce n'est
point cependant le *pardus* des anciens ni la *panthère* des voyageurs modernes en Afrique, et qu'en
général il n'y a pas en Afrique de chat à taches œillées, ni même aucun chat qui approche de la grandeur et de la beauté du jaguar. »

Le jaguar a des formes trapues qui annonceraient
plus de force que de légèreté : il a moins d'élégance
que la lionne, moins que la panthère et le léopard,
mais sa robe éclatante ne redoute aucune comparaison. Les poils qui la composent sont courts, fermes
et très serrés; tous soyeux, et un peu plus longs
aux parties inférieures qu'aux supérieures. Le fond
du pelage, jaunâtre, est semé de taches ou entièrement noires ou fauves bordées de noir : les premières occupent exclusivement la tête, les membres,
la queue, et toutes les parties inférieures du corps;
les secondes se trouvent principalement sur le dos,
sur le cou et sur les côtés : celles-ci sont grandes et
peu nombreuses, plus ou moins arrondies, et quelques unes ont parfois un ou deux points noirs dans
leur milieu ; on n'en compte que cinq ou six au plus,
de chaque côté du corps, en suivant la ligne la plus
droite du dos au ventre. Au milieu du dos, le long
de la colonne épinière, les taches sont étroites,
longues, et ordinairement pleines; toutes les autres
taches pleines, excepté celles du bout de la queue, ne
sont pas aussi grandes que les fauves ; les plus petites
sont sur la tête et sur les bras ; celles des cuisses, du
ventre et de la queue sont plus grandes, et l'on en

voit d'allongées à la face interne et supérieure des
jambes de devant et de celles de derrière. Toutes
les autres parties en ont aussi de plus ou moins nombreuses, et de plus ou moins arrondies ; mais ce qui
ne varie pas c'est le nombre des taches bordées.
Toutes les parties inférieures du corps, le ventre,
le bord antérieur des cuisses, la face interne des
jambes, la poitrine, le cou, la gorge, le dessous des
mâchoires, la conque de l'oreille intérieurement et
l'extrémité du museau sont blancs ; et les taches
sont en général plus rares sur ces parties que sur
celles qui sont jaunes. Le derrière des oreilles est
noir avec une tache blanche ; la commissure des
lèvres est également noire, ainsi que le bout de la
queue et les trois anneaux qui entourent cet organe
à son extrémité.

La voix du jaguar et de la panthère diffèrent essentiellement, celle de la seconde ressemblant au
bruit d'une scie, et celle du premier à un aboiement
un peu aigu ; c'est même cette première observation faite à la Ménagerie du Muséum, qui conduisit
M. Geoffroi [1] à reconnaître et à publier pour ces deux
espèces des caractères distinctifs, susceptibles d'une
expression précise.

On doit à d'Azara [2] une foule de détails intéressants sur les mœurs du jaguar à l'état sauvage, sur
sa force, sa férocité, et sur les dangers qu'il fait courir aux voyageurs. C'est un animal nocturne qui s'a-
vance dans les campagnes découvertes, qui habite
les grandes forêts, en préférant le voisinage des riviè-

1. Ann. du Mus, tom. IV, p. 94.
2. Hist. nat. des Quad. du Paraguay, in-8°. tom. I, p. 114.

res, qu'il traverse en nageant avec adresse; on assure qu'aux points ou les rivières forment des angles et n'ont presque pas de cours, il entre un peu dans l'eau, attire avec sa bave qu'il y laisse tomber les poissons dont il est très friand, et d'un coup de sa patte de devant, les saisit et les jette sur le rivage. Il attaque presque tous les animaux, et les tuerait même d'une manière assez étrange, s'il était vrai qu'il saute sur le cou de sa victime, lui pose une patte de devant sur l'occiput, saisit de l'autre l'extrémité du museau, élève violemment celui-ci et opère ainsi une sorte de luxation. La force du jaguar paraît prodigieuse; on l'a vu fréquemment entraîner avec rapidité loin du lieu du combat le corps entier d'un cheval ou d'un taureau mort; il ne tue cependant que ce qui est nécessaire à sa consommation, et il arrive que trouvant deux bœufs ou deux chevaux attachés ensemble il n'en prive qu'un de la vie.

Le jaguar ne redoute point l'homme; s'il passe non loin de lui une petite troupe d'hommes ou d'animaux, il attaque le dernier d'entre eux en poussant un grand cri; et le feu même n'est pas, comme on le croit si généralement, un moyen de l'écarter et d'éviter ses atteintes, car d'Azara cite plusieurs exemples d'individus qu'il a enlevés du milieu d'une troupe rassemblée à l'entour d'un grand feu; mais si l'on ne peut refuser au jaguar, ni la force, ni l'adresse, ni l'audace, que penser de la singulière intelligence qu'on lui prête? On dit que s'il trouve la nuit une troupe de voyageurs endormis, il entre et tue le chien s'il y en a un, puis le Nègre, puis l'Indien, et qu'il n'attaque l'Espagnol qu'après la défaite de tous ceux-là. Je serais bien trompé s'il n'y avait pas dans ce récit plus d'orgueil européen que de véritable observation de la nature.

Dans l'état d'esclavage, le jaguar n'a pas montré le caractère indomptable et féroce que lui attribuent ceux qui l'ont observé en Amérique. Les deux individus qu'a possédés la Ménagerie du Muséum avaient le naturel le plus doux ; ils aimaient à recevoir des caresses et à lécher les mains ; ils jouaient à la manière du chat domestique, avec les objets propres à être roulés, et les mouvements de leur corps, la vivacité de leurs regards, leurs coups de patte moelleux et rapides, annonçaient qu'ils ne possédaient pas à un moindre degré que les autres chats, la merveilleuse adresse qui caractérise les animaux de ce genre.

LE CHATI[1].

Quoique les naturalistes doivent éviter par dessus tout de décrire sous un nom nouveau un animal déjà décrit, parce que chaque erreur de ce genre ajoute une difficulté de plus, aux difficultés déjà presque insurmontables de la synonymie, il est des cas néanmoins où l'établissement d'un nom nouveau éclaire un sujet au lieu de l'obscurcir, parce qu'il devient comme un point central autour duquel on rassemble une foule de notions confuses et vagues éparses dans

1. *Felis mitis.*

..... q.. p....... vivant, et que je ne pouvais avec certitude rapporter à aucun autre, car j'ignorais absolument la patrie de cette espèce, et cette connaissance est indispensable à l'établissement d'une bonne synonymie ; j'ai donc fait ma description uniquement d'après l'individu vivant, et l'esprit dégagé des doutes qu'auraient fait naître en moi les descriptions plus ou moins vagues des auteurs ; j'ai donné les caractères précis de l'espèce, de manière qu'elle pût être admise dans les catalogues méthodiques, et qu'elle fût un type bien arrêté auxquel on devait pouvoir un jour rapporter des espèces jusques là douteuses. C'est ce qui est arrivé en effet : en même temps que j'ai revu le chati, j'ai appris qu'il appartenait à l'Amérique du sud, et dès lors se sont dissipées plusieurs des obscurités que Buffon avait contribué à répandre sur certains chats ; on a pu reconnaître que le chati est l'animal que Buffon a fait représenter sous le nom erroné de jaguar[2] et sous celui de jaguar de la Nouvelle-Espagne[3] ; que c'est le *Brasilian tiger* de Pennant[4], le *felis onça* de Schreber, le *tlatcoocelotl* de Hernandès[5], et peut-être le *chibigouazou* de d'Azara[6].

Ce joli animal a le naturel le plus doux et le plus

1. Hist. nat. des Mamm., liv. XVIII.
2. Buffon, tom. IX, in-4°, pl. 18.—Édit. Pillot, t. XVI, p. 54.
3. Id., Supp. III, in-4°, pl. 39.— Édit. Pillot, t. XVI, p. 60.
4. Hist. of Quad., p. 267, pl. 31, fig. 1.
5. Tab. 102.
6. Pag. 512.

traitable. Il est d'un tiers plus grand que le chat domestique ; diurne , ou à pupille ronde ; le fond de son
pelage aux parties supérieures du corps est d'un
blond très clair , et blanc aux parties inférieures ; et
tout le corps est semé de taches généralement plus
larges en avant qu'en arrière, et comme triangulaires,
surtout au dos et sur les flancs. Celles du dos sont
entièrement noires et disposées longitudinalement en
quatre rangs ; celles des flancs , bordées de noir , avec
leur milieu d'un fauve clair, forment à peu près cinq
lignes , vers la partie moyenne du corps surtout. Des
taches bordées, mais qui s'arrondissent , couvrent les
parties supérieures et antérieures des cuisses et les
épaules ; des taches pleines également arrondies
viennent ensuite sur les membres postérieurs jusqu'au talon ; sur les jambes de devant, elles s'allongent et forment des lignes transversales ; sur les quatre pieds, elles sont très petites et pleines. Les taches
des parties inférieures du corps, où le fond du pelage est blanc , et qui sont toujours pleines, présentent sous le ventre deux rangées longitudinales , de
chaque côté de la ligne moyenne, composées de
six à sept taches ; la partie antérieure de la jambe a
des taches rondes , et la partie interne de la cuisse ,
des taches allongées transversalement. Vers le haut
de la jambe de devant se voient deux bandes transverses , et sur la poitrine , à sa partie moyenne une
chaîne de points. Au bas de la gorge est un demi-
collier , et sous la mâchoire inférieure deux taches en
forme de croissant. Du coin postérieur de l'œil part
une bande de deux pouces de long qui se termine vis-

naît au dessous de l'arcade zigomatique et se termine aussi vis-à-vis de l'oreille. Le front est bordé dans le sens de sa longueur par deux lignes qui sont séparées par des points plus ou moins nombreux, et on voit à la naissance de ces lignes au dessous de l'œil, une tache noire d'où naissent des moustaches. Deux autres lignes semblables s'allongent sur le cou, et de chaque côté d'elles, en dehors, s'en trouvent deux autres qui ont la forme d'*S*. La base de la queue est garnie de taches petites et isolées, ensuite viennent quatre demi-anneaux; et enfin, cet organe se termine par trois anneaux complets, le dernier beaucoup plus étroit que les autres. Entre ces taches principales et surtout en dessous, s'en trouvent de plus petites. Les joues, le dessus et le dessous de l'œil ont le fond blanc ainsi que le dessous de la queue; la face externe de la conque de l'oreille est noire avec une tache blanche du côté du petit lobe. Le mufle est couleur de chair.

LE CHAT DU BRÉSIL.

Ce qui est arrivé pour le chati, aura probablement lieu quelque jour pour l'espèce que je désigne ici sous le nom vague de *chat du Brésil*, c'est-à-dire qu'on en fera un type, auquel on pourra rapporter

les observations incomplètes disséminées dans beaucoup d'auteurs. J'ai donné, de cette espèce, dans
mon *Histoire naturelle des Mammifères*[1], une description et une figure exactes d'après l'animal vivant.
C'est une sorte d'acheminement vers ce que la nécessité imposera un jour aux naturalistes. En effet,
il ne sera possible de distinguer avec clarté les espèces de chats dont le pelage est couvert de taches que
quand on les aura tous étudiés, décrits et peints d'a-
près des individus vivants, et avec les modifications
qu'ils éprouvent en passant du jeune âge à l'état
adulte. Pour ne pas s'égarer dans un dédale sans is-
sue, on devra renoncer à ces figures, où les animaux,
placés dans des positions violentes, ou vus en rac-
courci, témoignent sans doute de l'habileté de l'ar-
tiste, mais qui sont pour les naturalistes, à cause du
changement qu'éprouve la disposition des taches,
plus trompeuses qu'utiles; on renoncera aussi à des
descriptions faites uniquement d'après des peaux préparées; car je l'ai déjà dit ailleurs, on peut difficilement se figurer à quel point l'élasticité de ces peaux
se prête à toutes les formes; par suite, les taches qui
sont droites, se courbent ou deviennent anguleuses;
les linéaires s'élargissent; les arrondies s'allongent;
leurs rapports ne changent pas moins que leur figure:
de continues qu'elles étaient, elles se divisent; de
parallèles, elles forment des angles plus ou moins
aigus, et celles qui étaient perpendiculaires l'une à
l'autre deviennent parallèles, etc. Voilà ce qui expli-

1. Liv. LVIII.

breuses figures des chats de moyenne taille, dont le pelage a des taches allongées dans le sens de la longueur du corps, et qui avaient été généralement réunis sous le nom d'*ocelot*.

Le fond du pelage du chat du Brésil est d'un gris clair aux parties supérieures, et d'un blanc pur aux inférieures, et des taches nombreuses et de diverses formes y sont répandues. Les unes sont pleines et entièrement noires ; les autres ont leur centre gris jaunâtre, et leurs bords sont noirs : les premières se trouvent principalement sur les membres, les épaules, le dos, la queue, et toutes les parties blanches ; les autres sont sur les côtés du corps et sur la face externe des cuisses ; les taches des flancs sont irrégulièrement allongées ; mais celles du cou ont un caractère particulier, c'est moins une tache qu'une sorte de ruban à trois bandes, formé par deux lignes parallèles noires qui, parties des oreilles et descendant jusqu'à l'épaule, se réunissent à leurs extrémités en circonscrivant entre elles une bande grise jaunâtre. La queue en dessus, dans sa moitié supérieure, est revêtue de quatre demi-anneaux, et sa moitié inférieure se termine par quatre anneaux complets. Le bout est noir. Les côtés blancs des joues sont marqués de rubans étroits, allongés et pleins, qui s'avancent obliquement du coin de l'œil vers la partie postérieure de la mâchoire ; un demi-collier garnit la gorge, et un autre se voit au bas du cou. Les moustaches sont blanches et noires, les oreilles larges et arrondies.

La longueur du corps était de deux pieds, celle de la queue de onze pouces, et la hauteur moyenne de un pied.

LE COLOCOLO[1].

CETTE jolie espèce était depuis long-temps fort bien indiquée dans l'ouvrage de Molina[2], dont les travaux paraissent mériter beaucoup plus de confiance que les naturalistes ne lui en ont accordé jusqu'à ce jour. L'individu qui fait le sujet de cet article n'avait pas été pris au Chili, mais à Surinam, ce qui prouve que cette espèce de chat est commune aux parties orientales et occidentales de l'Amérique du sud. C'est au major Hamilton Smith que j'ai dû la figure et la description que j'en ai publiées.

Le colocolo ressemble tout-à-fait à un chat sauvage pour la taille, les proportions générales et les organes; seulement il a le corps un peu plus mince et les pattes plus fortes : le fond de son pelage est d'un blanc grisâtre où sont répandues en petit nombre des taches longitudinales, étroites, effilées, noires avec un liséré fauve : le ventre et les cuisses sont blanches; les jambes de devant jusqu'au coude, celles de derrière jusqu'aux genoux sont d'un gris d'ardoise; le museau, la plante des pieds, et l'intérieur des oreil-

1. *Felis colocola.* Pl. 26, fig. 1.
2. Hist. nat. du Chili, p. 275.

1. Le Colocolo, 2. Le Chat botté.

blanc est couverte de demi-anneaux noirs jusqu'à la pointe, qui est noire elle-même.

D'après Molina, cet animal trop petit pour attaquer les hommes ou les espèces domestiques, se contente de petits rongeurs et d'oiseaux ; et il vient jusqu'auprès des habitations pour s'introduire dans les poulaillers.

LE CHAT-CERVIER DU CANADA[1].

Je me contenterai de décrire cette espèce dans les deux états si différents où je l'ai pu observer moi-même, sans entrer dans la longue discussion synonymique à laquelle elle peut donner lieu, et que j'ai exposée dans mon *Histoire naturelle des mammifères*[2]. Je ferai remarquer seulement que ce qui fait la principale difficulté de ce sujet, c'est que chaque espèce peut se présenter sous trois figures différentes suivant l'âge des individus. Tous les chats paraissent naître avec une livrée, et quand ils doivent la perdre en arrivant à l'âge adulte, il vient un moment où le pelage n'a plus l'aspect qu'il offrait dans la première année, sans se présenter encore tel qu'il sera quand il aura subi tous ses changements ; de sorte, que pour peu que les observateurs aient vu les animaux

1. *Felis rufa.*
2. Livraisons LIV et LVIII.

dont il sagit, à des époques différentes, il auront été conduits à augmenter de beaucoup le nombre des espèces.

Le chat-cervier du Canada quand il est jeune, a une tête qui rappelle celle du tigre bien plus que celle du chat domestique, à cause des poils épais qui garnissent ses joues et donnent à la face plus de largeur. Sa robe, sur toutes les parties supérieures, a un fond gris clair mélangé de fauve; le dessus de la tête, les épaules et le derrière des cuisses sont plus foncés que les flancs. Le parties inférieures ont le fond blanc, mais les unes et les autres sont couvertes de taches très variées, et dont la description est fort difficile à cause de leur irrégularité. Je dirai seulement que parmi les lignes nombreuses qui couvrent la tête et la face, celles qui contribuent le plus à l'expression de la physionomie sont trois lignes noires, qui, naissant sous l'œil à côté du nez, s'étendent irrégulièrement sur les joues, viennent se confondre dans d'épais favoris, et contrastent avec la couleur blanche de ceux-ci. Les oreilles sont noires avec une tache blanche dans toute leur largeur, à leur face externe; elles n'ont point de pinceaux, quoique quelques poils noirs semblent en indiquer le prochain développement. Les côtés du cou, qui prennent une forte teinte grise, présentent trois ou quatre bandes longitudinales fauves, dont l'une se recourbe pour former un demi-collier sous le cou. Deux lignes de taches noires parallèles s'étendent des épaules jusqu'à la queue; à celles-ci, vers le milieu du dos, il s'en ajoute deux autres; toutes les autres taches du peles premières plus ou moins noires ou fauves, garnissent tout le ventre, les épaules, les cuisses et une partie de la face antérieure des jambes; les secondes se voient à la face interne et externe des jambes; et les troisièmes se montrent à la partie antérieure du dos, à la partie supérieure des épaules, et sur les flancs. La queue, fauve en dessus et blanche en dessous a trois ou quatre demi-anneaux noirs en dessus, et elle est terminée par une tache noire d'un demi-pouce de longueur.

Tel est le chat-cervier du Canada sous sa première forme; mais lorsqu'il prend du développement, les taches cessent d'être aussi grandes, sans toutefois s'effacer autant que dans l'état tout-à-fait adulte : une fois parvenu à cet état, l'animal présente les caractères suivants : il est moins trapu; il a le ventre et la tête moins gros; ses proportions annoncent plus de légèreté. Toutes les parties supérieures du corps sont d'un gris fauve plus foncé sur le dos que sur les flancs; ce pelage est parsemé de nombreuses taches petites, et d'un brun plus ou moins noir; elles sont plus grandes et plus distinctes sur la face externe des membres. Les parties inférieures du museau, celles qui entourent les yeux, la gorge, la poitrine, le ventre, sont blancs, semés de taches noires; deux lignes noires transversales se voient à la partie supérieure de la face interne des jambes de devant, et deux lignes semblables se trouvent de chaque côté des joues; la queue n'a pas subi de changements; mais un petit bouquet de poils noirs termine l'oreille,

dont la face externe est noire à sa base et à son extrémité, et blanche à sa partie moyenne.

La longueur de l'animal, du bout du museau à l'o-
rigine de la queue, est de deux pieds; celle de la
queue, de quatre pouces; la hauteur moyenne est
d'un pied.

FIN.

DES ARTICLES

CONTENUS DANS CE VOLUME.

MAMMIFÈRES.

FIN DE LA TABLE.